U0155999

想象另一种可能

理
想
国
imaginist

古迹入门

·增订版·

图解台湾经典古建筑

The Ultimate Guide
to Historical Sites
of Taiwan

李乾朗 俞怡萍 著

黄崑谋 李乾朗 等 绘

北京日报出版社

目录

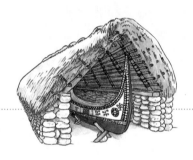

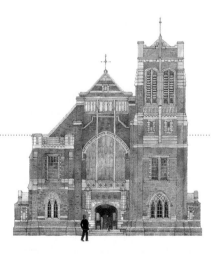

古迹反映立体的历史书写

古迹是人类的物质文化，可以承载或贮藏文字所无法记录的历史。各国法规对古迹的定义或许有些差异，但基本上均涵盖三项要素，包括历史意义、科学技术发展与艺术审美取向三种价值。易言之，新近落成且未经时间考验的不能列入。古迹要具备人类为克服自然而孕育出来的智慧，或者出自杰出的天才之手，能为人类文明向前推进或向上叠高做出贡献。

总之，如同并非每件物品都可成为博物馆的收藏，古迹是特定时空条件下的价值判断的选择，包括人类在地球表面生存与生活的痕迹，如耕作、开渠、筑水坝，以及建造房屋、城堡、教堂与寺庙等人造物，它们与自然形成的高山、大河、森林或沙漠形成明显的对比。古迹是人类奋力搏斗历史的忠实证物，要了解一个地区，观察古迹便可明了。每个地方都有自己的历史与古迹，无法被代替，这是古迹被视为文化遗产的基本价值。

古迹既是人类文明与文化的轨迹，具备地点意义并占有空间，就不免涉及相关权益的冲击，触及许多公共议题，例如历史意义之诠释或意识形态之议论，因而保存与维护的操作是非常复杂的，需由专业人士来解决。发达国家如英国、法国、意大利、美国与日本，皆不遗余力保护古迹。在罗马，我们看到马路绕过一处断垣残壁；在美国，我们看到20世纪的现代建筑只要具有特色，也被指定为历史纪念建筑而受到保护。因此，千万不要将古迹视为现代建设的阻碍。相反，古迹就如同一座图书馆、博物馆或美术馆，不仅提供了研究与欣赏的对象，也兼具娱乐与观光功能，更是人类文明往前迈进的基础与动力。

在中国，台湾的土地上，从史前至17世纪大航海时期，再经明郑时期、清代的汉人与少数民族之垦拓，以迄19世纪近代文明之洗礼，各个阶段皆保存下来一些古迹。然而由于天灾人祸频繁，同一地点常有前世今生的建筑存在，今天犹可见到的建筑物可能并非最具代表性的，但透过考古学家及历史学者的诠释，仍可以建构一篇连续的"台湾史"。

归结起来，台湾古迹的各种类型实际上反映了不同时代的生活方式与社会组织，并有发展的特质，当外来的文化力量较强、延续时间较久，相应的古迹数量与文化积淀也较丰厚。从明郑时期到清代的两百多年中，闽粤汉人入垦台湾岛的平原地带，并与少数民族通婚，宅第、寺庙增多，建筑质量也较高。甚至到了日据时期，随着社会与经济之嬗变，台湾的寺庙建筑形塑出自身的特质，表现出细致多彩的华丽风格。庶民生活的市镇、街屋，因接触世界各地的现代运动，而融合了西洋与日本特色，虽然也许反映了殖民色彩，但无疑也形铸了新的本土特质。

台湾在日据时期曾依《史迹名胜天然纪念物保存法》

进行纪念物的指定，可谓台湾"指定"古迹之始。至1982年正式公布实施文化资产保存方面的规定，又于1984年发布施行细则后，台湾及福建金门、马祖的古迹得到了正式保护。古迹的相关内容、指定方式亦有明确规定，才使古迹保护渐趋稳定，古迹的重要性逐渐为台湾人民所认识。文化资产保存的规定历经七次修订，1999年"九二一"大地震引发各地建筑物受损，抢救具有保存价值的构造物的问题，导致2000年调整古迹分级，并增加历史建筑一类，使保护范围扩大，这是影响最大的一次修订。近年又针对紧急状况的暂定古迹概念，提高提报的方便性，以及明确奖罚等，修增条文，期待给予古迹更大的保护伞。台湾及福建金门、马祖有各类古迹1039处（依据文化资产机构网站公布的信息，时间截至2023年12月），也有许多历史建筑、聚落和文化景观等类型也得到登录。

回顾台湾地区的古迹，我们应该采取文化平权的态度，不同时期的不同族群所留下来的古迹，在台湾文化史上的价值是无分轩轾的。我们可以想象一块黑板，不同老师写的字，会在不同课上被擦掉重写；我们现在看到的古迹建筑物，就是最后那一次没擦的黑板！虽然没有人可以凝结任何建筑物，但至少可以延长它的寿命，让子孙能看见人类在不同时代的智慧结晶。多元的古迹类型，可以丰富台湾的文化内涵，从而为后代所共享。

本书第一版就是在1999年"九二一"大地震一个月后出版的。那一年我们看到许多优美的、有价值的老建筑毁于一旦，心中的不舍与耗时年余完成的书籍问世的兴奋心情复杂交织，也算是对"世纪浩劫"的一种纪念吧！

古迹是立体的历史书写。本书的撰写方式，系以观察与认识入手，在古迹与读者之间构筑桥梁，希望透过归纳与分析，引领读者登临台湾的文化殿堂。我们选择古迹中占比高、特殊性强的二十余种类型。其中少数民族聚落因文化多样、个人研究局限，在撰写上难度最大，故只能摘要简述，成果不足，望读者见谅。

《古迹入门》初版迄今二十余年，其间伴随台湾地区社会环境的变革，古迹不仅在数量上有数倍的增长，在保存观念及类型上也有多元的发展。为了让这本书继续在读者与古迹间扮演桥梁角色，本次增订版针对台湾古迹现况，于"观察篇"增加近年指定数量较多的产业设施、日式住宅及桥梁三类，于"认识篇"增列日本式建筑，于"形成篇"将时间轴拉至战后初期，以便给读者提供关于台湾古迹更全的面向，建构较完整的台湾地区历史；并希望以"走游篇"帮助爱好者脱离网络辖制，实际亲临古迹现场，欣赏它、体验它并爱护它，这是我们撰写此书的由衷目的。

如何使用本书

《古迹入门》是一本观察古迹的方法书，以图解的方式将各类型古迹的观察要点逐一归纳，延伸剖析。有了清楚的观察通则，到任何古迹现场皆可举一反三。

全书分成"观察篇""认识篇""形成篇""走游篇"四个部分："观察篇"是最常见的二十五类古迹之观察重点与延伸知识；"认识篇"是台湾四大古迹建筑系统的基本概念整理（史前遗址部分因自成一专业体系，本书不列入讨论）；"形成篇"是图文并茂的台湾古迹年表；"走游篇"则精选全台湾及福建金门、马祖的必游古迹，并附有专家评介。

建议先直接阅读观察篇，以认识篇与形成篇为辅助参考，书末的名词索引则有助于全书各篇内容之查阅参照。以下是各篇章的体例说明。

观察篇

导言：简述此类古迹之渊源、特色及主图特点

观察重点：归纳各类古迹的观察重点，附页码者代表文后有延伸知识

古迹跨页主图：选择此类古迹中最具代表性者，以俯瞰、剖视或其他特殊角度呈现，加上拉线注记，与观察重点参照引证

延伸知识：运用简明文字，配合平面图、照片、小图解，将观察重点延伸出的知识予以归纳整理

主图简介

古迹类型色块：方便同类古迹之查阅检索

历史隧道：说明此类古迹之历史背景

形成篇

导言：该时代之历史发展、社会背景与建筑特色

古迹年表：汇集该时代与古迹相关的大事记

时代分期色块

代表性古迹图片：以古图、老照片、手绘图及今貌照片等，呈现该时代具有代表性古迹

建筑系统色块：分成少数民族建筑、传统建筑、近代建筑与日本式建筑四个系统

定义与特色：该建筑系统之基本概念

图解小辞典：以图像归纳整理该建筑系统之屋顶、门窗、装饰等常见的形式与技法

建筑风格简述：以图文对照的方式，展示每种建筑风格之特色

必游古迹名录：精选全台湾及福建金门、马祖的近六百处古迹，详列名称、类型、等级、位置与作者之简短评介

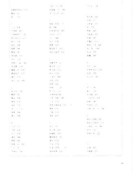

名词索引：专有名词按字母排序，便于检索

图录

　　以下十页，展列本书所介绍的二十五种古迹类型，只要按页码检索，即可轻易打开古迹的大门，进而登堂入室，一窥堂奥。

少数民族聚落｜兰屿雅美人传统住屋 >>P.20

城郭｜凤山县旧城 >>P.26

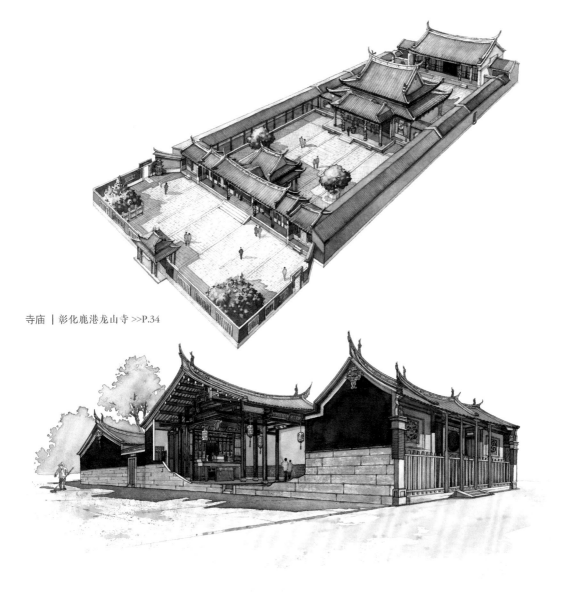

寺庙 | 彰化鹿港龙山寺 >>P.34

祠堂 | 福建金门琼林蔡氏祠堂 >>P.50

孔庙 | 台北孔庙 >>P.56

书院 | 彰化和美道东书院 >>P.64

宅第 | 彰化永靖余三馆 >>P.68

街屋 | 新竹旧湖口街屋 >>P.78

园林 | 林本源庭园 >>P.86

牌坊 | 邱良功母节孝坊 >>P.96

古墓 | 王得禄墓 >>P.100

炮台 | 高雄旗后炮台 >>P.104

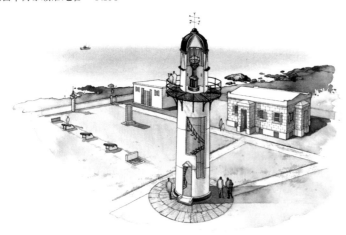

灯塔 | 西屿灯塔 >>P.112

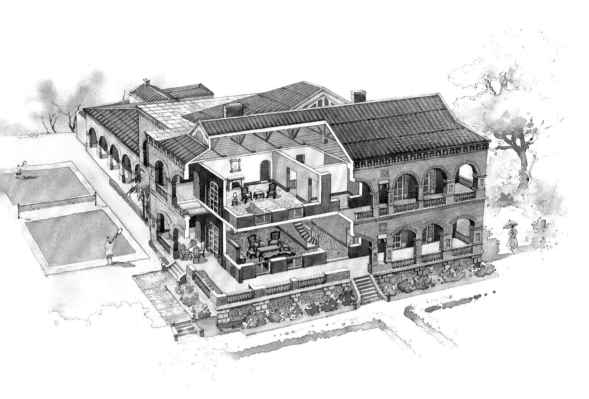

领事馆与洋行 | 淡水清代英国领事官邸 >>P.116

教堂 | 台北济南基督长老教会 >>P.122

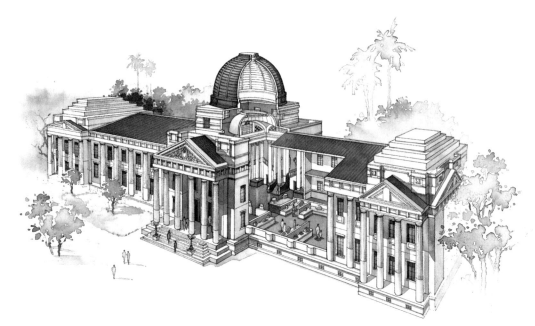

博物馆 | 台湾博物馆 >>P.128

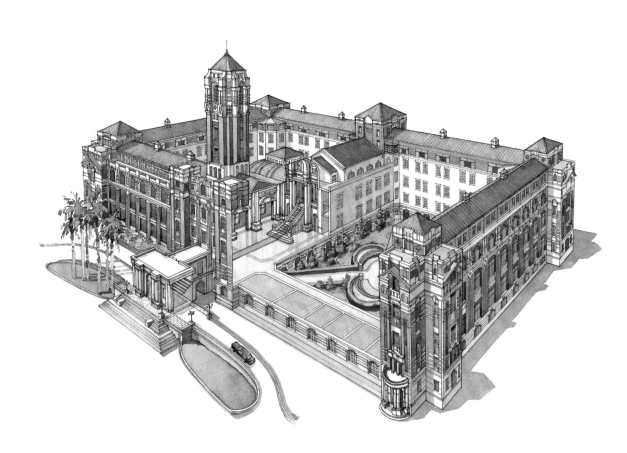

官署 | 原台湾总督府 >>P.132

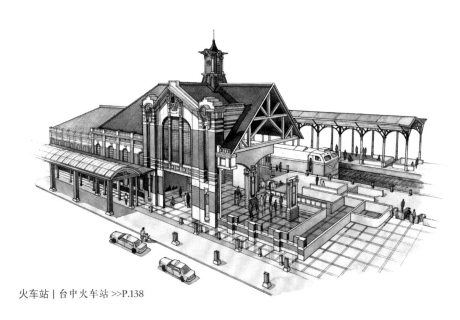

火车站 | 台中火车站 >>P.138

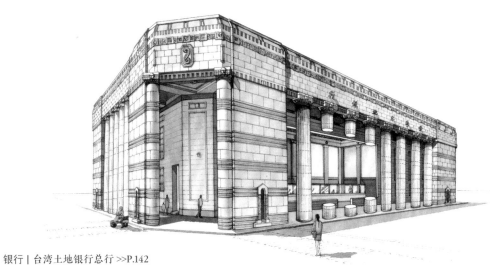

银行 | 台湾土地银行总行 >>P.142

学校 | 新北淡江中学 >>P.146

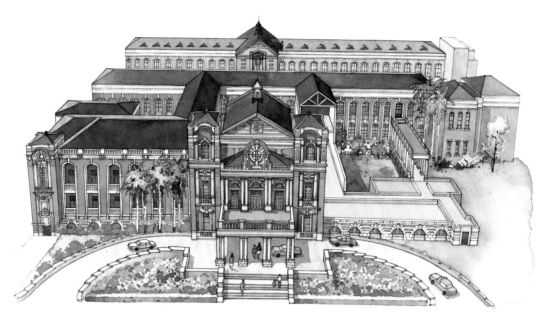

医院｜台北台大医院旧馆 >>P.152

法院｜台南地方法院 >>P.156

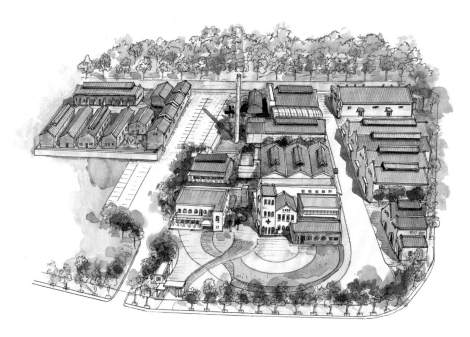

产业设施 | 台北酒厂及樟脑精制工厂 >>P.160

日式住宅 | 金瓜石太子宾馆 >>P.170

桥梁 | 新北三峡拱桥 >>P.182

观察篇

少数民族聚落

台湾的少数民族文化至为丰富，虽然只是一个海岛所孕育出来的文化，但各族皆有特色，尤其是在建筑技术方面。随着地形与海拔高度之异，各族因地制宜、就地取材，发展出自己的建筑风貌。与现代技术比较，他们聪明地运用物理学的对流原理来营建家屋，值得借鉴之处颇多。可惜的是，随着社会文化的变迁，今天已不容易看到完整的少数民族聚落了。孤立于兰屿小岛上的雅美人（达悟人），可以说是少数保存较多传统文化的族群之一，观察其住屋及聚落，最好能从多方面角度来思考，先了解他们的家庭与社会组织，再探索、研究其生活方式，最后就可理解其建筑文化了。

船屋

住屋

看建筑功能 → P.22

少数民族的建筑都是以住屋为中心，再配搭不同功能的附属建筑，以符合其生活习性与需求。而除了私有空间外，还有一些部落共有的建筑，具有族群社会组织的象征意义。

看建筑形式 → P.24

受到地形、天候及使用功能的影响，少数民族的建筑有多种形态，依室内地坪与户外地面的高差关系，大致可归纳为四种形式：平地式、浅穴式、深穴式和高架式。

雅美人住屋前的靠背石，
是全家聚会聊天的重要场所

看建筑材料 → P.25

质朴的原始风味是少数民族建筑的共同特性，看似常见的材料及简单的构造，其实掌握了与自然共存的重要原则，也就是就地取材和因势制宜。

兰屿雅美人传统住屋

雅美人因生活于孤立的兰屿岛，是台湾保存自身文化较完整的少数民族。其传统居住建筑主要包括住屋、工作房、凉台等，不同的建筑有不同的功能，与族人的生活作息紧紧相扣，也充分展现海洋性民族的特色。

少数民族聚落

独木舟　工作房　飞鱼架　凉台

靠背石　前埕

建筑功能

少数民族的聚落多是数户到数十户的集居生活，其建筑看似相近，但在功能上却有明确的区分，不同的建筑具有不同的功能，不似汉人将所有功能聚合在一栋建筑之内。各族因为生活习惯及产业形态的不同，建筑配置亦有颇大的差异。一般而言，可分为公共建筑与私有空间两大类。

公共建筑

集会所：为部落公共集会、防卫组织及训练少年生存战斗技能之中心，白天为男子的共同工作场所，夜晚或为未婚男子的住宿处。平面多为方形，为高架的单室形式，内部有多处炉火。邹人、鲁凯人为一部落单会所制；阿美人、卑南人则为多会所制，以最大的为总会所，其余按区域设数个会所。

望楼：为泰雅人各部落普遍设置的瞭望台，以竹或木枝交叉为桩，设在村内视野佳的地方。不过，近年已没有安全的问题，所以守卫的功能已失，反而变成乘凉的好地方。

司令台：排湾人或鲁凯人的头目，有的在住家前设石砌司令台，以及代表身份的木雕柱，头目或长老在司令台上对部落人民讲话。

阿里山邹人达邦部落的集会所内部

私有空间

住屋：为主要居住空间，是炊煮、饮食、睡觉或储藏的地方，所以室内有灶及床位，而部分排湾人、布农人及雅美人的屋内还设有谷仓，排湾人及鲁凯人亦将厕所和猪舍放在住屋内。

工作房：是工作或社交的场所。因为住屋室内通常较暗，不适合进行工作，所以独立建造较亮敞的房屋，同时不干扰家人作息，如兰屿的雅美人即在住屋旁设工作房。工作房为高架式的单室建筑，铺有地板，下方可当储藏空间或新婚夫妇的临时住所。另外，附属建筑最完备的阿美人亦设有工作房。

产室：雅美人有专为产妇而设的产房，主要作为育婴之用，亦可作为未具建屋能力之年轻夫妇的临时住所。

凉台：是雅美人特有的附属建筑，为面海的高架式，四面开敞，是休息的地方，也是他们在炎炎夏日主要的活动场所。

日据时期排湾人的住屋外观

今鲁凯人好茶部落的住屋内部

雅美人住屋前埕的靠背石及凉台

前埕：住屋前面的空地，为举行仪式的地方，或是亲友聚集的场所，可多用途使用。如排湾人头目住屋的前埕是召聚族人的地方；兰屿雅美人住屋前设有靠背石，为面海休息聊天的地方，而晒制鱼干的飞鱼架也设在附近的空地上。

船屋：雅美人因居住于海岛，所以与海洋的关系密切，他们造船的艺术才华早已远近驰名。停放船的船屋以石头为壁、茅草为顶，面向海边。

谷仓：有附设于主屋内或独立建造两种，如泰雅人即设架高的独立谷仓，柱脚上端装置如帽檐般的木板，以防止老鼠爬上来偷吃。

厨房：多数设于住屋内，但部分阿美人则于住屋附近设置独立的厨房。

畜舍：多数独立于住屋外，有牛舍、鸡舍或猪舍，亦有将猪寮设于屋内并兼作厕所之用者，如排湾人。

住屋的平面形制

住屋是每一个族群都会有的建筑，也是基本的生活空间，其平面除了邹人是类似长椭圆形外，其他多为长方形。入口的位置则依各族室内使用情形，有的设在短边，有的设在长边。住屋内部的平面配置有复合功能的单室型和分化功能的复室型两种。

单室型：多数的族群采用此形式，即室内不做分隔，但是仍有起居及卧室空间的区别，这种平面反映出原始社会家庭成员中亲密的关系，如泰雅人、布农人、卑南人、邹人、鲁凯人、多数排湾人及北部阿美人。

复室型：将室内隔成不同功能的房间，但多不设门，私密性不高，如雅美人、赛夏人、南部排湾人及南部阿美人。

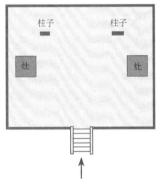

阿美人的单室型平面

排湾人的复室型平面

泰雅人的高架式谷仓，柱脚上端有防鼠板设计

建筑形式

依环境的状况及实际需要，少数民族建筑形式主要可分为平地式、浅穴式、深穴式和高架式四种。

平地式

直接以原始地面为室内地坪，通常室内外一样高，或室内略高于室外，如邹人、赛夏人、阿美人、卑南人和部分排湾人的住屋。

邹人住屋

深穴式

室内地面较室外低数米，从外观只见露出的屋顶。挖掘最深的是为预防海边强风的兰屿雅美人，中部的泰雅人亦采用深穴式以防风取暖，进入室内要经由木梯才能走到地板。

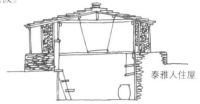

泰雅人住屋

浅穴式

室内略低于室外地坪约半米，居于高山地区的布农人、排湾人和鲁凯人住屋均是。山区房舍就坡地整地而建，下掘出浅穴，后壁为泥土砌成的坡坎。向下发展的房子，可以不用搭建过高的屋顶，节省建筑材料，同时可以抵挡高山寒冷的气候。

排湾人住屋

高架式

又称干栏式，以木或竹枝交叉为桩，将房舍架高，柱脚较长，可以防潮，多为特殊用途的公共建筑使用，如泰雅人的望楼，一两米高的邹人会所，及三四米高的卑南人会所。其他附属建筑，如泰雅人的谷仓和雅美人的凉台，亦采用高架式。

卑南人的少年会所

历史隧道

台湾有文字记载的历史可以追溯到三国时期，至17世纪荷兰、西班牙占据台湾，其间的文化并非一片空白，从近年的考古发掘及少数民族文化中的点点滴滴都可看出其延续的关系。

少数民族的历史脉络

荷兰、西班牙占据时期，欧洲人进入台湾，他们为求取经济上的利益，对少数民族展开经济掠夺。

清初大量汉族移民涌入台湾，因争夺土地，与少数民族冲突频仍，少数民族逐渐成为弱势的一群，居于平地的平埔人很快被汉人同化；其他的族群则因为地居偏远，与汉人联姻的情形较不频繁，因此仍能维持族群的完整。

日据时期日本人施行高压统治，造成无数传述于山间的悲壮故事。不过，日本人千千岩助太郎深入部落调查建筑，却又留下了日后对少数民族建筑研究的重要史料。

台湾光复后的政策，把汉族达到的物质水平直接加诸少数民族，将其当作一种福利，结果反而加速少数民族文化的消失。所谓的文明生活已影响少数民族的居住形态，对传统生活的保存难抵外来洪流。所以现在不易看到完整的传统少数民族聚落，除了偏远山区及外岛兰屿，其他可能只有在山地文化园区之类的地方，可窥其一二。

少数民族的建筑文化

少数民族群体之间的语言及文化差异很大，以社会结构来看，有典型的父系或偏向父系的氏族社会，如雅美人、布农人、赛夏人、邹人、泰雅人；有典型的母系或偏向母系的氏族社会，如阿美人、卑南人。这些对居住文化乃至建筑形式，都有很大的影响，如布农人住屋内的床铺特别多，即为父系大家族制度的表现。

建筑材料

少数民族聚落交通不便，与外界的联系较少，所以建屋都是就地取材，使用工具及施工技术较为原始，材料表面的加工程度较低，加工痕迹也极为明显。常见的建筑材料有以下几种。

石材

　　板岩很容易剥裂成片状，故东部山区的少数民族多以此为建材，来制作屋顶及墙体，如布农人、排湾人、鲁凯人和泰雅人。而兰屿的雅美人前埕则以卵石铺地。

木材

　　以木柱为主体结构，或以原木、木板做壁面，如排湾人、布农人和阿美人。此外，亦有运用树皮铺作屋顶者，如部分泰雅人及东部的布农人。

茅草

　　茅草轻便，处理又容易，几乎每一部族都使用茅草铺屋顶；又有以茅草为墙者，有邹人、阿美人及部分雅美人。

竹材

　　以管径较粗的竹材为骨架，以较细者交叉组立成墙面，可用整根竹管，也可劈成一半使用。屋顶与墙体均使用竹材者，有赛夏人和泰雅人；墙体为竹材者，有阿美人和邹人。

屏东七佳部落排湾人的石板屋顶

屏东七佳部落排湾人住屋以木材为壁面结构

兰屿雅美人住屋屋顶以茅草及竹管构成

　　少数民族房屋的营建工作并不是由一批专业者完成，而是由族群组织共同完成的，在建屋之前需经过占卜择地，完成时也要举行祭典庆祝。

　　各族群的房屋建材受限于自然环境及制作技术，外观有许多相同处，但在建筑形式及使用精神上，不同族群仍有各自的特点。(参见第190页"少数民族建筑")

　　少数民族的生活方式较接近人类的原始形态，总括来说，他们的建筑结构较简单。但这些建筑与大自然的良好关系，正显出人类在环境条件限制下所展现的智慧，这是大部分久居所谓文明都市的人早已丧失的能力。

早期依山势而建的泰雅人聚落，图中可见高架式的望楼

城郭

台湾早在荷兰、西班牙占据时期，即大事兴筑城郭，文献中即曾出现位于淡水的西班牙城堡被当地人攻毁的记载。清代两百多年中，台湾各地修筑城郭未曾中断，从清初的凤山县城、诸罗县城，到清末的恒春城与台北府城，显示出传统筑城卫民的观念逐渐生根。高雄左营的凤山县旧城是如今保存较完整的清代城郭古迹，登上城墙可以体会古时军事防御的严肃气氛。

楼阁式城门楼

城门额

城门座

城门洞

看城形 → P.28

台湾的古城池有的呈圆形，有的是长方形，有的像元宝，甚至有的像布袋……是什么因素左右城形的变化？而今多数城墙零落残缺，该如何进行城形的观察呢？

看城墙 → P.29

城郭的"郭"即是城墙，它不仅界定出城的范围，也是一座古城最重要的防御线，不管是材质还是构造都大有学问。

今天在高雄左营仍能欣赏到凤山县旧城城墙蜿蜒数里的壮观景致

看城门 → P.30

城门是古城昔日最明显的地标。观察时，不妨留意门楼的形式与门洞的构造，也别忽略了城门的命名学，以及有趣的瓮城。

看护城河与桥

护城河不仅是城郭最外围的防线，也是连通城内外的水道，还具有灌溉的用途。为了进出方便，城门口外的护城河上一般会架设桥梁，甚至做成防御性更高的吊桥，在敌人进攻时可以收起。

凤山县旧城

位于今高雄市左营区，创建于清康熙年间，于道光五年（1825年）改筑石城，是台湾第一座以土石建造的城池，目前现存东、南、北三门，以及部分城墙、护城河等，被列为古迹。本图所绘为其东门段，但城楼部分乃考证后的复原图。

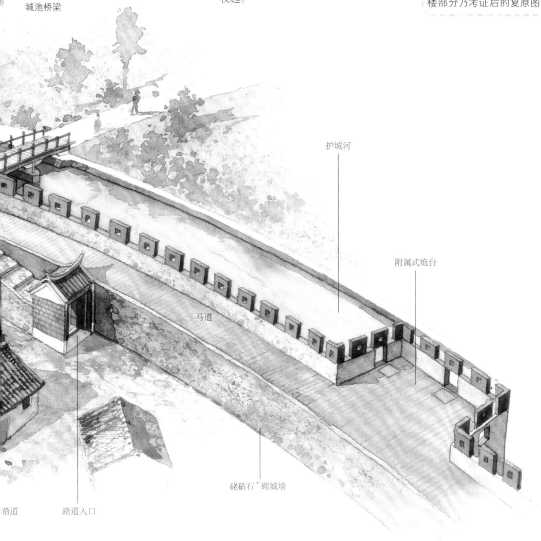

高雄凤山县新城东便门外的东福桥，是目前唯一保存原有石板桥面及桥墩的城池桥梁

护城河

附属式炮台

马道

砳硓石*砌城墙

碴道　踏道入口

看登城踏道及入口

上下城墙的斜坡踏道通常位于城内靠近城门处，一边紧靠城墙，另一边以高墙围砌，入口设单开间的门楼，以便管制进出。

看炮台　→ P.32

为了守护全城居民的安全，每座古城池都设有炮台。其数量不一，形式则有与城墙相连的附属式炮台和独立式炮台两大类。

* 砳硓石，即珊瑚礁灰岩，是澎湖地区常见的建筑材料。

城形

原有聚落的规模形式、周边的地理环境、风水，以及筑城时的动机考虑等，都是影响城池形状与规模的重要因素。

古城的形状

台湾的数十座大小城池中，只有台北府城呈长方形，其余多半为不规则的形状，这是因为前者是先经规划设计筑城，再发展城内市街，故城形较方整；而其他则多为市街形成在先，城池兴建于后，为迁就既有的聚落与周边地理环境，加上风水的考虑，于是产生各种造型。如噶玛兰厅城（宜兰城）近似圆形，彰化县城为柚子形，凤山县旧城像个大布袋，而凤山县新城则像一个元宝。最大、最不规则的要数台南的台湾府城，然而充满想象力的古人却仍赋予它"半月城"的美称。

复原古城形状

由于今天保存城墙的城池不多，因此不容易判断城形。不过城墙拆除后，多数成了都市中的主要街道，建议利用一张准确的市街地图，参考文献上的描述，以现场残存的城墙、城门，甚至是相关路名为指引，试走一趟，即可勾勒出城郭的形状来。而当地人熟知的一些蜿蜒老街，则很可能是城内原有的街道。

城池依层级的不同可分为府级、县级、厅级、堡级等，通常层级越高规模越大，城内配置的官方建筑物也依此有很大的差别。

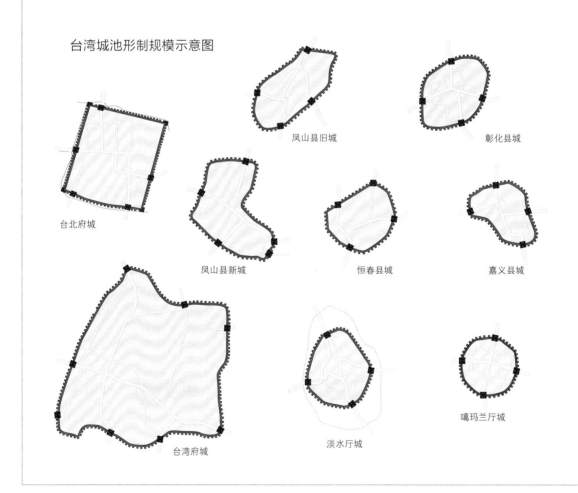

台湾城池形制规模示意图

凤山县旧城

彰化县城

台北府城

凤山县新城

恒春县城

嘉义县城

台湾府城

淡水厅城

噶玛兰厅城

城墙

古人常用"铜墙铁壁"来形容一座城池的防御力，可见城墙的构筑是一门很大的学问。下面就从构造与砌法两方面来了解。

城墙构造

城墙是防御设施，结构坚固厚实为首要条件，因此以土石造为主；此外，城墙面积广大，材料用量多，兴筑时多半就地取材，其构造主要是以内外墙垣夹填夯土层，一般城墙高约 3—5 米。由下图可看出城墙各部分的构造与功能。

雉堞：置于女墙上，为砖砌的凹凸小墙，是外墙垣的防卫设施。中央留有方形射孔，方便射击者藏躲于后，增加攻守的优势

女墙：位于外墙垣上，高度及腰，作用相当于栏杆

外墙垣：城外侧的墙垣，构造同内墙垣，但略高，以利于马道向城内排水

中腹填土：通常是利用开辟城壕挖掘出来的土密实填入

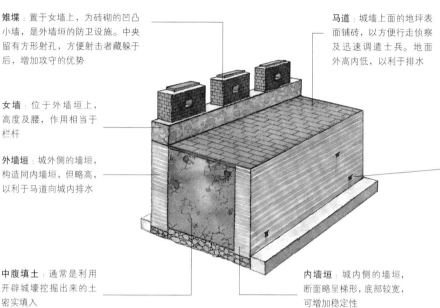

马道：城墙上面的地坪表面铺砖，以方便行走侦察及迅速调遣士兵。地面外高内低，以利于排水

排水孔：内外墙垣的壁上留有一些不规则的小孔，作为中腹土层的排水孔，以防内部湿气无法排出，造成墙垣倒塌

水关：又称水洞，是城墙底部连通城内外水道的设施。洞口以石条间隔，以免敌人由此处爬进城内

内墙垣：城内侧的墙垣，断面略呈梯形，底部较宽，可增加稳定性

墙垣砌法

墙垣多采用上窄下宽的"收分"做法，且埋入土中数米，如此结构才稳固。常见的砌法有以下四种。

版筑法：以模板围筑，灌注加石灰与沙土的细泥，层层夯实。这是最古老的一种施工法，表面可看出明显的水平线条，那是每层夯筑时，所留下的模板痕迹，如恒春县城和台湾府城。

砌硓砧石法：以硓砧石块砌筑，为一种较不规则的乱石砌，如凤山县旧城。

砌石条法：将台湾所产的安山岩或砂岩切割成石条状，以一纵一横的方式砌筑，这是最坚固、最昂贵的做法，如台北府城。

砌砖法：以红砖砌筑，因砖块小，墙体面积大，施工较为费时，如彰化县城。

城门

一座城池的城门数量是依行政层级与规模而定的，府城可辟八门，一般县城多开四门。城门通常分置于东西南北四向，再依风水及城内外主要道路的位置稍做调整或增补。城门的构造主要包括城门楼与城门座两部分，观察时不能忽略以下五个重点。

城门楼

　　位于城门座上，能登高望远，与左右城墙的马道相连，发挥守卫防御的功能。城门楼的形式各不相同，因此也成为辨识一座城池的重要地标。

　　城门楼一般可分成楼阁式与碉堡式两类。由于城门属官方建筑，因此屋顶都是燕尾脊，常见的有歇山顶和重檐歇山顶两种屋顶。

　　楼阁式城门楼：以木结构筑造，形如楼阁，立面多为三开间，外观较为华丽，台湾的城楼多数属于此类。

　　碉堡式城门楼：与城门座连成一气，外形封闭，只留小的窗孔，防御性强。昔日台北府城的四个主城门门楼皆属碉堡式，而今仅存北门孤例。

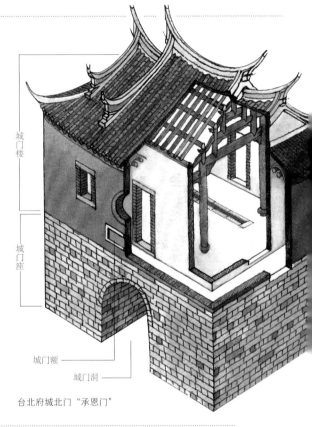

台北府城北门"承恩门"

城门额

　　通常置于内外门洞的上方，从上面的文字记录不但可以判断方位，还可看出建造的年代，以及筑城有功的相关人士的资料，可说是城池兴建的一个重要史证。

　　城门额有内外之分，朝向城内的常直接以方位命名，即"北门""南门""东门""西门"。

　　外门额是进城的门面，所以取名常有特殊的含义，通常是吉利讨彩或寓意方位的名称，如北门常称"拱辰"；东门的额题多与太阳、季节有关，如"迎曦""朝阳""迎春"；西边向海，故西门多带有海字，如"镇海""奠海"；南门是一个城的正门，所以名称常带有正字，如"丽正"，或是与文运相关的名字，如"启文"，等等。

台湾府城大东门的内门额

凤山县旧城北门的门额

瓮城

某些规模较大的城为了增强防御，会在重要的城门外再圈绕一道城墙，称为瓮城或月城。

瓮城门多半不正对主门，也就是说，内、外两城门的门洞并不位于同一直线上。这主要是出于风水的考虑，也有一说，认为如此可造成曲折迂回，使敌人无法长驱直入。

瓮城门额的意涵以防卫为主，如台北府城北门的瓮城门额为"岩疆锁钥"；台南的台湾府城大南门则是台湾现存唯一附有瓮城的城门。

台湾府城大南门

城门洞

城门洞是城门座中央出入城门的孔道，因具有重要的防御功能，所以结构较为特殊。

构造：它是由内大外小的两个拱券及中间的一段平顶组成。外拱券小，可增加防御性。平顶则是为城门开合所留的空间，上下有门臼孔，左右墙面有大型的方孔，为安放粗大的门闩所用。门板极为厚实，外层再安上铁皮以防止敌人火攻。目前台湾唯一还保留原有门板的只剩台北府城北门。

砌法：门洞拱券的砌筑法常见的有右侧三种。

砖发券：砖块以较窄小的丁面朝外竖放，排砌成半圆拱形。

纵联石发券：做法与砖发券同，石块以丁面朝外竖放，各石材黏结面多，为较稳固安全的做法。

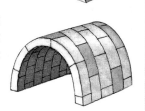

横联石发券：石块横向排列砌成拱券，但每一块石头上下需凿成弧形，施工不易且较费料，稳固性也不足，通常只用来作表面的装饰。

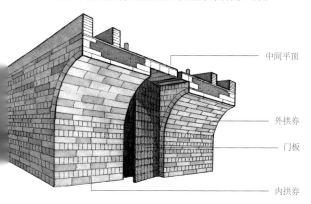

台北府城北门的城门洞构造

中间平顶

外拱券

门板

内拱券

城门座

城门座是城池的门面，其结构、材料常较城墙讲究，砌工也更为细致，甚至有特别的装饰，有些建材还会从远方的大陆运来。

城门座上方的城楼若为楼阁式，则朝外的一面出于防卫需要仍设有雉堞，城内则只设女墙而无雉堞。

凤山县旧城北门城门座的两侧以泥塑制作神荼、郁垒门神，在台湾是孤例

炮台

为增强防卫性，城池通常于城墙各向的险要处及转角处设置炮台，规模较大者，如台北府城共设有九座，凤山县新城则有六座。

构造

炮台基座与城墙一样，由女墙与雉堞围绕，不同的是，女墙上留有大型炮孔，以方便炮筒伸出，灵活转动，扩大射击范围。炮位的地坪多以花岗石砌筑，因为大炮很重，而花岗石的承载力较佳。

窥口　射孔　女墙　炮孔　雉堞

炮位

凤山县旧城东门段的炮台，于女墙上设有方形炮孔

历史隧道

筑城是中国自古即有的传统，城郭规模比其他国家来得大，通常城内有官衙、市街、庙宇、学校、农田等。

城池的发展

除了少数城池为事先规划，多数是聚居在一起的人，为了共同安全性的考虑，在官方的引导下建立的，可说是在文化、经济发展到一定程度后的产物，所以台湾地区的城池多是清代所建。以面积而论，台湾的城池数量不少，这与清代台湾地区反清事件频仍有关，官方为防范层出不穷的民变，于是扩大筑城以利固守。

初期的城池多植刺竹或以木栅为墙，属于较为简陋的防御工事；发展至一定程度后，则改以土石或砖为墙。因此若论坚固性，当以清末的石砌台北府城为最佳构筑。另外，经济能力及城池的属性也是影响材料形式的重要因素。

城池环境及选址

台湾地区的城池延续大陆南方的特点，多为不规则形，常将小山丘包进城内，如凤山县旧城内包龟山，并以自然的河道当作护城河及排水沟渠。建城时，除了要考虑其防御性，像土质情况、用水来源及街道的系统，都要谨慎评估。另外，在古代，地理风水更是筑城时不能忽略的因素，如台南的台湾府城被认为处于风水宝地，台北府城的筑造方位与北斗七星有密切关系等。有的虽为附会之说，但基本目的都是为了找一个配合自然形势，能够长居久安的好地点。

城池类型的古迹是中华民族这个精于筑城的民族在台湾地区开拓史上的最佳见证。不过台湾近百年来发展快速，城池因为占地不少，且多位于今日都市的精华区，与近代的都市计划冲突很大，所以易遭拆除。目前已无完整保留的城池，仅能由局部的断垣残壁和孤立在十字路口圆环内的城门，勾勒出当年担任保护百姓生命财产重责的巍峨城池。

日据初期在台北北门瓮城上所见的北门及城内景象

形式

城郭的炮台形式可分为附属于城墙者及独立式两类。

附属式炮台：形状通常为方形，突出于外垣，三面临空，一面与马道相连，作战时机动性高，如凤山旧城及台北府城。

独立式炮台：面积较大，构造独立，以踏道连通城内，平面形状不一，有方形、八角形、圆弧形等，如凤山新城。

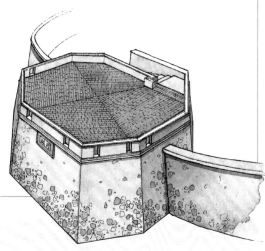

城内的街道与设施

清代台湾的城池内是什么景况，今日已很难想象。不过依据文献记载，城内的道路组织通常以与各向城门联系的街道为主，彼此呈十字或丁字相交。其他不论是筑城前已发展成熟，还是筑城后新辟的街道，都与这几条主要道路连接，形成完善的街道系统。

除了热闹的市街外，城内的基本建设还有负责文官系统及军事守备的衙署；文教设施，如书院、考棚；重要寺庙，如文武庙、城隍庙、天后宫等。有些城内建设的兴筑甚至早于城池，像台北府城在决定筑城后，即先建考棚，显示出对科考的重视。这些建筑多位于城内主要街道上，少数留存至今。所以在观察城郭的同时，如果对城内的其他古迹及知名老街有全盘的了解，将有助于勾勒出清代繁荣的城内景象。

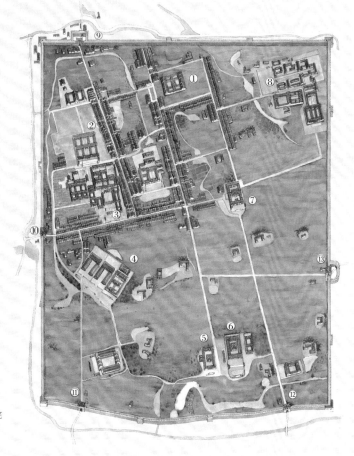

台北府城复原图

1.台北府衙 2.巡抚衙门 3.布政使司衙门 4.登瀛书院
5.武庙 6.文庙 7.天后宫 8.考棚 9.北门 10.西门
11.小南门 12.南门 13.东门

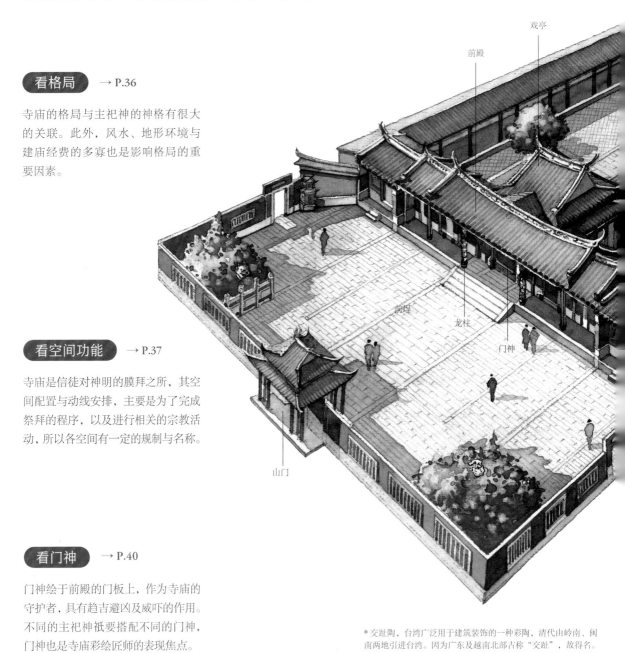

寺庙

台湾的寺庙涉及民间信仰、道教、儒家及佛教等，它们的建筑格局与装饰各有特色，尤其是年代较早的寺庙表现出儒、释、道的差异，近代寺庙则互相融合。为敬拜神明，庙宇建筑于雕琢彩塑方面所下的功夫不遗余力，石狮、龙柱、木雕、彩绘、剪黏与交趾陶*等，皆是台湾寺庙的艺术精华。彰化鹿港龙山寺被公认为台湾寺庙中的经典，不仅规模宏大、格局严谨，而且建筑技巧高明，是观察解读清代中期寺庙的最佳实例。

看格局 → P.36

寺庙的格局与主祀神的神格有很大的关联。此外，风水、地形环境与建庙经费的多寡也是影响格局的重要因素。

看空间功能 → P.37

寺庙是信徒对神明的膜拜之所，其空间配置与动线安排，主要是为了完成祭拜的程序，以及进行相关的宗教活动，所以各空间有一定的规制与名称。

看门神 → P.40

门神绘于前殿的门板上，作为寺庙的守护者，具有趋吉避凶及威吓的作用。不同的主祀神祇要搭配不同的门神，门神也是寺庙彩绘匠师的表现焦点。

戏亭
前殿
前庭
龙柱
门神
山门

* 交趾陶，台湾广泛用于建筑装饰的一种彩陶，清代由岭南、闽南两地引进台湾。因为广东及越南北部古称"交趾"，故得名。

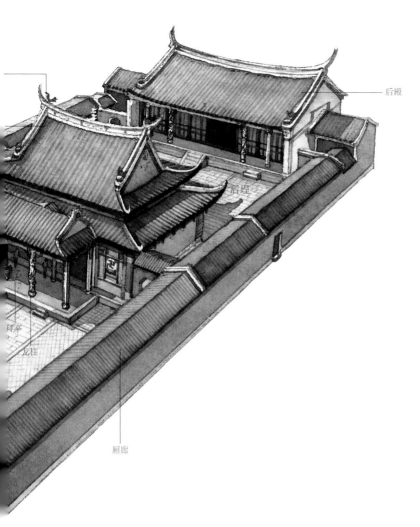

后殿

后埕

拜亭

龙柱

厢廊

彰化鹿港龙山寺

创建于清乾隆年间，主祀观世音菩萨，历经多次改建，现在的格局主要为道光年间完成。其规模宏大、结构精良、比例优美，深具泉州建筑的特色，是公认的台湾寺庙经典之作，被列为古迹。

看脊饰 → P.38

由剪黏、泥塑或交趾陶做成的各种脊饰，可说是丰富寺庙天际线的大功臣。最精彩的脊饰多集中在前殿与正殿的正脊和垂脊处。

看彩绘 → P.39

寺庙中的装饰除了雕刻外，还有各式各样的色彩及图案，令人眼花缭乱，这就是传统寺庙发展悠久的彩绘艺术。除了门神彩绘以外，表现重点在梁枋与壁堵两处。

看石雕 → P.44

石雕最常出现的部位是前殿的入口处，重点包括门枕石、抱鼓石、石狮、雕花柱、壁堵与御路等，观察时要注意题材的选择、石材的搭配与技法的变化。

看碑匾联 → P.48

寺庙中少不了石碑、匾额、对联，就表现形式而言，它们是书法艺术；从内容来看，它们更是重要的史料。

看木雕 → P.42

木雕是寺庙中另一个艺术表现的重点，尤其是各殿正面檐下的吊筒、狮座、员光、托木，以及天花板中的藻井等，精华毕现，不容错过。

看龙柱 → P.46

前殿与正殿的龙柱，可说是我们对寺庙建筑的基本印象。观察不同龙柱的外形、材质与雕刻风格，可看出历史背景与审美趣味的转变。

看神像 → P.46

主祀神明都安置在正殿的中央，配祀神明则置于两侧或后殿。每一种神明都有其特殊的造型与配件，其中又融入匠师的艺术风格，相当值得欣赏。

格局

兴建寺庙要请堪舆专家看风水、定方位，并按主祀神的神格等级决定规模的大小。等级高的神明在格局上可以享用正南坐向的庙，拥有较多的庙门，配置较多的殿宇及较高敞的空间。一般寺庙常见的格局有以下四类。

单殿式

只有一殿，为各种寺庙的原型，最简单的是一些连人都无法进入的小土地公庙。亦有前带拜亭，或左右带护龙*。形如三合院者，如桃园大溪斋明寺、新北五股西云寺。

*在传统的四合院中，正房称"正身"，厢房称"护龙"或"护室"，中庭称"埕"。

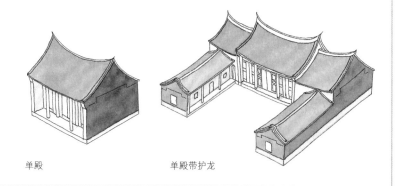

单殿　　　　　　　单殿带护龙

两殿式

配置有前殿及正殿，两者间以廊道或拜亭相连。位于市街者常使用"两殿两廊"式，形如街屋，如宜兰昭应宫；另一种左右设护龙，有如民宅的四合院，称"两殿两廊两护室"，此种格局是台湾常见的中型寺庙格局，如新北淡水鄞山寺。

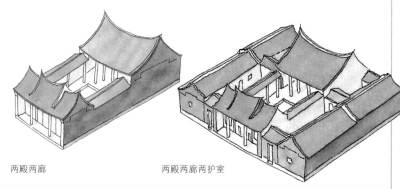

两殿两廊　　　　　　　两殿两廊两护室

三殿式

包括前殿、正殿及后殿。其中，有狭长如街屋者，如台南祀典武庙；或正殿独立在中，呈"回"字形平面，这是大型寺庙或孔庙才有的格局，如台北艋舺龙山寺、台北大龙峒保安宫。

狭长形三殿　　　　　　　回字形三殿

多殿并连式

规模大的寺庙祀奉神祇种类多，配置如同大型宅第，形成左右并置的多个院落，呈"曲"字形平面，如云林北港朝天宫、台南三山国王庙。

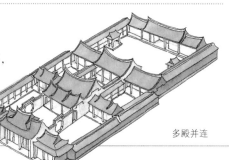

多殿并连

由庙门看规模

由前殿庙门数大致也可看出寺庙的层级规模：土地公祠只能开一门；将军或王爷级的寺庙以开三门者居多；帝后级的神，如保生大帝、天后妈祖等，正面可开五门以上。

空间功能

寺庙的空间是按照信徒祭拜的过程依序排列的，以主祀神的位置为中轴，左右对称配置，实体的殿宇建筑与虚体的庙埕相间，明暗有致，塑造出祭拜神明的虔敬气氛。以下即依鹿港龙山寺的平面配置图，一一来认识寺庙常见的空间功能。

后殿

为中轴上最后一进的殿宇，空间形式与正殿相同，但因祀奉配祀神明，所以建筑的高度及进深都小于正殿。

正殿

又称大殿，为寺庙中的主祀空间，通常面积最大、高度最高、光线最幽暗，神像端坐中央，充分流露出庄严神秘的气氛。内部的器物及文物最多，包括神龛、桌案、香炉、灯座、执事牌、签筒、钟鼓等。

前殿

为寺庙的第一殿，整体外观最华丽，装饰最繁复。如开三个门，又称三川殿，因"三川"原为"三穿"之意，屋顶通常分三段，特称三川脊。此处是信众初拜的位置，所以背侧开敞，面向正殿。

庙埕

为各殿前铺设石板的空地。在此处可看到完整庙貌，也是庙会活动或搭建临时戏台的空间。

山门或牌楼

独立于寺庙建筑前，是界定内外的出入口，也具有地标作用。

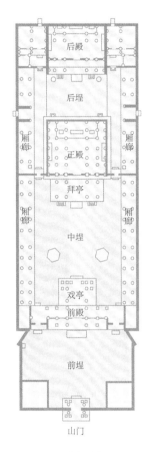

山门

钟鼓楼

所谓"暮鼓晨钟"，钟鼓可说是寺庙中不可少的文物，一般置于正殿的前廊，左侧悬钟，右侧吊鼓。有些寺庙会特别修建独立的空间来安放钟鼓，称之为"钟鼓楼"。钟鼓楼多位于两厢之上，外观华丽，屋顶形式特别讲究。

台北艋舺龙山寺的钟鼓楼，平面是六角形，屋顶有如轿顶

护室或厢廊

位于寺庙的左右两侧，可以是配祀神明所在的偏殿，也可以是寺内僧侣或庙祝居住办公的空间，对早期一些地域观念强的寺庙来说还具有同籍移民的会馆功能。若是半开敞式的厢廊，则常有一些重要的石碑立于壁面上。

拜亭

位于正殿之前，是供信众上香祭拜的空间。有时地面上嵌有一块拜石，为祭拜时站立的特定位置。这里常放置一个大香炉。

戏台（亭）

民间有扮戏酬神的风俗，戏台一定面朝正殿，因看戏的主宾是神明。其形式有两种，一种是与前殿背面连接的戏亭，如鹿港龙山寺及新北淡水福佑宫；另一种是位于前埕的独立戏台，如台北景美集应庙。

脊饰

屋脊的功能是压住屋面，因位置明显，也成为装饰重点。脊饰以剪黏最多，也有以泥塑或交趾陶来装饰者，用于三川殿与正殿的题材略有不同。好的脊饰构图疏密有致，且形态立体、姿态生动。常见的脊饰部位有以下四处。

寺庙的屋脊形式

台湾寺庙的屋脊造型通常相当华丽，具有门面性质的三川殿常采用分成三段的"三川脊"，或"假四垂顶"；地位最重要的正殿则采用完整不分段的"一条龙脊"，以示隆重。

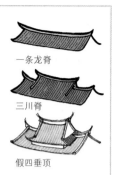

一条龙脊

三川脊

假四垂顶

正脊上

三川殿正脊上常见的脊饰题材有双龙抢珠、双龙（或麒麟）护八卦、福禄寿三仙、宝珠、鳌鱼等。正殿则多使用双龙护塔。

三川殿正脊上饰以双龙抢珠剪黏

脊堵内

脊堵内的装饰最华丽，题材多样，一般中央为双龙抢珠、人物坐骑、双凤或八仙等，两侧或背面则以花鸟较常见。

除中间脊堵外，上下细细的线形堵内常以水果、四兽（虎豹狮象）、麒麟或水族类来装饰。使用鱼、虾等水族类装饰寓意防火。

具双层脊堵的西施脊，上层为四兽，下层是精美的武场"黄飞虎战闻太师"

牌头

位于垂脊末端，多以人物故事为题材，并在背后衬以山林楼阁。最常使用热闹的武场，如三国、封神榜故事等；文场亦有，但出现概率较小。

牌头的脊饰不仅增加屋顶的华丽，也有压住檐口的作用

垂脊上

两侧垂脊与正脊一样具有压住屋面的作用，其上一般以卷草或鲤鱼吐水草等装饰，使脊线富于弯曲变化。

卷草流畅的线条，仿佛在水中随波摇曳

彩绘

彩绘是寺庙中不可或缺的装饰艺术，除了绘于门板上的门神（参见第40页）外，主要分壁堵彩绘及梁枋彩绘两种。后者兼具保护木料的作用，也因此，每隔数十年就要重新绘制。这就使得传统寺庙中的彩绘不易保存原样，今天所见多是近代的作品。

梁枋彩绘

寺庙的梁柱底色以朱色为主，这是宫庙专用的色彩。中脊梁多绘太极八卦、双龙或双凤；横长的梁枋，除了装饰人物题材外，也有花鸟、瑞兽、山水、书法等。此类彩绘虽面积不大，却有丰富多变的表现，不过因为高度太高及香火烟熏，常令观者不易察觉。

壁堵彩绘

多位于殿内两侧的墙面上，绘制要在白灰墙体未干之前进行，对时间及水分的掌握很重要，考验匠师功力。题材以人物为主，大部分是历史演义或佛经故事。因构图面积大，允许匠师有细腻的表现，是观察彩绘的好地方。

近代重要的寺庙彩绘匠师

比起其他类型的匠师，彩绘师傅因为能书能画，具有较浓的文人气息。他们因着师承及各人的领会，表现出各自的风格，用艺术丰富了寺庙的空间。我们以目前较容易看到的彩绘作品，介绍几位重要的彩绘师傅。

郭新林：鹿港地区彩绘匠师的代表，出身彩绘世家，不论是门神，还是梁枋上的人物、花鸟、山水，都表现俱佳，鹿港龙山寺及彰化节孝祠为其代表作。

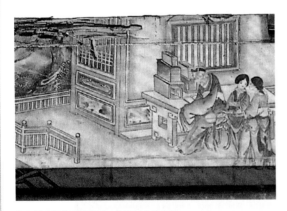

郭新林的梁枋彩绘作品，位于彰化节孝祠

陈玉峰：台南地区重要的彩绘师傅，其作品遍布全台湾，大型人物的表现特别细腻。但逝世后，其作品正在迅速消失。其子陈寿彝及外甥蔡草如均是台南派彩绘的优秀传人，不过两人亦于近年过世，但仍有不少作品留存。

潘丽水：其父潘春源与陈玉峰师出同门，潘丽水师承父亲，门神及壁堵表现尤佳，彩绘作品以台南地区分布最多，台北大龙峒保安宫正殿外墙的多幅壁堵彩绘为其代表作。

潘丽水的壁堵彩绘作品，位于台北大龙峒保安宫

陈玉峰的壁堵彩绘作品，位于台南陈德聚堂

门神

在门上绘制图像以吓阻鬼魅的习俗，据传在商周时代就有，演变至今成为寺庙不可或缺的彩绘艺术，并且依照主祀的神祇绘制不同种类的门神。

神荼、郁垒

绘于中门。据《山海经》所载，两人为黄帝所派的鬼门总管，专管阴间的鬼魂。其形貌威猛，口如血盆，眼如金灯，使用的武器为斧钺。

台南法华寺的神荼、郁垒门神

韦驮、伽蓝

为佛教寺院的护法及守护神，常绘于佛寺中门。韦驮为白面，手执金刚杵；伽蓝为黑面，手执斧钺。

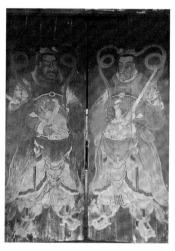

鹿港龙山寺的韦驮、伽蓝门神

秦叔宝、尉迟恭

是最常见的中门门神。他们原是帮唐太宗打天下的名将，传说唐太宗晚年常做噩梦，后命此二将守于门外才得一夜好眠，故后人将其奉为门神。两人均为武将打扮，秦叔宝白面凤眼执锏，尉迟恭黑面环睛持鞭。两人通常作捻须状，其貌不怒自威。

台湾府城隍庙的秦叔宝、尉迟恭门神

哼哈二将

亦为佛寺门神，常绘于中门。据《封神演义》所载，两人为商周时期的将军郑伦与陈奇，原为对敌，死后同被敕封镇守西释山门，保护法宝。哼将郑伦为青面、闭口，手执降魔杵及乾坤圈；哈将陈奇为红面、张口，手执荡魔杵及定风珠。

台南重庆寺的哼哈二将门神

四大天王

亦佛寺门神，又称四大金刚，常绘于左右门，包括南方增长天王、东方持国天王、北方多闻天王及西方广目天王，分别执剑 、持琵琶、拿伞与缠龙，寓意"风调雨顺"。四人脸色各不相同。

台南法华寺的四大天王门神

文臣

此类门神与前述武将不同，以赐福代替威吓，手中常捧有冠、鹿、牡丹、爵（酒器），意指"加官进禄、富贵晋爵"。文臣门神多用于左右门，与中门的武将门神搭配。土地公庙因等级低，门神不能用品级高的朝廷官员，仅能用官位更低的文官。

嘉义朴子春秋武庙的文臣门神

太监、宫娥

祀观世音或妈祖等女神的寺庙，左右门常以太监、宫娥为门神，其手中亦执与文臣相似之吉祥物。但太监无须，另一手执拂尘，服饰与文臣不同。

新北八里开台天后宫的宫女门神（左）
与台北大龙峒保安宫的太监门神（右）

木雕

抬头乍看下，寺庙的木雕常令人眼花缭乱，其实所有的木雕都有结构上的功能，故匠师雕凿时有其准则，结构性强者仅能浅雕，辅助性的构材才能透雕。木雕的材料以樟木最常使用，因其质地适合雕凿，不易断裂。以下是寺庙常见的木雕部位。

三川殿入口处称为"前步口"，是寺庙的木雕与石雕最丰富集中的地方，鹿港龙山寺三川殿更是其中佳例

1. 吊筒、竖材　2. 斗拱
3. 托木　4. 狮座、员光
5. 门簪　6. 壁堵
7. 柱础　8. 抱鼓石
9. 门枕石　10. 御路

吊筒、竖材

吊筒位于檐口下，是悬在梁下的吊柱，具有传递檐口重量的作用。它的末端常雕成莲花或花篮样，所以又被称为垂花、吊篮。

竖材是位于吊筒正面的一个小构件，其作用是封住后方构材穿过的榫孔，多以仙人或倒爬狮为题材。

竖材

吊筒

鹿港龙山寺的花篮吊筒与仙人竖材

托木

又称插角、雀替，位于梁与柱的交点，是三角形的巩固构材，题材有凤凰、鳌鱼（龙首鲤鱼身）、花鸟、人物等。

鹿港龙山寺的凤凰托木

斗拱

斗与拱是传统建筑的基本构件组合。斗虽只是一个立方体的构材，但它可以有方形、圆形、六角形、八角形、碗形、菱花形等变化；拱是承接斗的小枋材，就其形可以雕成草花或螭虎（由龙衍生而成的动物），不过它具有结构功能，所以通常采用素面或浅雕。

拱　斗

鹿港龙山寺的碗形斗与素面拱

门簪

固定门楹（上门臼）与门楣的构件，常雕成龙首状，或雕成方形印、圆形印，所以又叫门斗印。

鹿港龙山寺的螭虎门簪

藻井

藻井是以不断向中心悬挑的斗拱交织成的网状的天花板结构，所以又称"蜘蛛结网"。其外形绚丽夺目，装饰性强过结构性，在设计与施工上，是匠师展现高超技巧的地方。常见的有八角形结网、四方形结网及圆形结网。

鹿港龙山寺戏亭内的八角形藻井

狮座、员光

狮座为斗座的一种，是位于步口通梁上的木雕狮子。为了让我们看到它，其面容会略朝下，是较立体的木雕。

员光则是位于步口通梁下高度最低、面积最大的雕花材，其题材以花鸟和人物为多，尤其是武场人物的表现常令人赞叹不已。

狮座

步口通梁

员光

鹿港龙山寺前步口通梁下方的员光与上方的狮座

石雕

丰富的石雕可以强调寺庙的入口意象，让人一眼就能感受到寺庙建筑的重要性。而且石雕不易损坏，常常是寺庙中保留的最古老的物件。除了艺术价值，石雕对寺庙的修建过程也有重要的说明功能。以下是寺庙中常见的石雕与题材。

御路

位于三川殿与正殿台基前的中轴位置，是神明专用的斜坡道，人不能踩踏，上面通常雕刻正面的云龙图案。

宜兰昭应宫的四爪云龙御路石

抱鼓石、门枕石

抱鼓石是稳固门柱及安装门板的构件，位于入口的中门两侧，上部形状如鼓，鼓面常有螺旋纹，下部设台座。门枕石的功能同抱鼓石，雕成枕形，并刻上各种吉祥纹样，以增加美感。

鹿港龙山寺的抱鼓石与门枕石，造型浑厚，雕刻典雅

石狮

多位于入口的中门两侧，功能亦同抱鼓石，但同时具有辟邪的作用；也有些寺庙的石狮位于庙前空地上。石狮左雄右雌，立于台座上，两只相望，雄狮通常戏彩球或拨弄双钱，雌狮则怀抱小狮。台湾石狮的造型源于闽粤，有点像松狮狗或京巴狗，鼻子大，嘴的弧度也大，鬃毛卷曲，线条优美。

宜兰昭应宫的石狮体态修长，玲珑可爱

柱础

又称柱珠，是柱子的基础，可防潮、防碰损。早期雕饰简拙，形如鼓，无腰身；发展到后来，为配合柱子，有圆形、方形、六角形、八角形甚至莲瓣形等多种变化，且顶部、腰身、座脚分明，雕刻图案丰富。

六角形

莲瓣形

圆形

八角形

鼓形

鼓凳形

方形

壁堵

指由石雕组成的墙，由上到下，依人体的概念分隔为顶堵、身堵、腰堵、裙堵、柜台脚。有时可以只有柜台脚及裙堵作为墙基，上方改为木作。裙堵最常见的题材是麒麟，称"麒麟堵"。身堵常透雕成"螭虎团炉窗"。壁堵若位于左右相对的两面墙则合称"对看堵"，题材常是左雕青龙、右雕白虎，所以又称"龙虎堵"；有时也雕旗、球、戟、磬图案，取"祈求吉庆"之意。

彰化鹿港大天后宫的"祈求"堵以军旗和彩球作为隐喻

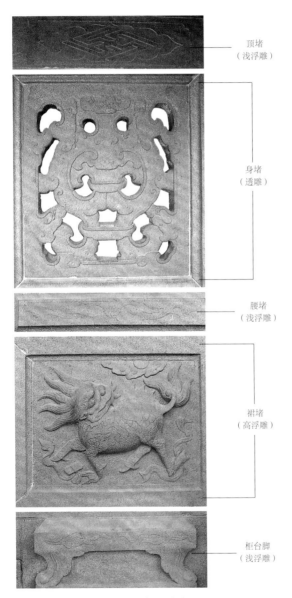

顶堵
（浅浮雕）

身堵
（透雕）

腰堵
（浅浮雕）

裙堵
（高浮雕）

柜台脚
（浅浮雕）

淡水鄞山寺的壁堵可见到透雕、浅浮雕与高浮雕三种石雕技法

鹿港龙山寺龙虎堵中的降龙石雕

寺庙用哪些石材？

台湾早期庙宇的石材大多从大陆随货船压舱运来，特称"压舱石"，日本侵占后才逐渐使用本地的石材。大体上，台湾寺庙常见的石材有以下四种。

青斗石：色泽带绿的玄武岩，又称青草石，产于福建泉州。质地坚硬细密，适合细致的雕刻。

陇石：色泽略带黄的花岗岩，亦来自大陆。质地坚硬，但纹理较粗，芝麻点较明显，鹿港龙山寺与台南武庙都有陇石雕塑。

泉州白石：白色花岗岩，芝麻点小且不明显。产于福建泉州，产量较少，十分珍贵。

观音山石：台湾本岛所产的安山岩，色泽青灰，质地坚硬，但孔隙较大，近年在庙宇中使用广泛。

寺庙

45

龙柱

龙柱又称"蟠龙柱"，蟠龙指的是未升天的龙，所以盘绕在柱子上。台湾寺庙龙柱的历史久远，在风格上可看出时代特色。一般来说，早期的龙柱柱径较小，雕工较朴拙；愈到近代龙柱愈粗大，雕饰亦趋于繁丽。以下简略分成四期来说明。

朴拙期

清中叶以前，一柱雕一龙，龙身与柱身结合为一体，整体观之仍是细瘦的圆柱，周围缀以少数的浅雕云朵，雕刻风格朴拙，材质为泉州白石，如嘉义北港朝天宫观音殿和台南开基天后宫正殿的龙柱。

台南开基天后宫正殿龙柱

圆融期

清中叶，以圆柱盘单龙为主，不过八角柱体开始出现。龙身与柱体仍结合为一体，但脚爪开始脱离柱身而呈镂空状，全身扭转，曲度变大，雕刻不过度强调细节，风格趋于成熟但不失古拙风味，材质多为泉州白石，如鹿港龙山寺三川殿龙柱。

鹿港龙山寺三川殿龙柱

神像

早期移民的地域观念很强，来自不同地区的移民带来各自家乡的守护神，所以从寺庙所奉祀的神祇就可以了解当地移民及开发情况。而除了佛教、道教神祇，不同行业、年龄、性别的人也都有各自的守护神，如海神妈祖、农神神农大帝、商业神关公等，每种神明也都有特殊的造型与配件，值得细细品味。以下是台湾寺庙中最常见的四种神。

释迦牟尼佛

释迦牟尼为佛教的创始人，出生于古印度（今尼泊尔地区），原是富裕的城主之子，一日离城远游，尽见民间的生老病死，于是顿悟世事的无常。他经过多年的苦修，终于在菩提树下悟道成佛。他是佛寺中最主要的供奉对象。其造像庄严慈悲，双目微开，赤脚盘坐在莲花座上。

螺发
白毫
三道
袈裟
莲花座

观世音菩萨

佛教中成道以前者称为菩萨，比罗汉高一等级。观世音是民间信仰中最受欢迎的菩萨，因为他是大慈大悲菩萨，信众相信有难时只要念诵观世音菩萨的名号，他就会显现并前往搭救。在众多菩萨之中，观世音化身也最多。其造像为女像，头戴宝冠，着璎珞，手持净瓶或经卷，面容慈悲祥和，体态优雅。

成熟期

清末，以八角柱取代圆柱，但仍维持一柱一龙的风格。柱径较粗，龙身突出柱体许多，连龙须及鬃毛都脱离柱身，呈镂空状。龙身之间装饰增多，除云纹外，还有人物、花鸟及水族动物等，细节雕刻精彩，动感十足。其高明之处在于，不论龙身怎么盘绕，柱体的线条上下仍一气呵成。石材除了花岗岩，也使用本地产的观音山石。如台北艋舺清水岩祖师庙和鹿港龙山寺后殿的龙柱。

鹿港龙山寺后殿龙柱

繁丽期

日据时期，龙柱的雕刻风格朝纤巧华丽迈进，有时一柱雕双龙；点缀的人物及纹饰增多，布满整根柱子；上方出现希腊式柱头。龙身的细部雕刻，如眼、口、鳞、须、角、爪等，线条犀利。由外观之，柱身约是早期的两倍，已不易看出原有柱身的断面形式；细节过多，整体给人繁密的感觉。如台北孔庙大成殿和新竹都城隍庙的龙柱。

台北孔庙大成殿龙柱

关公

又称关圣帝君，也就是三国时代的关云长。他一生忠君爱国、守信重义而受人敬仰，所以成为民间的重要信仰。据说关公生前善于计数，又是守信之人，所以也成为商界的守护神。其造像面容为红脸带髯，着袍服或武将服，左右配祀白脸的义子关平与黑面带髯的部将周仓。

妈祖

传说为宋朝湄洲人，本名林默娘，因自幼就能预知祸福，特别是海上的灾难，拯救百姓，所以深受沿海民众的爱戴，后演变成民间最受欢迎的神祇之一。其造像面容为黑脸或粉脸，头戴旒冕冠，冠前有垂珠，身着后服，手执奏板，庄严中不失慈祥。因其被封为后，所以左右常配祀宫娥，还配祀千里眼、顺风耳。后两者为妈祖制伏的妖怪，分别具有明视和远听的特异功能，姿态生动活泼。

红脸　袍服

周仓　关平

垂珠　旒冕冠　后服　奏板

顺风耳　千里眼

碑匾联

古碑、匾额与题联是寺庙中十分重要的配角，因多刻写在石材上，或是独立于建筑之外，所以保存的机会反而比建筑本身还高，是我们判断寺庙创建年代的重要线索。此外，它们本身的艺术价值也不容忽视。

古碑

碑的内容以记述建庙经过、记录捐款情况为主，也有呈现寺庙规模的建筑图碑。材料以石碑最常见，少数嵌于墙内者亦用木质。

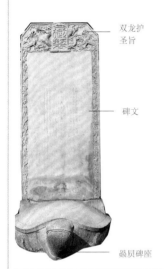

独立式的石碑较为讲究，可分为碑体和碑座两部分。碑体上首常刻有双龙护圣旨，周缘浅雕草花装饰，中间刻主文，在清早期还会出现满汉两种文字。碑座简单者是一个稳固的梯形座，其正面多雕麒麟；讲究者雕成赑屃以驮负碑体，相传赑屃是一种耐驮重物的神兽，貌似龟类动物。

双龙护圣旨

碑文

赑屃碑座

对联

对联刻写在门框和柱子上，短短十几个字却寓意深长，内容主要为歌颂奉祀的神祇，或说明寺庙的沿革。有些对联上下联的首字还会带入庙名或主祀神的名字。

对联通常有落款及年代，是研究寺庙历代修建情况的好材料。其字体变化多端，篆书、隶书、楷书和行书都会使用，书法之美值得细赏。

台南开元寺由林朝英所书之竹叶体对联：寺古僧闲云作伴，山深世隔月为朋

匾额

寺庙中的匾额多由达官士绅或商会组织所赠送，内容以歌颂恩德为主，其中最为庙方珍视的就是皇帝御赐的匾额。匾上除主文外，左右的小字多撰写捐赠人姓名及其头衔，还有落款年代，有时正上方还会有皇帝的印玺。许多寺庙得以确定其创建年代，靠的就是几方古匾。

除了庙名匾，一般匾以横式居多，倾斜地悬挂在梁上。匾额均为木质，形式则有素平底和浅雕底两种，前者简朴，后者底纹雕以龙、蝙蝠、云纹和水浪等，或四围边框雕卷草、蟠龙，较为华丽。安放匾额的两个座子固定在梁上，或雕成小狮座，或雕螭虎纹、如意纹，或如印章，是小巧可爱的木雕。

淡水鄞山寺道光年间古匾

台南北极殿的明代古匾

台湾府城隍庙古匾

历史隧道

寺庙是我们最容易看到，也是台湾保存数量较多的古迹类型，它在信仰上扮演的重要角色从四百年前至今都没有改变。也因为信众对神明的尊重，兴建当时不论是出钱还是出力都极为尽心，所以说寺庙是传统建筑的精华所在，一点也不为过。

移民的信仰

明末清初，迁入台湾的闽粤移民逐渐增多。我们可以想象，经过险恶的"黑水沟"千里迢迢来到此地的移民，在荒无人烟、前途未卜的情况下，家乡信仰的慰藉是多么重要。由此可知台湾民间信仰的根源来自闽粤。但在长期的发展下，台湾也产生了本地性的神祇。同时，因各地移民会聚一堂，故神明种类繁多，而且有时并列于一座寺庙中，成为台湾寺庙的一大特色。

清代各籍移民之间因利害关系，彼此相互竞争且时有冲突，地域观念极强，所以在寺庙建筑的兴建上也各自聘请本籍的匠师。在台湾，主要的匠派有来自闽南的漳州、泉州匠师，以及来自粤东的客家匠师，匠派的不同直接影响到建筑式样及装饰细节。

台湾寺庙常采用一种特别的营造方法，就是以中轴线为界，左右包给不同的师傅来设计施工，称为"对场"或"拼场"，对场的范围包括木作、剪黏、彩绘等。但匠师还是遵循高度或宽度等基本尺寸，所以并不会影响整体性。匠师为维持自己的声誉，都是铆足劲，甚至赔钱来制作，所以这种寺庙特别华丽，细看之下左右细节各异，饶富趣味。典型的有台北大龙峒保安宫、新北新庄地藏庵等。

台湾寺庙的发展

台湾寺庙的发展依移民垦拓的过程可分四期。

草创期：初到台湾的移民，将随身携带的香火或小尊的神像当作祭祀的对象，或以简单的草庐供奉。这一时期之寺庙均已改建不存。

农业期：开发早期以土地的耕植为主，农耕要等待收成，于是与农业有关的祭祀增多，如神农大帝、雷公、土地公等。寺庙也开始以较坚固的材料建造，但经济能力有限，形式简朴，如淡水鄞山寺。

商业期：随着人口逐渐增多，商业行为产生，市街形成，各行各业为了保护自身利益，期望生意兴隆，出现了同乡和同业守护神。加上社会迈向殷富，信众以钱财来表示对神明的感谢，于是寺庙建筑进入华丽阶段。典型的有台北大龙峒保安宫、鹿港龙山寺。

纷呈期：日据时期日本人带来了神道教信仰，在各地建造了神社；1945年台湾光复后，佛教和道教宗派增加，北方建筑混入南方建筑，再加上现代建筑的冲击，寺庙形式纷呈。但信众对神明表达感谢的观念未变，在经济状况提升后，寺庙每隔数十年就要大肆整修一次或重建，许多古庙因此消失。

影响台湾寺庙建筑的两位匠师

王益顺（1861—1931）

出生于泉州惠安以木匠出名的溪底村，因家贫遂随家乡木匠习艺。十八岁时即能独当一面，1919年受聘赴台建造艋舺龙山寺，声名大噪。在台湾留下的作品虽不多，影响却很深远，台北孔庙亦为其重要作品。

泉派大木匠师王益顺

陈应彬（1864—1944）

出身木匠世家，居住于摆接堡（今新北中和、板桥一带），为晚近漳派匠师的代表，有数十传人。其设计的寺庙广布全台湾，重要作品包括：北港朝天宫、台北大龙峒保安宫与木栅指南宫等。漳派的木栋架粗壮有力，而陈应彬特擅长螭虎造型的拱。

漳派大木匠师陈应彬的手绘稿

祠堂

中国古代的封建社会建立在宗族制度之上，宗族成为个人与社会、国家之间不可缺少的联系单位。清代时，台湾继承这股传统，宗祠成为一地区望族必建的建筑。而宗祠里有家法，可以约束及制裁个人的行为，因此不仅能维系族人的向心力，也使个人之荣辱成为宗族之荣辱。宗祠不像寺庙那样常常翻修，古文物保存较多。而且其色彩多尚青、黑，与寺庙明亮的朱色不同，予人以严肃之感。同一地区因年代久远，也可分立许多宗祠，如福建金门的琼林村即拥有七座蔡氏祠堂，是观察祠堂的最佳地点。观察时尤其不能忽略匾联内容与文字落款，从中可以回顾这个宗祠的背景与显赫功绩。

看属性 → P.52

祠堂依其奉祀的对象，可分为供奉先贤先烈和宗族先祖两类。不过前者常被当作寺庙来看，后者才是我们较熟悉的祠堂类型。

正堂（正殿）

后殿

神龛

两廊

看建筑外观

祠堂的外观大致可以分为两类。一类形如合院，较朴实，除了屋脊使用燕尾之外，与一般传统宅第没有差别，甚至有的宗祠就是直接使用原来的古厝。另一类经济能力较佳者，则兴建大型祠堂，雕梁画栋的外观几与寺庙无异，其中具有彰显家族地位的意味。

看神龛

正堂内的神龛雕刻精细，以隔屏区分内外。龛内常设阶梯状的木架子，层层安放历代祖先或先贤先烈牌位，中间者是最古远的先祖。无任何神像，这是其最大特点。龛前的供桌上往往陈列有古老的香炉、灯座等文物。

福建金门琼林蔡氏十一世宗祠正堂的神龛

台南的陈德聚堂（陈氏祠堂），其外观朴实，除使用燕尾脊外，与民宅无异

福建金门琼林蔡氏祠堂

福建金门金湖镇琼林村是以蔡氏宗族为主的传统血缘性聚落，因明清两代登科受禄者众，而且人丁兴旺，特别注重慎终追远的观念。目前村内各世祠堂至少有七座被列为古迹。图为创建于清道光二十一年（1841年）的十一世宗祠，其结构宏伟，雕刻精美，神龛、彩绘、匾联皆可观。

祠堂

门厅（前殿）

看彩绘 → P:52

祠堂多采用沉稳的深色系彩绘，与一般寺庙予人的红艳印象截然不同。有句俗谚"红宫乌祖厝"，即意象鲜明地点出寺庙与祠堂外观上的差别。

看格局及空间功能 → P.53

祠堂有单殿、两殿和三殿三种格局，最常见的是以前殿为门厅，以第二殿为正堂的两殿式。这是因为奉祀的对象单纯，无须复杂的多殿格局。

看匾联 → P.54

细读祠堂中高悬于梁上的匾额及柱上的对联，一个家族的历史缩影与对子孙延续昌旺的期许尽在其中，令人发思古幽情，不容错过。

属性

见诸文献的台湾祠堂以供奉先贤先烈者为主，各地的宗祠则较少见于方志记载，但是在民间所见的实例却以后者为多。祠堂供奉的对象不同，参与祭祀者也不同。

供奉先贤先烈

诸如怀忠祠、名宦祠、乡贤祠、节孝祠等，有独立建祠者，亦有附设于地方孔庙之内者。如彰化节孝祠祀奉节烈妇女，彰化怀忠祠供奉战役阵亡的义民，而台南孔庙大成门左右则附设有名宦、乡贤、节孝及孝子祠。

彰化节孝祠为台湾仅存的独立建祠的节孝祠

供奉宗族先祖

诸如家庙和宗祠等，虽为以血缘为基础的私人祠堂，但在地方上不仅数量多，而且具有一定的影响力。尤其是地方望族，其宗祠建筑规模宏伟，可与寺庙争艳。

台北万华黄氏家庙建筑精美，对提升家族社会地位有重要意义

彩绘

祠堂给人的第一印象，通常是比寺庙要肃穆许多。造成如此空间氛围的主要因素是彩绘的用色。按照清代规制，三品以下的门屋一律使用黑色，祠堂即承袭这一古风。

寺庙内大面积的构材以朱红为底，并常有安金的彩绘，两相辉映更觉红艳华丽、金碧辉煌。而祠堂的所有梁柱及门板皆以黑色为底，甚至外侧山墙也粉刷黑漆，即使木雕或梁枋彩绘再缤纷多彩，在大面积黑色的影响下，似乎所有铅华也都被沉淀下来，典雅肃穆之感油然而生，充分表现出传统彩绘配色的高明之处。

不过台湾有些大型祠堂与寺庙争辉，并未严守用色规制，但福建金门的祠堂则多能遵守彩绘的用色原则。

祠堂的门板以黑色为底，上绘秦叔宝、尉迟恭，或神荼、郁垒门神，亦有不绘门神而绘红底金字或黑字联者

梁柱均涂黑漆，其余构件的底板才施朱色

格局及空间功能

不论何种格局，祠堂均以安放祖先或先贤牌位的正堂为最重要的空间；规模大的宗祠，则增建奉祀外姓祖先的"花宗祠"。以下就福建金门琼林蔡氏十一世宗祠为例，解说空间内涵。

后殿

设置后殿的祠堂为少数，有的将主祀者远祖的牌位置于后殿，像孔庙后殿崇圣祠基本上体现的就是一种家祠的观念。福建金门又将无子嗣而领养的外姓称为"花宗"，其日后虽发达，却只能置于后殿不能进入正殿，祭祀时也只能由后殿的侧门进出，所以特称后殿为"花宗祠"。

正堂

即正殿，在宗祠中又称祖先厅或正厅，为安放主祀牌位的空间。内部高敞，挂满匾额；外观上，屋顶使用一条龙脊，为其特色。

正堂为敞厅形式，木结构精美，匾额历历

门厅

即前殿，因奉祀的祖先或先贤先烈并不具有神格，所以立面形式多为三开间，开三门或一门。门楣上高悬的门匾、左右门联或窗楣的题字，让人一眼就能看出祠堂的属性，或为哪一姓氏所有。平日大门紧锁，只有在祭典或族中集会时才打开。

后殿（花宗祠）的精雕神龛

两廊或护室

两廊平常为过道，祭典时可以容纳较多的观礼者。有的祠堂左右设护室，内部分隔成好几间，可作为居住、办公、私塾课堂及储物之用。

中埕

正堂前的天井，正式祭典时参与者依序排列于此。祠堂平日不像寺庙那样随时有人祭拜，所以中埕没有大型的香炉。

三开间的门厅，中门平日不开，颇具肃穆感

祠堂

53

匾联

匾联文字是祠堂中不可少的装饰,特别是悬挂在宗祠正堂的匾额,其多寡代表着家族的兴盛及家世的显赫程度。由于祠堂属性特殊,匾联的内容与一般寺庙的大异其趣。

匾额

祠堂中常见的匾额依性质可分成三类。

门匾:撰写的方式有直接把奉祀的主题表示出来,如节孝祠、褒忠祠、某氏家庙或某氏宗祠,或是以该姓氏的衍生地及发迹地为堂号,如张姓为清河、王姓为太原、陈姓为颍川、吴姓为延陵、李姓为陇西、黄姓为江夏、郑姓为荥阳、游姓为广平等。

福建金门琼林蔡氏家庙门匾

功名事迹匾:包括科举、贡举匾,如"进士""文魁""武魁""贡元"等;官职匾,如"内阁大臣""巡抚""御史"等;封赠匾,如"振威将军""光禄大夫"等。这些匾额最能表现子孙光宗耀祖的心意。

福建金门琼林蔡氏十一世宗祠的功名匾

彰显祖德匾:借由匾额提醒子孙慎终追远、重视伦常,常见的有"祖德流芳""贻厥孙谋"。后者出自《诗经》,意指令今人影响后人,凡事都要为后代子孙着想。撰写题匾之人通常是家族中有名望者,或是不同族但同姓的当代达官贵人,如新竹县新埔镇刘氏家祠有清代台湾镇总兵刘明灯手书之"本支百世"匾,台南陈氏祠堂则有清代台厦道陈璸所书之"翰藻生华"匾。

台南陈氏祠堂台厦道陈璸所书之横匾

对联

门框、柱子或神龛都有对联,在门板或窗楣上也常以四字一句左右相配。其内容不外乎追溯家族先祖的来源,提醒子孙慎终追远;歌颂先人的德泽,以期盼子孙绍箕裘、光宗耀祖,如"衍祖宗一脉相传克勤克俭,教子孙两条正路惟读惟耕"等。这些都是记录家族发展的重要史料。

对联内容多以勉励子孙孝悌为主

何谓"左昭右穆"?

"左昭右穆"是宗祠的门板或窗楣上最常见到的字句,典出《礼记》:"天子七庙,三昭三穆,与太祖之庙而七。"意思是说古代天子的宗庙有七座,以太庙居中,二、四、六世居左,称昭庙;三、五、七世居右,称穆庙。所以"左昭右穆"引申为要遵守辈分序位之意,后世编诗句以为辈序,即称"昭穆";男子均按此取名,同族相见时就不会把辈分关系弄错了。

红底黑字的"左昭右穆"常书于宗祠的门板上

历史隧道

一般人常把祠堂与寺庙混为一谈，其实寺庙奉祀的是神明，庇荫的是所有信众；祠堂奉祀的则是先贤先烈或宗族先祖的牌位，影响所及具有地域性或宗族性。两者在建筑外观上虽略同，但是整体气氛却有着极大的差异。

祠堂内平日没有来往的香客，传统的祭典是一年中春秋两次祭享，大多在清明和冬至，后裔子孙罗列参加祭祀，庄严有序。

祠堂的历史发展

台湾地区属于移垦社会，移民经过数代的努力，在垦拓日广、人口繁荣、经济稳定之后，或经商，或步上仕途，以建立乡绅的地位，这似乎是每一个望族或富户发展的步骤。通常到了这个阶段，基于传统的伦理思想，为了饮水思源、慎终追远及光宗耀祖，会倡议聚资兴建宗祠。这不仅强化宗族的意识及团结，也对家族地位的稳固起到了很大的作用。所以说，祠堂建筑是三百多年来汉人移民社会的里程碑，也是台湾移民史的具体见证，它的存在数量及建筑规模就是社会发展的两项指标。

清末是台湾兴建宗祠最盛的阶段，因为乾嘉年间的大量移民至此恰好是家族成长茁壮的时期。日据初期殖民者刻意选用台北陈氏及林氏宗祠作为总督府用地，有意漠视汉文化的端倪已见；到了日据末期，日本人施行"皇民化运动"，以高压政策破坏台湾的传统文化，更抑制了祠堂的修建。

台湾光复后，社会迅速发展，经济大步向前，传统的聚落结构早已破坏，人口大量移入都会，人际关系不同以往，宗族的力量已经不再具有那么大的功效，有时宗祠还成了分产纠纷的因由。受到地价高涨的影响，甚至出现了位于大厦顶楼的宗祠。

金门的祠堂

目前，福建金门是了解台湾地区祠堂文化的最佳区域。这里与台湾岛的历史背景不同，未曾受到日本长期的殖民统治，而且与大陆地缘较近，已有上千年的开拓史，聚落具有牢固的血缘关系，繁衍了一代一代的人，宗族的观念及影响力远大于移民性格仍强的台湾岛。再加上近年发展的迟缓，所以至今几乎每一个村落仍保留有祠堂。有的村庄只有单姓的宗祠，家族昌盛者甚至还有大宗小宗之分；有的聚落中拥有数座异姓宗祠，反映出多姓共存共荣之现象。这些聚落以宗祠为中心，组成一个以宗族制度为结构基础和秩序的社会。

祠堂的多元功能

祠堂除了祭祀功能，在古时还兼具教育、文化与公共活动的多元功能，如设立私塾，作为族中学童启蒙教育的课堂，或作为喜庆及年节庆典的场所。在以往司法不彰的年代，宗祠亦为族人排解纠纷的仲裁之所，还被赋予审理判刑及执法的权力，在亲族中具有绝对的权威性。有些大型宗祠（如台中雾峰林家祠堂）还附建戏台，定时邀请戏班演出，以酬神敬祖，届时宗族老小共聚一堂，有敦睦联谊之效。

台北万华的黄氏家庙，也兼作幼儿园，延续古时宗祠肩负的启蒙教育的传统

55

孔庙

孔庙是中国自古以来儒家文化的象征，宋朝之后，凡官府统治之地都以兴建孔庙来代表中原文化之影响力。明清时期，县城及府城所在地必建孔庙，其旁常附设学校。郑成功驱荷复台后，有意宣示传统文化，参军陈永华创设台南孔庙，为台湾孔庙之始，但其建筑精致程度不及后来的彰化孔庙及台北孔庙。台北孔庙建于日据中期的 1925 年，前后共耗费十余年。其建筑属于泉州风格，但与泉州文庙有明显差异——台湾孔庙建筑之装饰常加入民间信仰及道教的元素，正反映出儒家在台湾的地位。

看格局配置 → P.58

孔庙属于礼制建筑，方位多朝南（南方主文运），且具固定的配置。孔庙常与官方所设儒学并列，即所谓"左学右庙"。可惜时代变迁，左学部分多已不存、重建或变更用途。

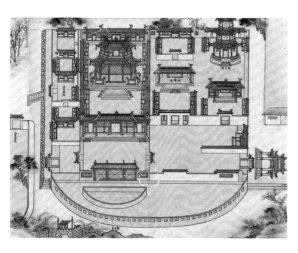

从台南孔庙古建筑图中可看出"左学右庙"的完整格局

鸱鸮脊
通天筒
月台
大成殿
崇圣祠
西庑
西入口黉门

看装饰特色 → P.61

孔庙主体建筑上的筒状物有何寓意？为什么大成殿的垂脊上装饰着成排的小鸟？孔庙的柱子上无任何题联，可有什么顾忌？孔庙乍看之下与一般寺庙相似，但在细部装饰上却有独特之处，不可不察。

台北孔庙

1925 年由泉州名匠王益顺设计建造，规制完备、技巧精良。大成殿内之八角藻井为其特色，该殿是晚近台湾所建规模最大之典型闽南式木构建筑。台北孔庙被列为古迹。

义门）

东庑

东入口洋宫

义路

泮桥

棂星门

泮池

万仞宫墙

看碑匾文物 → P.62

大成殿内牌匾历历，院落中古碑处处，殿内或库房中则陈列着各种造型奇特的礼乐器物……这些珍贵文物不仅对历史研究有重要的意义，本身的艺术价值也不容忽视。

台南孔庙修建古碑

格局配置

孔庙完整的配置包括"左学右庙"两部分。"左学"是指以明伦堂为主的建筑群，功能相当于今天的公立学校，目前仅有台南孔庙保留了此部分的旧建筑；"右庙"则是指以大成殿为中心的孔庙建筑群，由前至后依次是万仞宫墙、泮池、棂星门、大成门、大成殿、崇圣祠等，大成殿前方左右两侧有东西庑。以下一一来看孔庙的重要配置。（参照前页图）

入口门

　　孔庙环境清幽，四周都有围墙，入口设在两侧，为门楼或牌坊形式，名称各处不同，但均有特别的含义。如台北孔庙的"黉门"与"泮宫"都是古时学校的名称；台南孔庙的东、西"大成坊"则是取"大成至圣先师"之意。

台南孔庙的西大成坊造型雄奇，上悬有"全台首学"匾

礼门、义路

　　学、庙之间多以围墙分隔，要进入孔庙的主轴空间，必须穿越两侧的"礼门"与"义路"，以示对孔子的尊重，其建筑形式通常为简朴的单开间门楼。

台南孔庙的礼门，其两侧的围墙已倾圮

万仞宫墙

　　位于孔庙正前方，是一堵高大的照壁（阻挡中轴线的围墙），典故出自《论语》子贡言："夫子之墙数仞，不得其门而入；不见宗庙之美，百官之富，得其门者或寡矣。"意指孔子的学问道德高深，不经潜心学习无法窥其堂奥。

树影天光映照下的台北孔庙万仞宫墙

泮池、泮桥

　　位于棂星门前，是一座半月形的水池，典故源自周朝礼制：天子的学校称辟雍，是四面环水的建筑，而诸侯的学校只能南半面环水，称为泮宫，取"半水"之意。因孔子曾受封文宣王，泮池就成为自古孔庙的规制。

　　有些泮池上设拱桥，称为泮桥。据说只有及第的状元祭孔时，方可走泮桥，过棂星门、大成门，直上大成殿恭祭。而泮池与宅第或寺庙前的水池一样，也有防火的功能。

台南孔庙的泮池

棂星门

是孔庙主轴空间特有的前门。"棂星"据说是文星，按古籍记载有得士之意。外观可为牌楼、门楼或殿堂形式，屋顶通常采用燕尾脊。各地孔庙的棂星门面宽不同，台北孔庙多达七开间，彰化孔庙面宽五开间。因只是穿越性空间，棂星门进深较浅。

台北孔庙的棂星门

大成门

又称仪门（意指"有仪可象"）或戟门（古代宫门外有立戟之制），位于大成殿前，有如寺庙的三川殿，面宽至少三开间，开三门。大成门与棂星门一样，只有在祭孔时中门才会打开，平时进出只能走左右侧门，以示对孔圣的尊敬。

台南孔庙的大成门

大成殿的建筑形式

大成殿宏伟壮观，位于独立高耸的台基上，前方有月台（又称丹墀），是祭孔时跳佾舞的地方。其屋顶采用高等级的重檐歇山式，至于屋身部分则有以下两种形式。

大成殿

"大成"二字来自孔子"大成至圣先师"的尊号，因孟子谓其为"集大成者"。大成殿有如寺庙的正殿，主祀孔子的牌位，配祀"四配"及"十二哲"。"四配"是指颜子、曾子、子思及孟子，他们都是奠定儒家思想的重要人物；"十二哲"中除南宋大儒朱熹外，其余都是孔子的弟子。

大成殿内之孔子牌位

柱廊式：大成殿下檐以柱列支撑，出檐较深，四周形成可环绕一圈的走马廊，正面设一对龙柱，庞大的建筑体因柱廊而增添灵透之感，如彰化孔庙和台北孔庙。

无柱廊式：大成殿的下檐以斗拱支撑，出檐较浅，没有柱廊，外观朴拙厚实，更显大成殿的威仪，如台南孔庙。

彰化孔庙大成殿

台南孔庙大成殿

东西庑

位于左右两侧，其内供奉孔子的重要弟子，以及对弘扬儒学有功的历代先儒牌位。与其他各殿相比，两庑的外观形式较简单，屋顶也较低，室内有如幽深的廊屋，一字排开的柱列予人强烈的节奏感。

台北孔庙东西庑的内景与外观

崇圣祠

是孔庙最后的一个殿堂，其内主祀孔子的五代祖先，配祀孔子的兄长、四配及先贤先儒之父辈牌位等，充分表现儒家重视宗族伦理的传统。建筑形式与一般殿宇相似，使用燕尾脊屋顶。左右房多作为礼器库及乐器库。

崇圣祠有如孔子家庙，内祀孔子祖先

古时候的学校

明伦堂相当于古时官办儒学的教室，依照礼制，应设于孔庙的左侧，也就是东庑的东方。"明伦"出自《孟子·滕文公上》："夏曰校，殷曰序，周曰庠，学则三代共之，皆所以明人伦也。"校、序、庠都是古时的学校，员生在此接受伦常之理的教导。台南孔庙的明伦堂旧时即为"台湾府学"，是清代全台湾最高学府。

在明伦堂的后方，常会设置朱子祠、文昌阁或魁星阁，分别祭祀宋儒朱熹、文昌帝君或魁星。朱熹晚年在南方讲学，对儒家思想的发扬功不可没，而且明清以后科举考试多以朱熹注解的版本为标准，故南方的孔庙多设朱子祠，以资纪念。至于祭祀文人学子信仰的文昌帝君及魁星，则是受到道教信仰的影响，与儒家思想无关。

台南孔庙明伦堂前设置"入德之门"，含义深刻

台南孔庙的文昌阁除祭祀功能，原来还兼作台湾府学的藏书室

装饰特色

整体来说，孔庙的装饰比一般寺庙来得简朴典雅，表达出一种庄重肃穆之美。为避免被讥为"孔夫子门前卖弄文章"，孔庙内所有的柱子上都见不到题联。此外，一些特有的装饰，其背后的象征意义十分耐人寻味。

特殊脊饰

通天筒：孔庙屋脊上的筒状物与一般寺庙中的脊饰不同，特称为通天筒，一说是朱熹修建孔庙时，为表达对孔子道德的崇敬，以此表示只有孔子的思想才能上通天意；另一说是秦始皇焚书坑儒时，士人以筒状藏书塔保护经书，以其藏书有功而立之，故又称藏经塔。

鸱鸮：即枭鸟，大成殿屋顶的垂脊上往往站着一排泥塑的鸱鸮。据说此鸟性情凶猛，羽翼丰满后会以母鸟为食，自古被视为不孝及不祥的鸟类。《诗经·鲁颂》曰："翩彼飞鸮，集于泮林，食我桑葚，怀我好音。"这句诗意指枭鸟飞过孔子讲学之处亦被其感化，所以后人将鸱鸮立于脊上，表现孔子有教无类的精神。

台南孔庙大成殿屋脊上的通天筒与鸱鸮

门钉

棂星门与大成门的门板都涂朱红色，不画门神，正面多数饰以门钉。门钉左右各五十四颗，合起来是一百零八颗，为九的倍数。九乃阳数之极，一百零八更是礼制中最大者，如此代表着无比的威仪及尊崇。又有一说，这些门钉代表天上的一百零八颗星宿，但这种说法是受到道教思想的影响。

一百零八颗门钉象征至高的尊崇

色彩及装饰题材

色彩以朱色为主，因为孔子出生时的周朝特别崇尚朱色，而且除了雕刻的地方，通常没有过多的彩绘。在石雕、木雕、剪黏等的装饰题材上，则以教忠教孝、古典演义故事，或博古架（多宝格）、香炉、花鸟等较文气的图案为多，麒麟更是孔庙常有的装饰图案，因麒麟是仁兽，正传达了儒家的精神。

麒麟图案是孔庙常见的装饰

壁堵上的博古架及香炉图案石刻

位于壁堵上的瓶花交趾陶装饰

碑匾文物

历代执政者对儒家思想的传扬相当重视，所以皇帝的赐匾及各朝的立碑在孔庙中时有所见，由这些历史证物可以解读出不少背后的故事。而每年祭孔大典时所使用的礼器及乐器，乃沿用古制所制，名称特别，造型奇特，参观孔庙时也不应错过。

匾额

孔庙中的匾额多是皇帝的赐匾，意义非凡。以"全台首学"的台南孔庙为例，清代从康熙到光绪每位皇帝均有赐匾，"御匾"竟达八方之多！不过台北孔庙建于日据时期，故无清代皇帝的献匾。匾文内容以褒扬孔圣及儒学为主。

台南孔庙中历代皇帝所赐的御匾

石碑

石碑记录了孔庙的修建过程、儒学的校规等重要史料。除了解文字的内容之外，碑体的雕刻也具艺术欣赏的价值。孔庙重要的石碑有：

下马碑：立于庙前，上书"文武官员军民人等至此下马"等字样，意指文武百官经过孔庙都应下马，以示对孔圣的尊重。

卧碑：立于明伦堂，刻写校规条文，为清顺治九年（1652年）通令全国的《御制晓示生员》，内容实为"生员守则"。

重修碑：修建孔庙乃国家大事，所以常会立碑撰文述说来龙去脉。如台南孔庙内就有多方重修碑，其中还包括府学建筑图碑，均为珍贵的史料。

台南孔庙的下马碑设立于入口处，有满、汉两种文字

孔庙内的各式古碑是重要的历史资料

礼乐器物

每年九月二十八日的祭孔大典特称为"释奠"，是依循古礼举行的国家大型祭典，进行时，由执事者、礼生、乐生及佾生使用特制的仿古礼乐器，并按一定的程序行三献礼，跳佾舞。

平日这些器物放置在礼乐器库，或陈列在大成殿内。

鼓

陈列在大成殿中的礼乐器

特钟

历史隧道

孔庙又称儒学，源于孔子出生地曲阜，由孔子故居演变而来，自古就是对至圣先师孔子祭祀供奉的场所。孔庙多为官方所建置，同时也常与书院结合，担负地方教育的职能，对于崇尚儒家文化的中国人而言意义重大。

孔庙的兴盛时期

孔庙在古时就是教育、文化的精神所在，同时代表着地方上文化水平的高低，所以在明郑初期百废待举之际，为了安定民心，参军陈永华即建议郑成功之子郑经，于台南兴建全台湾第一座孔庙。这座"先师圣庙"不仅是台湾文教的先声，也开启了孔庙建筑在台湾的辉煌历史，到目前为止有四十余座，且直到近年还有兴建。

清代的统治阶层虽为满族人，但是自康熙以降，即对汉人的儒家文化非常重视，除了出于对孔孟思想的崇敬之外，也是为了怀柔知识分子，安定民心。所以各地均有官设的孔庙，并定时举行春秋祭典，以彰显为政者对儒家的尊崇。

台湾虽地处边陲，但是文风亦盛。同时因为天高皇帝远，台湾反而出现许多由民间自行捐地捐钱建的私设孔庙，这是异于大陆的一点。清代为台湾孔庙兴建最多的时期，除了台南孔庙创建于明郑时期，其他孔庙几乎都建于清代，而且每年的祭祀大典更是知识分子的大事。

孔庙发展的困境

到了日据时期，因为殖民当局压抑台湾地区的本土文化，除了不重视孔庙祭典外，还常以兴建官方建筑为由，拆除重要的祠庙。如原有的新竹孔庙及台北孔庙，均遭拆除，改为修建学校，虽说仍维持孔庙的教育功能，但是日本人想以文化占领台湾人心的企图可见一斑。

台湾光复后，孔庙仍然继续修建，但建筑形式以北方宫殿式取代闽南式，结构也以钢筋混凝土为主。此外，因教育体制完全不同于前，孔庙儒学的功能尽失，似乎只在每年的教师节祭孔大典时，才会被人们想起。

旧宜兰孔庙以拥有全台湾最美的大成殿著称，可惜于日据末期被拆除

日据时期举行祭孔大典的台南孔庙

书院

古代书院的设立可以弥补官设学校之不足。台湾早期垦拓社会重视渔樵耕读，谋生工作之余不忘读书，各地广设的书院可以为证。书院的建筑常常是四合院房舍，中央为讲堂，供奉朱子或文昌帝君，后面为老师住所，两侧学舍则为学生使用。师生共处一起，发挥生活教育之功能。20世纪初年日本人推行的"国民教育"普及后，传统书院被取而代之，今尚存几座典型的书院可供我们了解清代的学校教育。彰化和美的道东书院格局完整，建筑尺度亲切，气氛宁静，体现了古代优美的学习空间。

看格局

书院的格局属传统中轴对称的形式，规模则随时代演进而有不同。清初时多建于府治或县治所在地，格局以三进、四进的大规模为多；道光以后，书院数量增多，但规模都较小，以两进式为主，甚至有受限于经费只作单进者。

看惜字亭 → P.67

传统社会对文字极为尊敬，写过字的纸不能随处丢弃，必须拿到惜字亭焚烧。惜字亭这种文教类的建筑设施常见于书院，是传统风俗文化的见证。

惜字亭

前埕

半月池

照壁

道东书院的惜字亭，
炉体为四方形

讲堂

耳房

内埕

祭祀厅

学舍

门楼

彰化和美道东书院
创建于清咸丰七年（1857年），为民建书院，格局二进，砖工精致，环境清幽，是台湾保存原貌最完整的书院，被列为古迹。

书院

看空间功能 → P.66

书院是昔日的学校，其空间使用及整体气氛与其他传统建筑大不相同。中心建筑是具有教学及祭祀功能的讲堂，环绕着讲堂的是师生居住、读书的院落，生活与教育合而为一。

看装饰

书院在装饰上特别有文教气息，如门厅的门板上多半不施彩绘，或是以文字及文官代替一般门神；梁枋彩绘以典雅的靛青或黑色为主；雕刻题材则以花鸟或忠孝故事为多；壁框内以诗文书画装饰，除了表现文学造诣之外，还将求学目的及人生哲思放入其中。

看匾联

书院与祠庙、宅第的匾联明显有别，内容主要是颂赞孔孟、朱熹等大儒，也有鼓励或训诲学子的话语。

道东书院讲堂高悬的古匾

空间功能

传统教育身教与言教并重，教学重点为四书五经，老师就住在书院里，学生可以随时请教。书院整体空间以讲堂为中心，而且其中会融合祭祀活动。因此，传统书院的空间功能大致可分成教学、祭祀和居住三部分。

教学空间

教学主要在讲堂进行，它的建筑高度最高，屋顶使用燕尾脊，彰显出中心建筑的重要性。讲堂常以典雅的格扇门分隔内外，其内部格局方正，堂内放置成排的木制桌椅，以便授课。高阔的空间感，为学子营造出潜心向学的静谧氛围。而户外的埕及庭园也是师生讨论学问的好地方。

日据时期在书院讲堂内授课的情形

祭祀空间

传统书院都设有供奉宋儒朱熹牌位的祭祀空间。单进或两进的书院，就在讲堂内设置神龛；而三进者则将神龛设在后堂，或独立设置朱子祠。另外，护龙的明间亦可设祭祀厅，奉祀先贤的长生禄位。

讲堂是教学空间，同时也具有祭祀功能

居住空间

老师及家眷的居住空间设在讲堂或后堂两侧的耳房（正身两侧的房间），多以墙门与其他空间分隔，以维护私密性。此外，若有视察官员或其他访客，后堂也可作为接待的空间。远路学生则可住在护龙的学舍中。

魁星阁

在科举时代，庇佑文运的"魁星"是应试前必先膜拜的神明，这是受道教影响而产生的风俗。专门供奉魁星的建筑就称为魁星阁或奎阁，均为楼阁形式，平面为四角、六角或八角形，造型优美，可设置于孔庙、书院或文风鼎盛的聚落。目前台湾唯一留有魁星阁的书院，为澎湖文石书院（今已改为孔庙）。

圆洞门后的独立空间，就是老师及家眷的居所

福建金门金城镇的魁星阁，独立设置于聚落当中

惜字亭

惜字亭又称为惜字炉、敬字亭、圣迹亭，宋代开始有惜字亭的兴建，明清时期已十分盛行。除了书院以外，惜字亭也会在其他地点出现。它的量体虽小巧，外形与用材仍有可观之处。

设置地点

书院：由于焚烧时会排出浓烟，所以通常放置在前埕或内埕。

衙署：为方便焚烧公文字纸而设置。

园林：园林的主人多是风雅之士，所以也把这种敬字惜字的观念带进园林之中，如板桥林家花园。

文昌庙：文昌帝君是文人敬拜的神明，其庙埕会设置惜字亭。

村镇外或城门口：在文风较盛的聚落也会设置惜字亭，通常位于村镇外缘或城门口。特别是重视耕读的客家村落，甚至会请专人收集字纸，送至惜字亭焚烧。

炉顶

炉体

台座

外观及材料

惜字亭的外形远看有如一座小塔，由台座、炉体和炉顶构成，多以石材或砖材砌筑，平面呈四角、六角或八角形。装饰上，不管是台座的雕刻、炉体的对联，还是炉顶的形式，均非常讲究。

由于焚烧时会产生高温，所以壁体要厚实，炉顶须设排烟孔使热气逸出，才不会导致开裂。烧完的灰烬落在台座内，通过后方的孔洞清运出去，再送至水边随流而去。

桃园龙潭圣迹亭是全台湾规模最大的惜字亭，也是当地人敬字崇文的见证

历史隧道

在清末刘铭传建西学堂以前，台湾的教育延续明清的制度，以科举为依归，地方上的最高学府称为儒学，多与文庙结合。但发展至后来，儒学变成办理科考的行政单位，对地方的教育实际贡献不大。

一般地方上的基础教育有清初官方于乡里设置的社学，官民义捐设立免费教育贫寒生童的义学，以及民间私设于自宅收费授课的书房、家族共同聘师授课的私塾等。而书院是其中发展历史最悠久、制度最完善、影响也最深远的一种教育系统。

书院的历史发展

自从清康熙二十二年（1683年）施琅在台湾创设西定坊书院始，在其后的两百多年间，共设立书院六十所。书院的设立也表明地方开发已臻成熟，是当地文风水平的指标。不过清初深恐文人结社发表对朝廷不利的言论，所以限制很多，直至雍正以后，官府设治之地普设书院的风气才兴起。乾隆以前，因台湾南部开发较盛，故书院多设立于南部，尤其是府城台南；之后，经济、政治中心逐渐北移，也使得中北部书院大增，特别是在道光和光绪年间。

书院的教学与营运

书院的授课内容以经史子集为主，但受到清廷的监督辅导，早已失去宋元时书院的独立治学精神，学生求学目的与科考及仕途脱离不了关系。但大致来说，书院仍是制度较完善的求学地点，也是延揽人才的好地方。

台湾的书院营运制度源自大陆，由官方或民间捐资兴建，也有官民合建者。日常开销除了靠地方士绅的捐输，有些官方参与的书院每年由政府给予定额补助。规模大的书院购买"院田"，将收租作为维持书院的经费，学生缴交的费用亦是财源之一。

书院内的事务繁多，须有定员编制来从事管理。其中最重要的是山长，亦称院长，如同今日学校中的校长，负责主持教务及教学的工作。校长对整个书院的学风走向影响极大，所以多聘请名儒宿学或出身举人、进士者担任。

宅第

住宅是人类最基本的建筑，它的出现早于寺庙与宫殿，观察住宅可以了解人的生活方式。彰化永靖陈宅余三馆是台湾现存清末光绪年间的代表性民居，它不但格局完整，木雕彩画艺术水平奇高，最重要的是宅第建筑融合了闽南与粤东客家的双重风格，恰与彰化永靖地区闽、客并居的历史背景一致。观察宅第，应特别注意大门与二门的分际，外埕与内埕的分野，轩亭与正厅的延伸关系，长短不同的外护龙与内护龙，这些差异都可自传统伦理观念中找到答案。

看格局　→ P.70

台湾传统住宅延续闽粤建筑风格，"一条龙"为最基本的格局，而左右对称的合院则为最常见的类型。但随着人口增多及社会地位的改变，格局会随着纵向或横向的增建而发展变化。

看空间功能与陈设　→ P.72

传统宅第的内外空间设计，从入口设置、空间区分到房间分配，都满足了家庭生活的各式需求，包括日常起居、产业工作、私密性及防御性等。此外，更将传统的伦理思想贯穿于内，完成一个"家"应有的内涵。

看墙的材料与砌法　→ P.74

建造房屋时，一般人家多是就地取材，举凡草、竹、土、木、石、砖等都可以盖房子。各种材料以不同的构筑方法，建造出外表互异的墙面，由此可见传统民居的地域性。

右内护龙

右外护龙

看门窗 → P.76

门窗是建筑立面不可少的元素，它不仅有界定空间及联系空间的功能，有各式各样的造型，更是美化传统宅第的功臣。

彰化永靖余三馆

建于光绪十五年（1889），为陈姓客籍垦户之宅第。三合院格局，埕分内外，具有独立式的三开间门楼，正厅前带轩亭的做法是其特色。彩绘、雕饰俱佳，被列为古迹。此宅外护龙已改建，图为想象复原图。

宅第

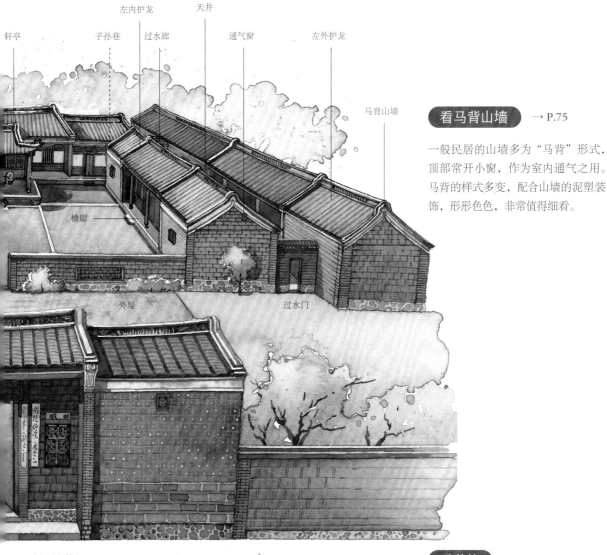

轩亭　子孙巷　左内护龙　过水廊　天井　通气窗　左外护龙　马背山墙

檐廊

外埕　过水门

大门（门楼）

水池

看马背山墙 → P.75

一般民居的山墙多为"马背"形式，顶部常开小窗，作为室内通气之用。马背的样式多变，配合山墙的泥塑装饰，形形色色，非常值得细看。

看装饰 → P.77

宅第的装饰种类虽不外雕塑、剪黏、彩绘等，但却处处传达着居住者祈求平安吉祥，及教化子孙的用意，同时这些装饰也是民间工艺的极致展现。

69

格局

传统宅第的格局有许多形式，从最简单的"一条龙"到多院落、多护龙的"大厝"，其规模由家族的繁衍状况、经济能力及社会地位而定。一般人家多采取渐进式的扩建，而有雄厚经济能力的家族通常在兴建之初就规划妥当了。格局的形式可分为下列数种。

一条龙

形状如"一"字，只有正身而没有左右护龙，为宅第基本的形态。最小的面宽只有三开间，常为人口较少的家庭采用。但也有面宽至九开间的一条龙，特别是在山区，这是因为正身前方腹地太小，只能向两侧扩建。

单伸手

形状如L，似汲水用的摇杆，故又称"辘轳把"。为正身前加建单边护龙的格局，闽南人习称护龙为"伸手"，客家人则称"横屋"。通常先从俗称"大边"的左边加建，但有时也依照周围的腹地来决定。

三合院

形状如"ⴖ"，正身左右均兴建护龙，形成一个围护的院落空间，俗称"正身带护龙"或"大厝身，双护龙"。有的前方设围墙或门楼以区分内外，是最常见的农宅形式。

四合院

形状如"口"字，以前后两进及左右两护龙围出一个较封闭的内埕，俗称"两落带护龙"。四合院与三合院都是台湾民居的常见格局，唯其规模通常较大，较具私密性，为官绅地主所喜用。

台湾民居的人体意象

传统的建屋思想受到道教形、神、气的影响，与人体有巧妙的结合。以三合院为例，正身的正厅为头，左右房为耳，边间为肩，护龙分为两节，形如臂与肘，前方的围墙是腕与指，将住宅空间紧紧环抱，而内埕则是丹田所在。

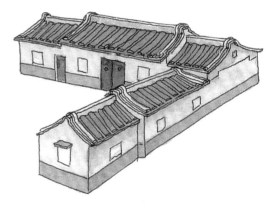

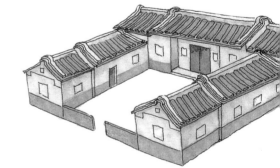

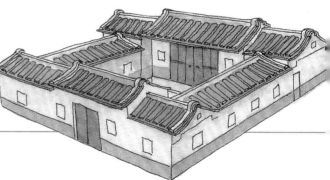

多护龙合院

当空间不够使用时，合院左右可加建数列护龙。通常外护龙要比内护龙长，具有包围、保护的作用。农宅的发展扩建多为此类。规模大的左右有十数条护龙，虽然居住的人口很多，但各护龙有独自的天井及过水门方便进出。

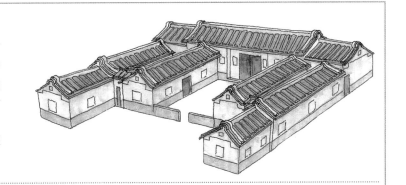

多院落大厝

以合院为基本格局，作纵向及横向发展，进深至少三进，多为地方望族或官员使用。俗语说"大厝九包五，三落百二门"，意即总面宽共九开间，包着第一进中央五开间的门厅；前后共有三落（进），房间多到光是门窗就有一百二十个，这就是"三落两廊两护室"的深宅大院。中举的官宅可于门前设立旗杆座，特称"旗杆厝"。平日进出常经过门厅，不如横向发展的农宅来得自由，但有较好的防御功能；其内部形成封闭的家族社会，愈内侧的院落私密性愈高，是女眷活动的空间。

风水观念

古人认为有一股"气"在大地山川间运行，而宅第一定要兴建在气之所聚处，居住其内者方能获得幸福。所以传统宅第营建前，要由地理师来判断气脉走向与屋主的关系，以决定宅第的位置及朝向。这个过程称"堪舆"，就是看风水。这么做也是为了寻找适宜的自然环境，创造天顺人和的居住条件。过去基本的风水观念有如下几种。

环抱护卫

气遇水则聚，遇风则散，所以地势宜前低后高，以前方开阔面水、后方背山为佳，如此环抱护卫才能聚气，这就是"前水为镜，后山为屏"；若在平地，则于前方凿池，在后方种植树丛、竹林或筑坡坎来代替。

这种配置的视野、采光及通风俱佳，前方的水亦可取用及调节气温，背后的树丛更有防御作用。

住宅方位

决定住宅方位，是根据罗盘及八卦等推演而得。但若在山区受环境限制，则须以向阳坡为佳。常见的方位有三种。

坐北朝南：此方位属吉，不过通常是寺庙或官方建筑才能使用的正位，一般宅第都会偏几度，以示谦逊。台湾冬天吹东北季风，夏天吹西南季风，坐北朝南的方位刚好有冬暖夏凉的效果。

坐东向西：俗语说："坐东向西，赚钱无人知。"坐东为主位，向西则有面朝大陆家乡的意味，同时也可避免冬天东北季风的吹袭。

坐西向东：由于太阳于东方升起，所以坐西向东迎接晨光，有"紫气东来"之意。

台中潭子摘星山庄的环境元素完整，前方有水，后方有围，为典型的好风水

空间功能与陈设

宅第内的空间按照长幼有序的伦理观念来安排，正厅最为尊贵，愈靠近正厅的房间地位愈高，而龙边（左）又比虎边（右）地位高。此外，农宅的空间配置要满足农事的需求，而官绅宅第则着重于区隔社交及内眷空间。一般宅第中可留意观察的重要空间有以下几处。

大门

大门是宅第的门面，也具有守卫的功能。不过在治安好的地方或是乡下农家，多不设置大门与围墙。常见的形式有三种。

墙门：亦即围墙中的一个门洞，讲究的也会砌筑门额及小屋顶。

门楼：位于前埕外的独立屋舍，两旁与围墙相连。较讲究私密性及防御性的宅第常会建造门楼，并且设有铳眼（参见第75页）。其方位有时会因风水的理由，偏离宅第的中轴线。

门厅：多院落的大宅中，于第一进设门厅，主人在此迎送宾客。两侧房间为佣仆或辈分低的家人所居住。

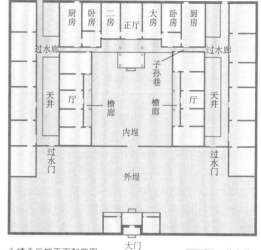

永靖余三馆平面配置图　　■ 环状廊道

砌有小屋顶的墙门

单开间的门楼

三开间的门厅

水池

位于住宅前方，通常为半月形，功能上除了风水的考虑外，亦可养鸭养鱼，以及提供居家用水，或作为雨水汇聚及排放之用，同时还可救火。此外，凿池挖出的土刚好可作为建屋材料。

埕和天井

埕和天井是各厅房向内的采光处，也是家庭生活的重要场所。埕分内外，各自用途不同，外埕的私密性较低，通常是产业工作的空间；内埕私密性高，多是妇女做家务或家人乘凉聊天的地方。内外埕以矮墙或加高内埕台基来区隔，这种分隔基于居住者的需要而设置，同时也建立了住宅内的空间秩序。

正厅

又称正堂，是位于正身中央的明间，为祭祀祖先神明及招待宾客之用，也是宅第中空间最为高敞、装饰最为考究的一间。

灯梁

彩灯

天公炉

对联

神龛

翘头案桌

执事牌

八仙桌

太师椅

卧房

位于正身两侧和护龙中。传统生活中的梳洗、夜晚如厕等都在房内，所以卧房中除了柜和床，也可见到一些盥洗设备。

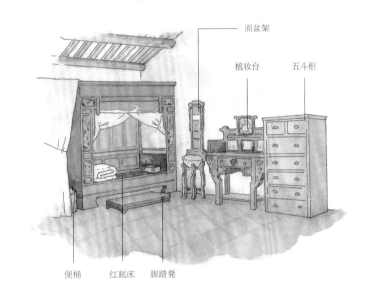

面盆架

梳妆台

五斗柜

便桶

红眠床

脚踏凳

厨房

俗称灶脚，通常位于后侧边间，取其可两面开窗、有利通风之便。它代表着家庭生计，故在此供奉灶神。家族分家时，厨房归大房所有，其他各房则要"另起炉灶"，故有时在一幢宅第中会有好几个厨房。

小神龛

砖砌烟囱

碗橱

炉口

水缸

炉灶

灶孔

环状廊道

贯穿合院的半户外环状廊道，由厅房外的"檐廊"、正身与护龙相接处的"子孙巷"，以及护龙间的"过水廊"组合而成。这样一来，雨天时行走于宅内四处也不致淋雨；其中，过水廊的位置较私密，也常是妇女活动的空间。

墙的材料与砌法

除了大户人家有财力从大陆买进价昂质佳的材料，一般民居使用的建材多是因地制宜，例如台湾岛北部大屯火山群地带盛产安山岩，利用安山岩砌墙就成为当地民居的特色；南部山区取得竹材容易，因此编竹夹泥墙特别多；硓𥑮石房子则是澎湖的最佳标志。不同的材料有不同的构筑方法，也形成多变的组砌美感，常见的墙体有以下几个种类。

土埆墙

土埆又称土角、土墼，制作时选择黏性高的土壤，再掺入稻秆等夯实，以木模制成土砖，晒干后非常坚硬。但是怕水，所以通常墙体表面再加保护层。

夯土墙

"夯"是击打使之密实的动作。以两片侧板围夹土壤，每隔数十厘米夯实一次，即古老的筑墙技术"版筑法"。墙体的水平线即为夯筑痕迹。

平砌石墙

用大块规整的石条水平叠砌，上下要错缝，每隔一段即以丁面石块拉系，这样墙面较为稳固。

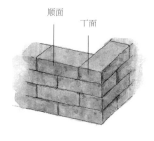

顺面
丁面

人字砌石墙

又称"人字躺"。将大小相近的石块，左右倾斜45°交错叠砌，形成"人"字。这种砌法的施工难度较高。

乱石砌墙

以灰泥就着卵石或硓𥑮石砌筑墙体，通常将大颗石材置于下方，结构较稳固。亦有在墙体下段砌乱石，上段配合其他材料，能防潮。

番仔砥砌石墙

方整的石块以水平或垂直形式交错砌筑，看似乱石砌成，其实自有章法。盛行于日据后期的民居，观其名即知是外来的施工法。

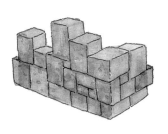

编竹夹泥墙

木梁或竹管屋架之间的空隙，以细竹篾编成网状固定，两面再以灰泥粉刷抹平，最后成为白墙。

穿瓦衫

土墙外以层层叠盖的瓦片保护，瓦片有方形或鱼鳞形，每一片瓦以竹钉固定，看上去就像穿了一件瓦制的衣衫。

斗砌砖墙

用大块扁形的红砖，以竖立和平放的方法组立成盒状，内部再填塞土石碎料。这种做法的墙体很厚实，又可以节省砖材。外观形成宽窄相间的分隔，在阳光下显得特别红艳，散发着传统建筑的魅力。

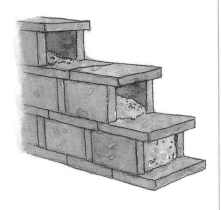

铳眼

位于聚落边缘荒僻处的民居，或是富豪大宅，常于门楼或外墙上留设一些孔洞。这可不是匠师施工不良，而是为了防御盗匪所留置的铳眼。洞口内大外小，以利射击，且不易从外观察觉。

义芳居位于台北市郊区的山脚下，外墙设有数个铳眼

马背山墙

官家及大宅喜采用飞扬起翘的燕尾脊，而一般民宅多使用马背山墙。马背就是在山墙顶端的鼓起，它与前后屋坡的垂脊相连。马背的造型多变，依据风水书中对五行图案的描述"金形圆，木形直，水形曲，火形锐，土形方"，故亦有将马背形状附会五行的说法。常见的有以下几种。

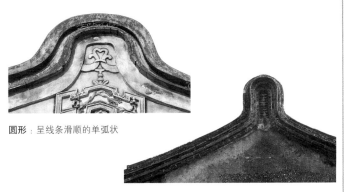

圆形：呈线条滑顺的单弧状

直形：呈较陡直的单弧状

曲形：由三个圆弧构成，有如水波般起伏

锐形：由多条反曲线形成，有如燃烧的火焰

方形：顶部呈平头状

门窗

传统宅第的门窗除了供人进出、采光通风、加强防御等实用功能，它的大小必须符合木匠手中"门公尺"所记载的吉利尺寸。而在玻璃普遍使用之前，门板及窗扇的多样化，更具有浓厚的装饰意味。

门

门的大小与位置有关，如中门要大于边门，以示尊卑。而外门要略小于正厅中门，有聚财之意。宅第常见的门有三种形式。

板门：以厚实的木板拼成，防卫性较高。

腰门：又称福州门，多位于板门前。板门开启后，关上腰门，既有通风采光之效，又可维护孩童安全及防止家禽进入室内。

隔扇：从上到下分隔为四部分，名称分别为绦环板、身板（又称隔心）、腰板、裙板。身板多为镂空的棂条或雕花，如此室内便可通风采光。隔扇的装饰意味较强，故多用于厅堂正面。

板门　　隔扇

宜兰头城老街街屋的腰门及板门

余三馆的板门与隔扇，被称为"三关六扇"

窗

窗的材料多是寻常的木、砖、石等，但因不需考虑人的穿越，所以窗框及窗棂具有很多变化，在传统建筑中有画龙点睛之妙。常见的窗有以下几种。

书卷窗：窗框做成展开的书卷状

石棂窗：石条以奇数为佳

竹节八卦窗：窗棂为石雕或泥塑的竹节样，窗框为八卦形

砖砌窗：以砖组砌成多种图案

花砖窗：以镂空的上釉或素烧花砖组砌而成

木棂窗：背后多有左右推拉的可开合木窗

装饰

宅第的装饰虽不繁丽,却常展现出民间艺术质朴的生命力,从装饰的意涵来看可分为以下三种。

教化子孙

体现在雕刻或彩绘上,题材多为教忠教孝的故事,或具文人气息的山水花鸟;体现在文字对联上,记述祖辈的来源和对子孙的期望。

趋吉

以福禄寿,或具隐喻的故事及图案为装饰题材,如蝙蝠代表"福",鹿代表"禄",花瓶则有"平安"的寓意。

避凶

设置辟邪物(又称厌胜物)以求消灾解厄,常见的有屋外的石敢当,照壁、屋脊上的蚩尤骑兽,以及门楣上的狮子衔剑或八卦等。

日据时流行的彩瓷装饰

1910年以后,日本人受西方影响逐渐使用彩瓷,这种风气也席卷了中国台湾。彩瓷多粘贴于墙体或屋脊上,图案以花草或几何纹样居多,颜色鲜丽。大面积的连续镶嵌,形成优雅富丽的视觉效果。

台南安平的民居,门楣上常见辟邪的"狮咬剑"及太极八卦

历史隧道

台湾早在明代就已出现汉族移民,只是早期人口少,再加上生活艰苦,所以居住的房舍都是简陋的临时建筑,以易取得的竹、草为建筑材料。

到了明郑时期及清初,大量闽粤移民进入台湾,不仅带来了擅长的农业文化,也将闽粤的建筑形式移植过来。

清中叶时,垦拓事业已稳定,开始出现规模较大的宅第。这时住宅形式被当成伦理精神与身份地位的象征,在布局与使用分配上也深受儒家礼教的约束。社会地位及经济能力影响宅第外观,所以一般农家与望族宅第就出现了明显差异。

另一个重要的影响因素是移民的祖籍。不同籍贯的人风俗习惯及从事的产业形态不同,如漳州人擅农,多择内陆平原而居;泉州人擅渔或商业贸易,故多居于港口及海边;客家人擅长开垦山区,故居于丘陵地区。虽都属南方建筑的大系统,但因生活方式、居住地点、当地材料及家乡营建技术的不同,各地民居仍具其特殊的风格,如客家地区喜用黑瓦白墙,闽南人多用红瓦红砖墙,福州人使用灰砖等。台湾民居本身也发展出不同于闽粤的特点,特别是对材料的应用。

日据时期受到外来文化及近代建筑风尚的影响,宅第建筑有了新的形式。常见的建筑有仍以传统格局为基础,加入近代建筑的装饰者;还有兴建洋楼者;或是和洋混合风,甚至完全为日式和风建筑者。而材料运用也有大变革,出现钢筋混凝土,突破了建筑高度,传统的闽南砖也被日式规格的砖块所取代,还有这时期常见的洗石子*处理手法,均改变了民宅建筑的外观。

* 洗石子,将小石子用水泥砂浆固着在墙面,再将多余的砂浆洗去,表面呈颗粒状。参见第211页。

宜兰头城卢宅为和洋混合风格

宅第

街屋

古时台湾城市与乡村的住宅格局不同，乡村多三合院，即正身带护龙的式样；城市沿街道所建的多为长条式街屋，俗称"手巾寮"。街屋也称为店屋，通常门面的木板可拆卸，直接对外开店，并设骑楼（亭仔脚），方便路人逛街浏览货品。这种沿街店铺与住宅混合的建筑并非台湾特有，在福州、泉州、漳州和广州也可见到，欧洲的古商店街亦然。台湾地区的街屋形式依历史早晚而有不同面貌，清初的亭仔脚较窄；清代中期常有街道盖亭子之例，具有遮阳挡雨之功效；至清末及日据中期，多用砖砌拱廊，使亭仔脚有如隧道一般，而街屋的立面也吸收了西洋元素，如今新竹之旧湖口老街即其中保存得相当完整的实例。

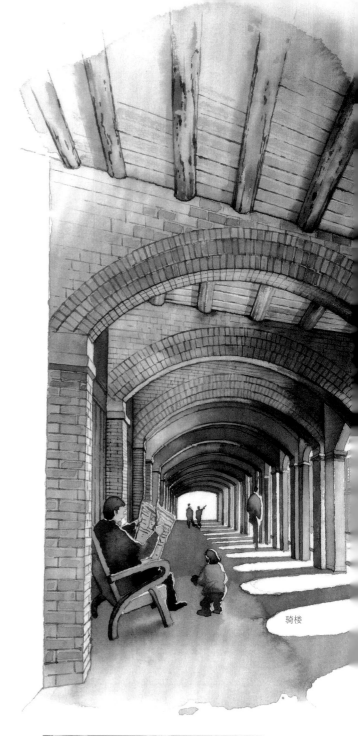

骑楼

看骑楼形式 → P.84

街屋的临街面设置骑楼，是因应台湾炎热多雨气候的产物。连续而深邃的骑楼空间，不仅使逛街的游人免于风吹日晒之苦，视觉上也给人一种律动的美感。

台北迪化街的砖拱
亦是孩子们嬉戏的

新竹旧湖口街屋

20世纪第二个十年所建，原为客家农村聚落。清末基隆至新竹之铁路在此设站，此地因而形成繁华的市街。日据后期又因车站迁移至今日的新湖口，而逐渐没落。街道两侧的红砖拱廊骑楼，是目前台湾保留最完整之例。

堂号或姓氏

立面

神明厅

房间

拱券

店面

店门

店名匾

排水沟

琳琅满目的手工艺品将店门点缀得异常丰富

看立面外观 → P.80

街屋以临街的店面空间为重点，为了争取较多的户数面向街道，立面多为宽四五米的单开间，其外观形式随着各时期的建筑风格变化，有显著的差别。

看空间功能 → P.82

街屋即店铺住宅，具有店铺及住家两种功能，每户都是狭长的格局，所以又称"手巾寮"或"竹竿厝"。各种功能的空间由前往后依序排开，内部的使用情况因商品特色而有所不同，每日的作息忙碌且生趣盎然。

立面外观

做生意的特别讲究门面，不过早期的街屋立面较统一，差异并不大，愈到后期愈强调独特性，而且将店名匾或堂号与立面结合起来，生动有趣。街屋的立面形式依兴建的时代大致有以下四种风格。

传统的闽南粤东式

出现时间通常不晚于清末，不过在比较偏远的乡镇，日据时期仍有修建。为砖木结构、红瓦屋顶的一层楼建筑，其形式简朴，以功能性空间为主。店门多为一门两窗、左右对称的木作构造，做生意时可把窗扇拆卸下来。代表街区有台北迪化街北段，以及新北金山的金包里老街。

台北迪化街北段的街屋立面

整齐律动的洋楼式

出现于清末及日据初期，多为砖木结构的二层楼建筑。受到洋楼的影响，以红砖半圆拱砌筑立面，常见形式有单拱和三拱，屋檐以女墙或栏杆封住。一楼店门仍以一门两窗为主；二楼多与街面齐，并开有三个拱窗，或设拱廊。除了女墙装饰略有不同，整体显得整齐划一，连续的拱券亦使街道充满律动感。代表建筑有新竹县旧湖口老街。福建金门金城镇自强街的街屋，也很有特点。

福建金门金城镇自强街的街屋立面

台北重庆南路是日据时期最早改建成欧风立面的街道

华丽的巴洛克式

出现于日据中期（1912—1926年间），除了砖木造，也有混凝土结构，开始使用面砖，楼层一至三层皆有。这时的建筑以仿样式建筑（即新古典主义建筑，参见第134、206页）为主流，所以立面趋向繁丽，常以水泥塑造或洗石子做成的巴洛克图案装饰，或结合传统的吉祥图案，各户颇有争奇斗艳之势。同时，山头高低起伏，使天际线丰富多变。代表街区有台北迪化街、桃园大溪和平路、新北三峡民权街、云林斗六太平街等。

前卫的现代式

到了日据后期（20世纪30年代），因为普遍使用钢筋混凝土结构，平直的横梁取代了砖砌的圆拱，面砖大量使用，高度多增至三层楼，店门也不再限于对称形式。建筑式样受现代主义的影响，线条简洁，但设计者的个人风格强烈，使得每一栋都有与众不同的面貌。装饰上较常使用当时流行的几何线条。代表街区有台北迪化街、台南盐水中正路、云林西螺中山路、彰化鹿港中山路等。

台北迪化街中段的街屋立面

鹿港中山路的街屋立面

有趣的店名匾

店名匾有如今天的招牌。不过以往经商的观念中有代代相传、永续经营的想法，所以多将店名匾固定制作于街屋立面上，与建筑结合为一体，周围以各种图案修饰，有时还以贩卖的商品为装饰题材。其式样多变，能使建筑外观增色不少。

店名匾上嵌有姓氏"江"字闽南话的罗马拼音

直立式的店名匾

具有传统风味的横式店名匾

店号与广告合一，生动有趣，一看就知"葫芦里卖的是什么药"

店号"金瑞春"利用气窗窗棂的分隔来表现

空间功能

集居的市街地价昂贵，同时为使街道显得紧凑热闹，所以每户店面相连，且宽度狭窄，空间向后发展是必然的趋势。每栋街屋左右两侧为共用墙壁，不能开窗，故通风及采光的问题就要靠天井或天窗来解决。虽然街屋狭长的格局与横纵双向发展的合院不同，但在空间使用的观念上仍不脱离传统的精神。一般街屋具有以下几种功能空间。

店面空间

是与顾客进行交易的地方，位于第一进的前厅，内部的陈列架柜或交易柜台，常是使用多年的旧物。店面中也常可发现生意上使用的特殊工具、容器、称量工具及家具等。

种子店中琳琅满目的展售品，以及古式的木制量具

仓库空间

货品的储藏以方便安全为考量，故前厅店面的上方常设夹层，称为半楼，当作储物空间使用。在其中间开辟方形的楼井，以悬于梁上的滑轮吊取货物，使得工作流程非常有效率。当存货太多而半楼不敷使用时，亦可储放在后进的半楼中。

住宅空间

店铺早晚都要有人照顾，以确保安全，所以店主人全家或伙计都住在店内，形成商住合一的形态。住宅空间包括神明厅、卧室、厨房、饭厅等，生活起居的使用与合院相似，通常为厅在前、室在后，以分尊卑。为求空间的充分使用，亦有两层或三层楼的形态。

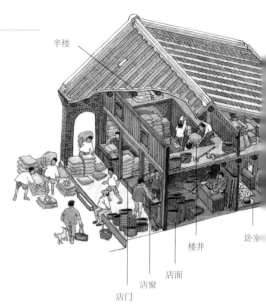

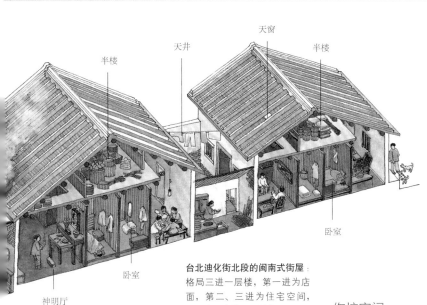

半楼　天窗　天井　半楼

半楼

卧室

卧室

神明厅

台北迪化街北段的闽南式街屋：
格局三进一层楼，第一进为店
面，第二、三进为住宅空间，
屋顶均设半楼用于储物

药铺店面的一角，老师傅正在片切药材

作坊空间

　　商品的种类各式各样，有的直接由批发商处取得，有的需要再加工，有的是自制自销，所以除了店面外，还需有作坊空间，也就是工厂部分，如中药店需处理药材或磨制切片的空间，布行需要染布的空间。如果加工所需空间不大，可直接使用店面的角落或亭仔脚。规模较大的，就在后进空间内设作坊。这种街屋面积较大，有的向后伸展至五进。

卧室兼仓库

工人休息间

三 峡 老 街 的 早 期 染 坊：
格局为二进二层楼，前为店面，
后为染坊，居住空间则在二楼

染布作坊

店门

　　传统的街屋店门大多为一门二窗的左右对称形式，即中间为双开板门，左右店窗以长条木板拼成。做生意时可以拆卸窗板，并把前方的挡板放下，就成了现成的橱窗及货品架，打烊时再安装回去，既安全又方便。有的中门上方还有小门，用来为内部半楼吊送货物，亦可在防卫时用于攻击敌人。

传统的街屋店门多为一门二窗的左右对称形式。为了方便安装，长条形窗板上常写有编号

街屋

骑楼形式

骑楼使店面空间得以向外延伸，拉近商品与顾客之间的距离，同时也是具有遮风避雨防晒之效的行人通道。依结构的不同，骑楼有以下四类形式。

木屋架结构

　　骑楼屋架使用木材或竹管搭接，以承接屋顶。特别讲究者，屋架上还配有雕花的束材及瓜筒（筒形瓜柱）。多出现在闽南粤东式的街屋中，比起拱券骑楼，通透感较强。其代表有新北金山的金包里老街。

新北金山金包里老街的骑楼

木梁结构

　　通常出现在二层洋楼式街屋中。骑楼顶部的直向木梁搭在立面墙体与店门柱之间，其上承接横向木梁与二楼楼板，结构简单。其代表有福建金门金城镇自强街。

福建金门金城镇自强街的骑楼，尺度较窄

拱券结构

　　以红砖或石块为材料，砌筑弧形拱券，形成拱廊骑楼，呈现出隧道般的深邃空间感。此种形式较常出现在闽南粤东式及洋楼式街屋中，最能展现骑楼的韵律美感。其代表有砖砌拱券的旧湖口老街、石砌拱券的高雄旗山老街。

旧湖口老街骑楼因有大跨距的拱券，尺度较宽阔

平梁结构

　　骑楼开口呈方形，多以水泥梁承重，常出现在巴洛克式或现代式的高楼层街屋中，以结构功能为重，变化较少，与现今骑楼类似。其代表有台北迪化街、西螺中山路。

迪化街中北段骑楼的水泥平梁。注意看，天花板中央的装饰极为讲究

历史隧道

街屋是传统居住环境中格局较为特别的一种建筑，它是连栋式的店铺住宅。与以农业为生产基础的传统合院不同，它的出现代表着社会结构的复杂化，以及人口密度的增加。街屋这种集中的商业建筑模式，也造就了许多繁荣的城镇。

清代的市街

台湾早期的市街，为形式相似的两排街屋，面对面而立，街道狭窄，每户均为面宽窄而进深长的狭长形格局，这也是大陆闽粤地区早已出现的建筑形式。市街的形成，多半是基于地点与产业的关系自然发展的，但到了清末建造台北府城时，对街道宽度、街屋的进深及面宽，都有明文规定，"都市计划"的观念已经出现。不过，当时的街道除了行人，只有简单的交通工具通行，所以宽度都不大。

日据时期的市街

日据初期总督府公布"家屋建筑规则"，家屋的兴建必须向地方官厅申请，并且也规定了城市建筑与道路的关系。到了日据中期，各城市相继执行"都市改正计划"，使得传统街屋全面改建。由"改正"两字可以知道当权的日本殖民政府对传统市街的不满，特别是缺乏污水排放设施，道路狭窄阴暗，卫生条件不良等。改建之后，环境得到很大改善。

街屋格局大小虽有一定的规定，但随着近代建筑风格的流行，立面则有多样的变化。尤其是到了日据后期，各种流行的式样伫立街头，多变的建筑风貌丰富了都市景观。

街屋的保存

街屋的保存受到先天的条件限制，如地价飙涨、店面更新、商品的改变等，所以在台湾并不容易看到完整保留的街屋。不过，在少数幸存的传统老市街中，偶尔还可以找到一些逐渐式微的古老行业，像是佛具店、绣庄、灯笼店、传统糕饼铺、木桶店等，有时同性质的店家集中在一条街上，形成专业街，如台北万华的青草街、新北中和枋寮的葬仪街等。虽多数未能维持建筑原貌，但仍能体现出老街的特质。

台北衡阳路为台北府城内最早辟建的街道之一，日据时期改建为华丽的欧风街屋

什么地方会形成街屋？

街屋的形成与产业及交通有很大的关联，其分布常得益于以下几种因素（但是并非单一因素发挥作用，有时是多种因素结合，使得市街快速发展）。

靠近港口：港口是货物的集散地，人口聚集。不过，街屋的兴衰受港口影响极大。这类的代表有台南安平古市街、新北淡水重建街。

平行于河道：早期的交通端赖水运，只要是有舟楫之便的地点，其码头周围较易有市街形成。不过，街道要与河道保持适当的距离，以避免洪水泛滥的灾害。这一类型的市街最多，如台北迪化街、新北新庄老街等。

山地与平原的交会处：山地资源丰富，开采后需要交易及运输中心，所以通常在山脚处形成市街，如三峡老街、大溪老街和旗山中山路等。

铁路沿线：纵贯线铁路的通车，使得沿线的都市快速发展，成为重要的物资集散中心，如旧湖口老街。

园林

根据文献记载，台湾的园林始于荷兰侵占时期，富商巨贾为娱乐与社交而兴筑花园；至清道光与同治年间，南北各地豪族富户竞筑园林，著名者如新竹潜园和北郭园，台中神冈三角里吕氏筱云山庄、雾峰林家莱园，以及目前保存最完整的板桥林本源庭园。园林多面向反映了古代中国人的自然与生命观，将大自然缩小，山石水泉俱在，水中设岛象征蓬莱仙岛，成为人生理想的寄托，也是主人以园会友、修身养性之所。板桥林本源庭园长达数十年之经营，聘请画家与文学家设计，步移景异，意境丰富不凡，游园可体会古人寄情山水之生活乐趣。

横虹卧月陆桥

香玉簃

回廊

月波水榭

看布局 → P.88

建筑、水池、假山、花木是组成园林的四大元素，如何将其组织在一起，并配合园址的环境，表达出园林的特性，使游赏者流连忘返，这便是布局的学问。

出口

定静堂

花墙

钓鱼矶

云锦淙

斜四角亭

惜字亭

看园林建筑 → P.89

园林四大元素中，人工意味最强、最醒目、实用性也最高的便是建筑了。它的类型多样，功能各异，不管是亭、台、楼、阁，还是堂、屋、轩、榭等，都有可观之处。

看假山 → P.92

园林中布置假山的观念，与中国山水画的盛行有很大的关系。要在有限面积内营造出山野的趣味，做到"片山有致，寸石生情"，必须结合造园家的艺术创造与工匠的巧手才能完成。

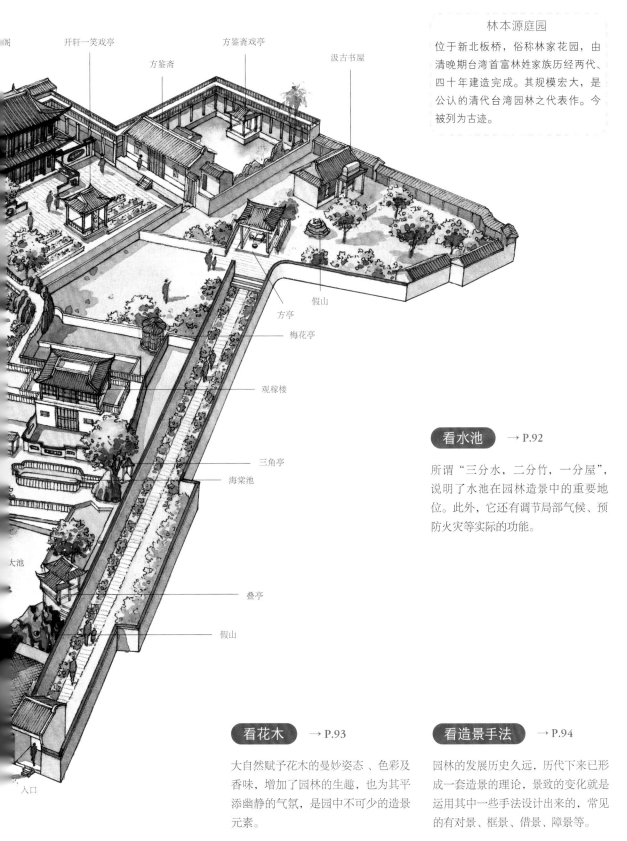

阁

开轩一笑戏亭

方鉴斋

方鉴斋戏亭

汲古书屋

假山

方亭

梅花亭

观稼楼

三角亭

海棠池

大池

叠亭

假山

入口

园

林

林本源庭园

位于新北板桥，俗称林家花园，由清晚期台湾首富林姓家族历经两代、四十年建造完成。其规模宏大，是公认的清代台湾园林之代表作。今被列为古迹。

看水池 → P.92

所谓"三分水，二分竹，一分屋"，说明了水池在园林造景中的重要地位。此外，它还有调节局部气候、预防火灾等实际的功能。

看花木 → P.93

大自然赋予花木的曼妙姿态、色彩及香味，增加了园林的生趣，也为其平添幽静的气氛，是园中不可少的造景元素。

看造景手法 → P.94

园林的发展历史久远，历代下来已形成一套造景的理论，景致的变化就是运用其中一些手法设计出来的，常见的有对景、框景、借景、障景等。

布局

园林是私有宅第的附属空间，通常与住宅相近或相连，但其布局却恰与制式化的合院住宅相反，强调自由的配置，以创造奇巧的景致。园林虽是人工的产物，却意图把大自然的野趣呈现在眼前，以"宛若天成"为最高境界。所以各个区域的轴线或向东或向西，或向北或向南，纵观无一定规矩，畅游其中却有处处惊喜的乐趣。如何才能达到这样的布局效果呢？以下两个概念是要诀。

景区的分隔

将同样的素材及设施作不同的搭配时，空间的气氛就会有很大的不同，高明的造园师可以使狭小的空间拥有通透的感觉。拙劣者却也可以使大面积的庭园予人局促之感，其中的一大关键在于景区的分隔。

分区的运用为传统园林的共同点。将庭园分隔成数个景区，使游园者无法一眼纵观全园，不仅能增加园区的层次感，对有限空间有了高度的利用，同时也能增添神秘的气氛，这与西方整齐且一览无余的庭园布局完全不同。分区的重点有以下两点。

主从分明：全园由多个景区组成，但就像写文章一样，虽有许多段落，却各具起承转合之效。若每个景区都是重点，反而令人视觉疲乏，所以景区要有主从之分。

多样功能的搭配：不同景区有不同功能，故面积有大有小，性质有动有静。

以林家花园为例，全园大致可分成四个主要景区：第一区是作为书斋区的汲古书屋与方鉴斋；第二区是供贵宾下榻、聚会的来青阁，以开轩一笑戏亭和赏花的香玉簃为附属；第三区是较正式的议事、宴客场所，以定静堂为主体，月波水榭是其附属；第四区为观稼楼区域。三、四两区最后在榕荫大池会合。

游园动线的设计

分区是一种阻隔，动线却是一种联系，它是从入口到出口，引导游人向前移动的导览路线，有时是一条长廊连接着建筑，有时是花丛中的小径，有时穿过水面，有时爬上假山，有时迂回有时笔直，有时明有时暗，有时出现多条路线任君选择，使游园者每次都可以有不同的体验。其实随着脚步的移动，眼前的景物不断转变，这就是"步移景异"的境界。而迂回的游园动线，也使园林具"小中见大"之效。

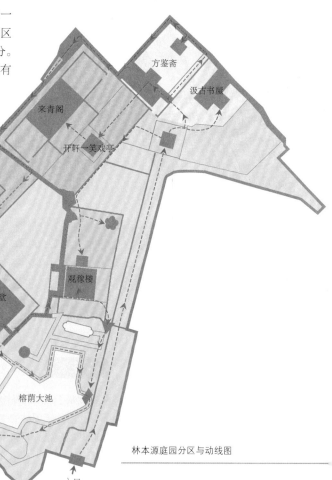

林本源庭园分区与动线图

园林建筑

建筑在园林中不仅是观景的地方，也是被欣赏的重点，因此位置的选择及外观的设计很重要。外观设计尤其注重屋顶形式及门窗装修，最忌一成不变。为了表达文人的风雅气质，园林的主人会为各栋建筑命名并悬挂题额，如表现心境的"定静堂"，描述景物的"月波水榭"等。园林中的建筑比较丰富，亭台楼阁高低错落互相搭配，形成极具变化的空间，以下是常见的建筑类型。

亭

　　亭者，停也，即让人驻足休息和观景的地方，是园林中最普遍且变化最多的点缀建筑，对园中景致具有画龙点睛之效。亭的造型多半小巧空透，平面形式有方形、圆形、菱形、三角形、六角形、八角形、梅花形和扇形等；屋顶则以攒尖、歇山和复合式较多。林家花园中的亭子有十余座，式样互异，饶富趣味。

方亭　　三角亭　　八角亭

叠亭　　梅花亭

厅堂

　　厅堂是园林中最正式的主体建筑，一般作为主人宴客、议事的主要场所，体量最大，采取对称严谨的格局。园林兴建时也常以厅堂作为各区定向的标准。位置多半与园中的水池主景靠近，但又布置小庭园自成天地。具有代表性的有林家花园的定静堂。

定静堂正厅空间高敞，气派不凡

楼阁

　　一般人常将楼阁二字连用，两者的差别不大，都属于园林中的多层式主体建筑，用来观景、宴客或招待宾客住宿。只是楼的底层多较厚重，有如高人的台基座，而阁的底层以木结构为主，四周设回廊，安装隔扇门窗，显得较通透。

　　楼阁通常位于园林中的最高点或显要处，便于登高望远，其建筑之美更成为全园的焦点。具有代表性的有林家花园的观稼楼、来青阁，雾峰莱园的五桂楼，以及新竹潜园的爽吟阁。

观稼楼底层为砖石造，上层为木结构

来青阁外观秀丽，是林家花园的主景之一

轩

轩为主体建筑前的附属建筑，多采用卷棚顶，其功能及式样都很自由，如林家花园来青阁前的开轩一笑亭，即作为举行宴会时的戏亭。

"开轩一笑"名称意境极佳

回廊

回廊是连接的通道，也具有视觉引导的功能。随着廊道的转折或上下，人能体会到"步移景异"的效果，所以又称游廊。

回廊的建筑结构很简单，只是一排柱列顶着屋顶，形式有两侧均可观景的双面廊和一边靠壁的单面廊，甚至还有上下皆可通行的楼廊。

台湾气候潮湿，园林中廊亭的运用也较多，回廊的存在使游园的时间不受限制，即使是刮风下雨，也不会错过别有风味的景致。同时，廊"隔而不绝"的特点，营造出园林空间中时隐时现的效果。

两侧通透的双面廊，行走于其间别有情趣

花墙

墙有阻绝及划定空间的功能，适当地设置墙不仅可以使空间更有层次，而且有动线引导的作用。有些园林中的墙还经过特别设计，其外形成为造景的重要元素。常见的设计手法有二：一种是墙面本身变化不大，仅以白墙作为背景，前方配置盆栽或山石，有如一幅写意的小景画作。另一种则强调墙体的高低变

化与细节装饰，例如开设各种图案的墙洞。墙洞除增加本身的可观性，这些镂空的部分也让游人的视线得以穿透，好像在预告下一个场景，一再挑起游园的兴致。墙洞的形式则有以下两类。

洞门：穿越墙体的出入口，有圆洞门、八角洞门、瓶门等。

洞门配上高低错落的花墙，丰富了园中景致

漏窗：具有复杂多变的窗棂图案，既充分展现了匠师的艺术天分，也是丰富墙面的最大功臣。样式除了一些常见的几何形，另有充满创意的花瓶形、鼎炉形、书卷形、瓜果形、蝴蝶形、蝙蝠形等，都是寓意吉祥的图案。

蝴蝶窗

瓜果窗

花瓶窗

蝴蝶窗

书斋或书屋

受到文人思想的影响，不论园林主人是做官还是从商，几乎都会在园中设置书斋或书屋，作为藏书及读书之用。通常是一个较静谧封闭的独立小院，设置在园林的一角，属园中的静态区。较具代表性的有林家花园的汲古书屋与方鉴斋、新竹潜园的梅花书屋。

方鉴斋自成一处幽静的小院，与园内其他景观的气氛迥异

簃

为阁边的小屋，与其他建筑类型相比，造型较朴实。通常是一个独立的院落，属静态区，可作为赏花或读书之处。较具代表性的有林家花园的香玉簃。

水榭

水榭是一种多面临水的建筑，在园林中作为休息游赏之用。由于特别强调与池水的关系，所以水榭宜低不宜高。其造型剔透多变，观看水中倒影是重要的一景，如林家花园的双菱形水榭，以赏水中月出名，故名"月波水榭"，充分显现风雅的情境。

月波水榭造型奇巧，并设有登上屋顶露台的楼梯

园林

91

假山

建造假山的工作由专业工匠来负责，而且已发展出一套成熟的章法，其最高境界是可观可游、宛若天成。假山的配置要有主从之分，才不会显得杂乱无章，利用高低错落的山峰形成有岭、有峦、有岩、有壁、有谷、有涧、有台、有洞及有蹬道的布局，使得假山虽不高耸却气势逼人，虽不深远却能迂回辗转。假山常见的制作手法有以下两种。

塑山

　　一方面是受到岭南庭园的影响，再加上本地不产奇石，所以台湾的假山多以砖石为骨架，外表再以石灰泥雕塑而成。其特点是可随意造型，不受石材大小及形状的牵制。塑山首要注重骨架结构的坚固、整体形态的自然，以及仿石材质感的表现。匠师运用国画中的各种皴法，呈现自然的纹理，并利用打毛技法来增加山石的真实感。

以皴法制造山石纹理的石灰泥塑山，颇有小中见大之势

掇山

　　即以大量天然山石堆叠成假山。由于大陆江南一带盛产奇石，园林假山多以此法制造，并且发展出严谨的技法与要诀，台湾则就地取材，以海边的硓𥑮石堆叠假山，外观显得较细琐，却充满拙趣。

硓𥑮石叠砌的假山充满拙趣

水池

　　水景的处理手法特称为"理水"，由此可知"水"在传统园林中的运用，早已出现成熟的理论。

　　以功能论，水池可供游船、浇灌花木、调节气候、排泄雨水、防范火灾；以情境言，波动的水流、景物的倒影，以及池中的游鱼、睡莲，恰与厚重稳固的山石和建筑形成对比，增加了园林的活力。

　　台湾多凿地为池或引用溪流，获取水源非常不易。水池最好与外界相通，以免成为一潭死水。理水的原则大致可归纳成以下四点。

仿自然风景

　　可做成泉瀑、溪流、池潭等各种形式，有聚有分，使水面有动静及大小的变化。多数是以一处大型的水池当作园中主景，如林家花园的榕荫大池。

与建筑相映

　　各种景物及观赏点环绕水池布置，让沉静的水面成为流连观赏的最佳中介。林家花园的榕荫大池旁，就配置有亭、台、假山等，彼此辉映。

花木

花木盆栽是园林之所以称为园林的必要条件，除了可供四季玩赏，也具有遮阴及分隔空间的实际作用。花木种类繁多，选用时除考虑气候因素，也要兼顾园主喜好。

种类

包括乔木、灌木、草花、蔓藤和水生植物等，依实际造景的需要来配置。被赋予文人性格或带有吉祥寓意者，如代表君子气节的梅兰竹菊、代表长青的松柏、象征富贵的牡丹、出淤泥而不染的莲花、令人忘忧的萱草等，都是较受欢迎的花木。

植法

传统园林中的花木以不刻意整理的自然形态为表现原则，常见的种植方法有以下四种。

单植：又称作孤植，以单株独立种植，可以欣赏到其完整的姿态，是园林中最常见的栽植方式。

列植：将花木成列种植，除了观赏外，其形有如一道树墙，具有隔绝分区的功能。

群植：将较多数量的花木植在一起，产生"数多便是美"的效果。如所植为同种类的香花植物，则可产生浓郁的花香。

盆栽：将植物栽于盆中，可置于室内或园中的花椅上，方便因时更换。

林家花园中列植的竹丛

方鉴斋池中群植的睡莲

雕刻细腻的石花椅上置放盆栽，以供观赏

设岛或桥

在水中配置岛屿、筑架小桥，可以增加水面的变化及空间的层次感。同时，游人既可以沿水边行走，也可以凌驾于池面上。

水岸做法

岸边的处理依水景的形态而有所不同，如表现自然的溪流，可以叠石为岸；若为水池，则多为条石或乱石砌成的整齐驳岸。

林家花园的榕荫大池不仅景致优美，池中亦可划船，增添游园的乐趣

造景手法

传统园林中素材的组合关系，具有高度的艺术性，园中每一处景致都是在成熟的造景理论下设计出来的，所以古人云"造园如作诗文"，形容最为贴切。参观园林时要细心观察、用心体会，才能感受到设计者的心意。常见的基本造景手法有以下四种。

对景

这是最基本的一种造景手法，不论在园中何处，视线相对之点必有景可赏，以达到步移景异的效果。而且景物常两两相对，本身既是观赏的地点，又是被观赏的对象。如林家花园的来青阁与观稼楼、云锦淙方亭与叠亭。

在林家花园内，远方的云锦淙方亭与游人所在的叠亭，互为对景

框景

利用墙上的门窗开口、两柱间或者花木枝干等形成的框架，将园中的景致刻意引入其中，游人经过时就好像在欣赏一幅画作。如林家花园方鉴斋、观稼楼旁的"小桥度月"门。

方鉴斋的看台柱间，将戏亭框为一景

借景

将不同区域的景致引借入园内成为观赏的背景，这类景致也包括远处的高山或园外的其他建筑，以及天空的白云飞鸟、池中的游鱼荷莲、夜晚的星月，乃至四时的自然景象，如此可延伸园林的空间层次，丰富景色的变化。如新竹潜园就以竹堑城西门为借景。

从香玉簃前的花圃望去，来青阁的飞檐也是一景，此为不同分区借景手法的运用

障景

利用空间的狭窄及阴暗，或运用各种元素来遮挡前景，造成欲扬先抑、欲露先藏的效果，随着动线的引导，让游人产生柳暗花明的强烈感受。此手法常用于住宅至园林的入口或各分区入口。

横虹卧月陆桥内的空间逼仄阴暗，但洞门及花窗射入的光线又暗示了其外的另一片世界

历史隧道

台湾建造园林的风气兴起甚早，明郑时期的皇族重臣不仅有正式的宅第，也附设有庭园。到了清初仍沿袭这种习惯，除了达官富户会兴建园林，连官署内亦常布置庭园。可惜年代久远，今均片瓦不存，徒留文献中风雅的文字描述。

台湾园林的兴盛期

清中叶，社会稳定，经济富庶，进而文风鼎盛，豪族士绅兴建大宅之余，不忘建造园林。当时盛极一时的有台南吴尚新所建的紫春园（今名吴园）、新竹林占梅的潜园和郑用锡的北郭园、台北陈维英的太古巢等，都是文人气息较浓厚的庭园。

清后期台湾开港后，与外界的接触频仍，南洋风吹进台湾，此时期的庭园规模浩大，品味上少了些文气，但以奇巧构思见长。如板桥林家花园，据说兴建费用与当时的台北府城不相上下。园中的汲古书屋轩亭、月波水榭等，扬弃传统形式，造型奇特，这些都充分展示了清末园林的特色。

日据时期仍有兴建园林之风。与其他建筑类型一样，这个时期的外来形式更加多元，园中洋楼出现的比例很高，也有纯日式的庭园，如基隆颜家所建的陋园。

台湾园林的特色

台湾园林的规模有大有小，并不亚于大陆江南的庭园。但就配置上的特色来说，因为本地不产奇石，加上庭园多建于城市之中，引用泉水不易，所以对山石理水的要求没有江南高。建筑方面反而因延续闽南的悠久传统，亭台楼阁时有奇巧的佳构，林家花园中的叠亭即属佳例。另外，由于台湾气候炎热多雨，所以园中亭廊的设置较多，水榭或临水的建筑配置也较受欢迎，如此才能在炎炎夏日享受徐徐的凉风。

台湾的园林多半历经两至三代园主的经营，他们通常在成为地方的豪门富族后，转而步入仕途。这种先商后官的情形，使台湾园林的世俗性较强。此外，台湾因与闽粤接近，而闽粤一带的庭园除了延续细琐装修的岭南风格外，亦带有南洋传入的异地风味，凡此种种都对台湾园林产生很大的影响。

日据时期的台南紫春园

板桥林家花园叠亭的下层临水，设有鹅颈椅（美人靠），可使游人更接近水面

日据时期板桥林家花园开放参观，当时游人如织，大池中还有人划船

园林

95

牌坊

中国古时立牌坊多为教化人心，包括纪念功业、歌颂恩德和崇尚道德等目的。它竖立在街道上，有如西洋的凯旋门，使通过的人产生崇敬感佩之心。清代台湾地区的牌坊以石造为多，因此能传之久远。福建金门的邱良功母节孝坊建于清嘉庆年间，是闽台地区现存的石牌坊中尺寸最大、最壮观的一座，从额匾、事迹枋与梁柱上的文字，可了解建坊的缘由。而它的构造与装饰的题材，更具体而微地展现了传统建筑充满象征意涵的特色。

看功能类型 → P.99

为什么要立牌坊？什么人有资格被立牌坊？重道崇文坊、节孝坊与接官亭坊有何区别？从额匾与事迹枋上的题字可看出端倪。

脊饰
短柱
圣旨碑
额匾
事迹枋
雕刻花堵
大楣
托木（雀替）
中柱
对联
边柱
夹柱石

看材质

台湾地区现存的牌坊均为石造，而且绝大多数使用福建所产的石材。其中，泉州白石多用于牌坊的结构主体，如石柱、夹柱石、梁枋等；青斗石质地坚硬细密，可供细雕，而且不易风化，所以多半用在装饰的位置，如雕刻花堵、脊饰、圣旨碑等。不同材质的色泽搭配也是欣赏的另一重点。

邱良功母节孝坊

位于福建金门金城镇。1812 年，清嘉庆皇帝为表彰功臣邱良功之母许氏守节抚孤、教子成名，建造了这座牌坊。牌坊精致伟丽，被誉为"闽台第一坊"。今被列为古迹。

看形制 → P.97

福建金门邱良功母节孝坊的形制被称为"四柱三间五楼式"，外形精致壮观。许多人不知道，其实受旌表者本身的经济能力可是影响牌坊外观的重要因素哩！

看构造与装饰 → P.98

牌坊是由横向的梁、垂直的柱和层层叠起的屋顶组立而成，体量虽小，构造与装饰却都依循传统木结构的精神，一点也不马虎，可谓麻雀虽小，五脏俱全。而各部位的名称也多由木结构而来。

形制

牌坊的形制会受兴建年代、地理位置、匠师风格及经济能力等因素影响，闽台地区的牌坊形制大致可分成以下三类。

牌坊

二柱单间二楼式

　　形式最为简单，以两根柱子形成一开间，只有一个可穿越的门洞。"楼"指的是屋顶檐楼。檐楼又称"滴水"，所以这种形制也可称为"二柱单间二滴水"。台湾仅存台南府前路的萧氏节孝坊一例。

四柱三间三楼式

　　以四根柱子形成三开间，也就是有三个可穿越的门洞，中间门洞最宽；屋顶分上下两层，有三个檐楼。台湾地区的牌坊以这种形式最多。

四柱三间五楼式

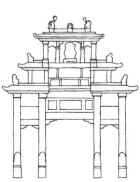

　　同样是四根柱子形成三开间，但屋顶分三层，共有五个檐楼，外观显得特别高耸华丽。

经费与规模

　　同样是节孝坊，为何有些牌坊特别壮观，而有的则显得简单？这是因为官方核准建坊后，通常仅补助三十两银，发由当事人自行建坊，而各家财力有别，牌坊的豪华程度自然不同。甚至有不少受旌表者困于经济能力无法建坊，所以民间建坊数量远不及实际受旌表者多。

构造与装饰

石牌坊基本上是模仿木构造的建筑形式而来，匠师也多为承建一般民宅或庙宇的石匠，因此他们常将建造屋宇的经验转换到牌坊上，并在上面展现类似木构造的装饰。一座完整的牌坊大致包含以下重要构件。

圣旨碑

古时设立旌表牌坊必须经皇帝下旨批准，所以圣旨碑几乎是旌表牌坊必备的构件。高高在上的圣旨碑立于台座上，左右及上方饰以双龙或三龙拱卫，充分表现帝王的威信与受旌表者的尊荣。

额匾

额匾一般在圣旨碑的正下方，多委请当时的名人题写，以显其尊崇。短短数字，或苍劲或浑厚，透露出背后发人深省的事迹。我们从文字的内容可知受旌表的原因。

事迹枋

通常位于额匾下方，以较多的文字简述受旌表者的姓名、官衔及事迹，或立坊的缘由。

雕刻花堵

指镶嵌于梁、枋、柱间的雕花板，其结构性较弱，艺术表现较强，多以质地细密、适合精致雕刻的青斗石为材料。花鸟、人物、瑞兽等题材均很常见，所用典故多与牌坊的性质相合。

大楣

指两柱中间最粗壮的横向构材，在结构上有重要的功能，承接着上部屋顶的重量。大楣两侧喜雕龙首含衔，中央则为双龙护珠浮雕。

柱子与夹柱石

柱子是撑起牌坊的重要构件，其前后两侧安放稳定柱身的夹柱石。夹柱石有时只是一块长方形石板，讲究者会雕以抱鼓石或狮座，让外观更显庄严气派。

柱身的正、反两面均刻有对联，从中可解读出牌坊背后的故事。

脊饰

牌坊最上层的屋顶中央常饰以火珠或葫芦，具有辟邪的作用；两端则多使用鸱吻、头下尾上的鳌鱼或狮座等题材。

功能类型

牌坊大致可分成两大类：一类是强调入口意象的牌坊，另一类就是最令人发思古幽情的旌表牌坊。

入口牌坊

类似古代里坊制度的坊门，但强调的只是空间入口的界定，并无防御功能，所以未设门板，一般立于重要的建筑物前，如官署、寺庙等。另外，大型墓园前的墓坊，除了作为入口的标识，往往也具有表扬死者功绩的功能。

台南孔庙左侧的泮宫坊即属入口牌坊

旌表牌坊

旌表类牌坊是传统社会中特有的表扬性建筑，其最大目的是教化人心，所以多半立于热闹的大街或受表扬者的住宅前。

在古代，凡有优良事迹者，由社会上具公信力的人推荐，经过官家查证确认，即可奉旨设立牌坊。据《钦定大清会典事例》记载，能够受到旌表而建坊者共有以下三种类型。

热心公益者：如表彰艋舺富商洪腾云捐地出资兴建考棚而立的"急公好义"坊，以及表扬贡生林朝英独资整修台湾县学文庙而立的"重道崇文"坊等，都属此类。

节烈孝顺者：即一般人常说的贞节牌坊或孝子、孝女坊，台湾地区现存牌坊以此类居多。

得享耆寿者：传统观念以长命百岁为好福气，值得旌表，但台湾地区未有此类型的牌坊。

急公好义坊，目前迁建于台北二二八和平公园内，正上方的圣旨碑已佚失

历史隧道

古代的城市，以东西和南北走向的道路，划分成棋盘格状，此种住居形式被称为里坊制度。为了安全起见，四周设墙及开设坊门管理进出。坊门立于街道的出入口，是每个人出入的必经之处，因为很容易看到，所以渐渐演变成表彰人或事的建筑，成为牌坊的前身。因此，牌坊不仅是标志性建筑，也是一种纪念性建筑。

牌坊的存在，深刻地表现出中国固有文化的特质，这与儒家的传统道德观念有很大关系。忠孝义行或贞节事迹，成为大家公认的美德，同时也是父母对子女的期望。于是将其立于人来人往的市街，不仅是为了表扬，教化的意义更大。

在以前的社会，有的建筑有特定的使用者，有的建筑则是在特定情况下才会接触到。但是，牌坊就好像一个耸立在街头巷尾的门，你可以随时看到它，穿越它，甚至触摸它，是一种甚为亲近人的建筑物。似乎也在这样潜移默化的情况下，传统道德的观念就进入人心，变得根深蒂固。

清代是台湾地区立坊最多的年代，但它们的外观形式都大同小异。福建金门有一座明正德年间的陈桢恩荣坊，规模四柱三间，左右不设屋顶，形似大陆其他地区的冲天式牌坊，形制古朴，非常独特。

从都市的角度来看，这些牌坊具有划分空间及美化街道景观的作用。不过其所在的道路常是闹市区，城市发展之后，因面临道路拓宽的局面，所以只好拆除迁建，这也是为何今日所见许多古牌坊都位于公园。此外，就古迹研究而言，石构造的牌坊保存较容易，故比起其他类型的古迹，台湾地区保持原样的清乾嘉时期牌坊为数不少，深具研究的价值。

陈桢恩荣坊是闽台地区保存最完整的明代牌坊

古墓

坟墓是人长眠之所，也被称为阴宅。古代盛行厚葬，乃是受到轮回之说的影响，认为人在另一个世界也有食衣住行的需求，所谓事死如事生。中国古代帝王的陵寝更是规模浩大，秦始皇陵地下的兵马俑即是保护他的禁卫军。清代台湾也建过几座官宦大墓，依照《大清会典》，不同官位可享用不同规制之墓。墓前的"石像生"包括文武石人、石马坐骑、石虎、石羊及文笔望柱，甚至还有墓道碑及碑亭。王得禄是清代台湾出生的武将中官阶最高者，其墓规模宏大，并拥有精雕的石像生，值得细加欣赏石雕中的帽冠、服饰与佩件等细节。

看配置 → P.102

中式古墓的形式与家族的经济能力及官职大小有关，有钱人家的墓不仅规模大，使用的材料也非常讲究；至于官宦之家，清廷更是明文规定其规模及配置。虽然台湾没有宏大的皇家陵墓，但传统的慎终追远及厚葬的观念，使坟墓成为一种独特且富有艺术价值的古迹类型。

石虎　武石人　石马　墓冢　墓肩石　墓庭　石　墓埕　石羊

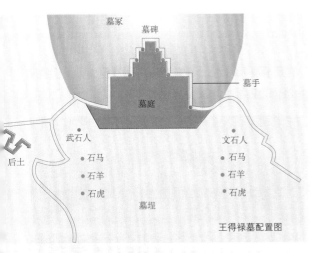

墓冢

墓碑

墓手

墓庭

武石人

文石人

石马

石马

石羊

石羊

后土

石虎

石虎

墓埕

王得禄墓配置图

[王得]禄墓以墓冢和墓碑为中心，两侧的墓手向外层层伸出，形成围抱墓庭的对[称形]式

王得禄墓

王得禄生于清乾隆三十五年（1770年），今嘉义太保人，嘉庆年间平定蔡牵之乱有功，诏任浙江提督，道光二十一年十二月（1842年初）病逝于鸦片战争时的驻防地澎湖，后归葬嘉义六脚乡。王得禄官居一品，是清代台湾官位最高的人。其墓地占地约两公顷，规模宏大，石雕精美。今已被列为古迹。

看环境与风水

传统的观念认为先人葬于风水绝佳之处，能福荫子孙，故阳宅要看风水，阴宅也一样注重风水。其讲究的是环境形势及方位，最好是后有背山，格局开展，面向开阔地，以达到"葬者，藏也……风、蚁、水三害不侵"。不过，一般农家常葬于自家的田园之中。

古墓

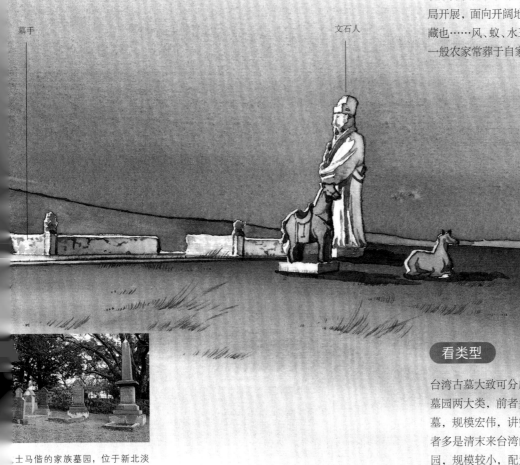

墓手

文石人

看类型

台湾古墓大致可分成中式古墓与西式墓园两大类，前者多属明清两代的官墓，规模宏伟，讲究严谨的配置；后者多是清末来台湾的西方传教士的墓园，规模较小，配置简单。西式墓园的墓主是基督徒，所以墓碑上会有十字架和《圣经》中的语句。

[马]偕的家族墓园，位于新北淡[江]中学内，其墓碑在后，墓冢在前，不凸出地表，与台湾的传统墓葬大相径庭

配置

台湾古墓采用传统闽南形制，基本配置以墓冢为中心，前置墓庭及墓埕。为官者的墓须遵照《大清会典》规定建造，具有较宏大的规模及配置，寻常百姓家则以经济能力的高低来决定墓园的形式。

墓冢区

下方为深四五尺的墓穴，灵柩置放其中，表面再覆土，隆起如龟甲，又称墓龟。其外围常顺坡筑一道矮墙，边缘留设排水沟，以防墓冢积水，具有保持水土的功能。

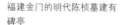
王得禄墓的墓冢与墓庭区

墓庭区

是指墓碑前方，由两侧墓手围护而成的空间，主要配置有墓碑、肩石、墓手、供桌等；地坪为硬铺面，有的中央铺有拜石。

墓碑：以厚实的石材制成，表面有墓铭，刻写着死者的官衔、大名、祖籍、生卒年月日及立碑的后代子孙姓名等。身份地位高的死者，墓碑顶端还刻双龙护守，周缘并雕以繁复的纹饰。

肩石：位于墓碑的两侧，主要作为巩固墓碑之用，表面亦雕以繁复的花纹，具有艺术价值。

石供桌：以石材雕成的固定供桌，为祭拜时置放祭品、香烛、鲜花之用。桌面素平，正面及侧面通常雕凿细致典雅的图案，非常讲究。

墓手：即墓碑前两侧如阶梯状向外层层曲折伸出的矮墙，内小外大，呈环抱状，又称"宝城"，象征余荫子孙。转折处并立石柱，柱头以石刻的龙、凤、狮、象等装饰。

碑亭：有些古墓会在墓碑上方建亭，不仅保护墓碑，更为古墓增添壮丽。

福建金门的明代陈桢墓建有碑亭

有特殊配置的古墓

① **有旗杆的墓**：台北内湖的陈维英墓（陈悦记墓园内），其人华育英才无数，名重地方，而且曾中举，不仅其宅前（台北陈悦记老师府）立有奖赏的石旗杆，连墓埕亦立有一对，十分罕见。

② **有墓庙的墓**：在墓前建庙称为墓庙，是最为讲究的一种做法，如台南的五妃墓。

③ **有墓坊及墓道碑的墓**：福建金门的邱良功墓可以说是形制最完整的官员墓，除了石像生外，前方有墓坊，两侧石亭内还有清嘉庆皇帝御赐的墓道碑。

④ **有巴洛克装饰的墓**：日据时期一些富豪之家，受到当时建筑风气影响，墓园面积大，造型华丽，而且以洗石子或泥塑的巴洛克图案装饰，如台中太平吴鸾旂墓园。

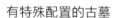

墓埕区

为墓庭前的开展区域，通常为泥土面，一般平民的墓埕小且无特殊配置，为官者则可设立两两成对的石像生。

石像生是用大块石材雕刻的人物、动物或望柱，除了表现墓主生前的显赫身份外，也具有护卫的意义。清代明文规定了石像生配置的对数及形式，按官职做出分别，不能随便僭越。

石像生虽仅是墓葬建筑的一部分，但对自古缺少大型圆雕作品的传统艺术而言，具有极高的价值。

石人：石人通常是一对相向而立的文官武将，又称"石翁仲"，二品及以上的官员才能使用。其中，文官神情儒雅，居左；武官气势威武，居右。文武官的位置不得相混。有趣的是，石人都身着明代官服，而非清代衣冠。

武石人

文石人

石兽：以石马、石虎、石羊较常见，其姿态亦有定制：石马为墓主坐骑，采用立姿，鞍绳俱备；石虎威猛，有辟邪作用，为蹲势；石羊象征吉祥，为跪踞。石兽皆面朝前方排列，非常有趣。

石虎

石马

石羊

望柱：形如朝上的石笔，有代表文运的含义，配置在石人、石兽之外。苗栗县后龙镇的郑崇和墓就设有望柱。

望柱

历史隧道

墓葬起源于人类认为躯体死后，灵魂仍存在的观念，所以坟墓不仅是遗体的安息处，也成了往生者灵魂的住所。故风水上将坟墓称为"阴宅"，是将其当作死者的住宅来看。

墓葬的观念

受到儒家厚葬以显孝道的影响，中国人自古就是一个重视墓葬的民族，上自皇帝及达官贵族，下至民间百姓，无一不慎选墓地安葬死者。此外，古人认为死者的灵魂能行鬼神的变化，影响人间的生活，所以对死去的人尊重，是期望他们能加惠护庇，不要扰乱亲人。这样的想法，直到今天仍存在于多数人的观念中。

台湾古墓的形制

台湾的古墓多以墓冢、墓碑及墓手为基本配置，但是官民及贫富的差距，影响规模大小及装饰程度甚巨。尤其是墓前的石像生，一般平民百姓不能僭越使用。《大清会典》有明文规定，石像生的多寡按官职而有分别：公侯伯及一、二品官是石望柱、石虎、石羊、石马、石人各一对，三品官减去石人一对，四品官减去石人、石羊各一对，五品官减去石人、石虎各一对，六品官及以下则不准设置。按此规定可知，配置石人者官职较高。

除了前述的汉人墓葬，台湾早期住民的墓葬又有不同的面貌。他们不立墓碑，墓葬较简单，不同族群的死亡观及营建墓葬的方式也有很大的不同。

后土

通常在墓埕前一侧安放一方刻有"后土"的石碑，面朝主墓，象征守护神土地公。讲究的大墓亦为后土设置墓手。

王得禄墓右侧的后土

炮台

炮台是充满硝烟气息的历史现场。清咸丰之前，台湾的炮台属于传统样式；同治末年，台湾始引进西洋大炮，聘请西洋人设计督造炮台。初期由英国人或法国人设计，多采用红砖与进口铁水泥建造；中法战争后，刘铭传所建的炮台则多聘德国人设计，使用石材较多。位于高雄旗津的旗后炮台是前期的代表，虽是西式炮台，但其门额题字、装饰图案与祭祀神龛等中国特色，却忠实反映了19世纪台湾港口要塞建设与清代国防军事战略的思想精神。

看环境布局 → P.106

清晚期由西洋技师设计建造的西式炮台，为海防所需，多数位于港口，并且是数个成一组，依港口地理环境做整体的布局安排，以期达到滴水不漏的防御功效。

看形制与分区 → P.107

炮台的平面受地形地势的影响，有不同的形状。内部的空间主要包含作战、训练与官兵生活的区域。

看大炮 → P.111

坚固的炮台建筑，必须配备精良的大炮，才能发挥最好的作战功效。而大炮的种类、大小及射程，则依炮台的防御属性而有不同的选择。

前操纱
营舍
弹药库
祭祀堂　指挥所
观测所　后操练场
炮座
子墙
大炮
墙垣

营门

高雄旗后炮台

建于清光绪元年（1875年），为英国技师设计督造，位于高雄港南岸的旗津口，是一座融合了传统与西洋形式的炮台，门额题"威震天南"。今已被列为古迹。

炮台

看配置与构造 → P.108

炮台是作战的军事空间，其建筑和配置都是以实用性为优先考量。而且为了抵挡炮弹的攻击，材料与构造更是坚实、讲究。

环境布局

清末的新式炮台，因为大炮的改良使得射程有远近变化，再加上测距设备的进步，防守时可以轻易计算出敌舰的位置，所以设计时会将多个炮台依港口地形进行周详的整体配置。当时炮台布局的理论主要有以下几点。

互为掎角

港口要塞的炮台通常有数座，有的在临海处，有的在港口内。它们或在左或在右，或在高或在低，不同高度与角度的配合，形成一个严密的射击网。

有明有暗

炮台分为"明台"和"暗台"。明台位置明显，可使敌人心生畏惧，但也较容易受到攻击。暗台地处隐僻，不易被察觉，可给敌人来个出其不意、措手不及。如高雄港的大坪炮台为暗台，旗后炮台为明台，两相呼应。

因地制宜

配合炮台功能，选择最佳地势，如选址于山凹处，四周有天然屏障，防卫性强。勿背枕高山，以免炮弹撞山反弹等。了解地形可增加布防的优势。若周边条件不佳，却又地处险要，则应加强设施来提高防御性。

台南亿载金城炮台因位于沙洲，孤露海口，四周毫无遮拦，故采用四角突出的棱堡形式，而且在四周设置壕沟

高雄港炮台群控制角度示意图

大坪炮台

台湾海峡

雄镇北门炮台

高雄港

旗后炮台

大坪炮台（高）

寿山

旗后炮台（中）

雄镇北门炮台（低）

台湾海峡

旗后山

高雄港

高雄港炮台群高度关系图
（大坪炮台目前仅存少许残迹）

形制与分区

炮台所在地的地形地势会影响其平面形制与功能分区。以地理环境来区分，近代的西式炮台大致可分成平面式炮台与坡地式炮台两类。完整的功能分区则包括炮座区、营舍区与操练区三部分。

平面式炮台

炮台若选址在地势平坦、腹地宽广之处，则炮台的形状会比较规整，炮位的方向也比较容易安排。清末所建的西式炮台多数属于此类，如高雄旗后炮台、台南亿载金城炮台（二鲲身炮台）、澎湖西屿炮台（西屿西台和西屿东台）与新北淡水沪尾炮台等。

坡地式炮台

如果炮台立于坡地，则必须配合地形环境来安排炮位，故平面多呈不规则形，如基隆的海门天险炮台和大武仑炮台等。

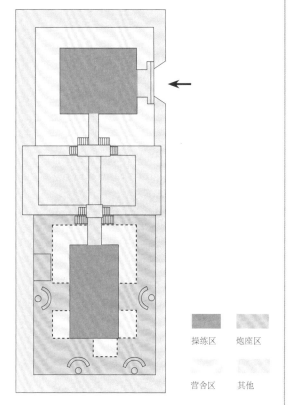

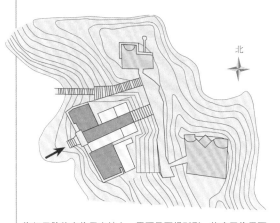

海门天险炮台位于山坡上，平面呈不规则形，炮座区位于面海的高坡上，分东、北两处；操练区与营舍区则位于背海的中央低处

操练区	炮座区
营舍区	其他

旗后炮台位于横长的珊瑚礁岩平台上，平面呈长方形，分区如"目"字形，操练区分成南、北两处；炮座区位于南侧，三面设炮；营舍则位于南北两边的墙垣内侧

海门天险炮台炮座区的弹药库

旗后炮台的后（南）操练场与周边营舍

配置与构造

炮台不似普通建筑，能够遮风避雨就好，它必须能抵挡炮弹的攻击，提供作战所需的设备，所以结构要非常坚固厚实。重要的配置及其构造分别说明如下。

营门

炮台的营门只设一处，坚实为其特色，外观突出，与墙垣形成强烈的对比。其门板厚重，门洞通常为木梁或砖石拱，常见的形式有以下两种。

方形门洞：以粗大的门楣及密排之木梁支撑上方门额或雉堞，如旗后炮台的营门。

半圆拱形门洞：形如传统的半圆拱形城门洞，有的门上还设有雉堞，外观与城门座无异，如海门天险炮台。

营门的传统风味

炮台多由西洋技师设计督造，营门可以说是唯一能展现传统风味的地方，譬如营门都有传统建筑中不可缺少的题额，如沈葆桢为安平二鲲身炮台题"亿载金城"和"万流砥柱"，刘铭传为沪尾炮台题"北门锁钥"，李鸿章题"西屿西台"等。旗后炮台的营门更以传统的斗砌法砌筑，两侧设八字墙，并有双喜字样装饰。这种中西合璧的趣味，似乎也缓和了战争的杀伐之气。

旗后炮台的营门为密梁式结构，气势雄浑，两侧的双喜装饰及八字墙具有传统趣味

沈葆桢题写的"亿载金城"门额

海门天险炮台的营门形似城门座

基隆白米瓮炮台，所有功能区呈一字排开，十分特殊

指挥所

墙垣

炮台宛如一座独立的小型城池，四周护以高厚坚固的墙垣，具有吸弹、防御的功能。其用材除了土石之外，还使用一种特殊的材料——铁水泥。这是19世纪才发展出来的水泥，成分与今日的不同，其中除了水泥，还有传统的三合土。其质地坚固，所以许多军事工程多采用之，施工时要一层一层地堆叠，所以表面有着如版筑的水平线条。

墙体厚度依环境状况自2米至5米不等，有些炮台更设有内外两层土垣，可以降低炮弹爆破的威力，防卫能力更强。

炮台多使用铁水泥墙垣

炮座和子墙

炮座一般设于墙垣上，地面有圆形炮盘，可使大炮左右灵活转动，因新式大炮极重，故正下方多为坚硬的铁水泥实心墙体。

配合大炮的使用，炮座前方设置较低矮的弧形子墙，或设内窄外宽的喇叭状开口。子墙侧边设有台阶，为士兵装填炮弹所用。

旗后炮台的炮座与子墙

弹药库

弹药库通常位于炮座区下方，并有孔道连通，使炮座与炮弹间的供需管道顺畅便捷。有些炮台于子墙内侧设贮弹孔，每个洞孔存放一枚炮弹。

指挥所

指挥所是炮台的指挥中心，一般设在角隅或炮台中央，多为独立的房舍。

观测所

观测所是作战时用来计算大炮角度与落点的地方，通常位于高处的平台，或炮座附近以砖石拱券建成的小屋内。

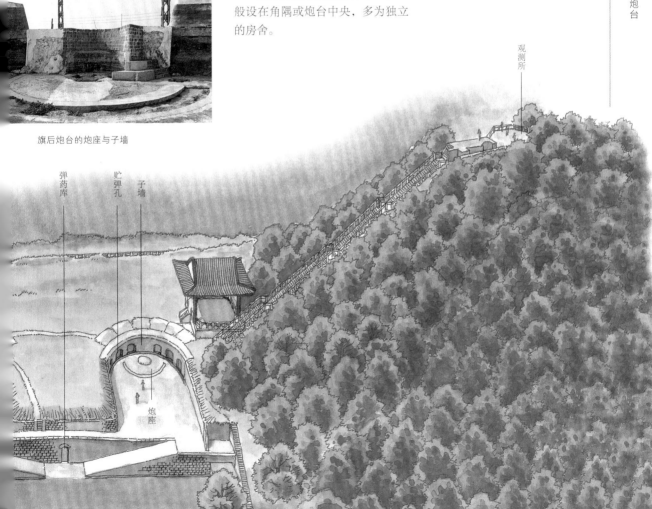

观测所

弹药库　贮弹孔　子墙

炮座

营舍

营舍通常设在炮台墙垣的内侧，作战时调度容易，又方便避弹；或于中央空地另筑房舍，不过较易被炮弹击毁。营舍常见的构造有以下两种。

密肋木梁：以木柱及纵向木梁为框架，于其上密排木梁，上层再铺厚厚一层铁水泥为顶，如旗后炮台。

拱券结构：以砖拱或铁水泥砌筑成筒形的甬道，如西屿西台、西屿东台及沪尾炮台。内部多不隔间，有如长长的坑道，可增加作战时调度士兵的机动性。

旗后炮台的营舍为密肋木梁结构

西屿西台的坑道式营舍

祭祀堂

旗后炮台南区营舍中一个朝南的房间，为安定军心的祭祀空间所在，靠墙处有砖砌供桌；而台南安平小炮台的雉堞墙上有一个凹入的小龛，功能可能相同。两者虽无神像保存，但依据民间的习惯，应是供奉战神关圣帝君。

旗后炮台的祭祀堂

操练场

炮台中央之低坳处，通常留有较宽广的空地，作为士兵平时操练的场所。

亿载金城炮台的操练场

壕沟与引桥

位于平地的炮台，因四周无天然屏障，故于墙垣外围挖掘壕沟，以防止敌人入侵。壕沟若有水，则于营门前加设引桥以供进出。敌军来袭时，可将桥板收起，切断通路。

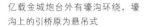

亿载金城炮台外有壕沟环绕，壕沟上的引桥原为悬吊式

大炮

清晚期台湾炮台所备之大炮，常见的有传统火炮，以及购自英国、德国的西式大炮。可惜目前炮台中留有备炮者极少，有的布置仿制品，亦聊备一格。

传统火炮

　　清咸丰以前，台湾仍使用自铸的传统铁炮或青铜炮，大小以重量来计算，有一千斤到八千斤等数种规格，炮身常铸有年代、重量与铸造单位，目前还可看到多尊遗物。其炮身为单筒状，前端细，后端药室较粗，并留有一小洞为火门。炮筒中间两侧突出两耳，以便置放及调节角度。这种火炮使用铁球式弹丸，直径约 10 厘米。

亿载金城炮台的中式火炮

西式大炮

　　台湾开港后，开始兴建西式炮台并使用西式大炮。其尺寸与重量均超过传统火炮，钢铁炮管强度高，禁得起火力更强的炮弹产生的后坐力，其弹丸为长形。当时台湾使用较多的有德制克虏伯（Krupp）大炮和英制阿姆斯特朗（Armstrong）大炮两种。

移至台北二二八和平公园内的克虏伯大炮

亿载金城炮台的阿姆斯特朗大炮（仿制）

历史隧道

　　炮台是防御上的重要设施，自宋朝火炮发明之后，就产生了炮台建筑。清代中后期的炮台为传统式，有的筑在城池之上，有的筑在港口要地。这些炮台在鸦片战争中受到重大的挫折，为清末的洋务运动掀开了序幕。

　　18 世纪末，重商主义盛行，促使西方国家积极向外扩张，其火炮的设计日益精良，威力强大，无论防守还是进攻都能发挥功效。他们仰仗着强大的武力，四处侵略。当时亚洲许多地区都成了船坚炮利下的牺牲品，在抵挡不住的情况下，只好反过来向西方购买威力强、射程远的新式大炮，并建造西式炮台。

　　同治年间台湾因"牡丹社事件"显露出加强海防的重要性，开始受到清廷的重视，一时朝中"台湾有备，沿海无忧"之声四起。在李鸿章推动洋务运动的努力下，以西洋的防卫技术来巩固海防的观念也被带进台湾，于是光绪二年（1876 年）台湾首座西式炮台——亿载金城炮台落成。

　　刘铭传主持台政时期，兴建之近代炮台就有十余座，如澎湖西屿西台及东台、新北沪尾炮台、基隆狮球岭炮台等，在多次战役中发挥功效。台湾的炮台是清末重视海防之后的产物，炮台的设计者多为洋人，武装设备也是洋货，但施工者却是本地匠师，因此在细节的表现上常有"中西合璧"的趣味。目前所保留的炮台多分布在澎湖、高雄、淡水、基隆等沿海地带，这也反映出早年外患频仍的情势。

　　随着空防取代海防的时代来临，渐渐地不再兴建炮台。但是炮台因地处要塞，所以从日据时期到光复后，多数仍为军方的管制范围，直到近年在失去军事用途的情形下，才获准列为古迹开放参观。

灯塔

灯塔是海上船只航行的指引。台湾最早的灯塔为清乾隆年间创建的澎湖西屿石造灯塔，点燃油灯发光。至嘉庆初年淡水港口设望高楼，由出入船只缴纳费用交予妈祖庙住持，雇工点燃望高楼上的油灯作为夜航之指引，这是台湾传统式灯塔。五口通商之后，船难增多，为改善航海安全，乃向西洋列强购入较先进的灯塔，如今所见西屿铸铁造的灯塔即购自英国。欣赏灯塔不仅要观察其机器构造，也要注意附近的环境景观与地势，体会它的明灯角色。

外籍守塔人墓

围墙

雾笛

雾炮

灯塔碑记

看地理位置

灯塔是供船舶测定方位并警示暗礁所在的海防设施，设置的地点多选在重要的海岸转角、岬角尽头或海中岛屿等明显突出的位置上。

看塔身 → P.114

白色的筒状塔身是多数灯塔给人的第一印象，白漆不仅显眼，也具有保护结构及隔热的作用。日本侵占台湾以前，塔身的构造材料有石、砖及铸铁；晚近的则以混凝土为主。

看入口

入口依塔身的构造而有不同的做法，砖石塔常作圆拱门；铸铁塔门框上方常作三角楣，带有古典意味。西屿灯塔上还有铸造厂商及年代落款，成为重要的历史证据。

看雾炮或雾笛

在天气不佳起浓雾的时候，灯塔的能见度降低，为了仍能供船只测定方位，于是以音响信号来辅助。早期以设置雾炮来解决，近年则多设置雾笛。

看螺旋梯

筒状的塔身内部空间狭小，所以多作螺旋式的旋转梯，材质或为铸铁或为铜，仅能容身一人。

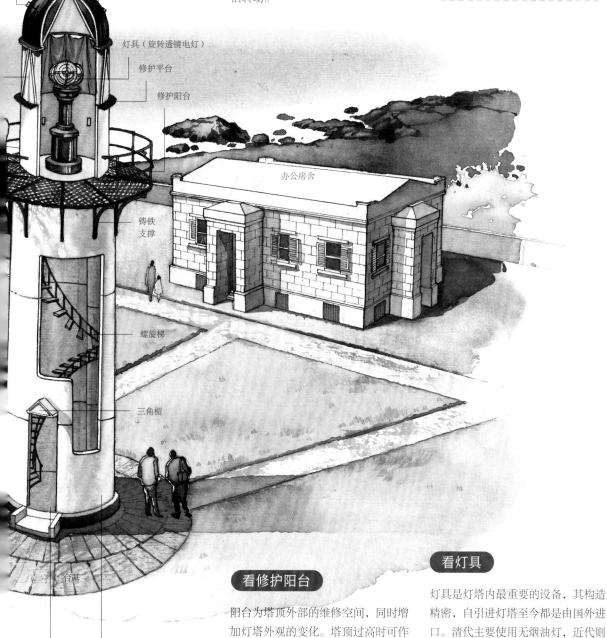

看塔顶 → P.114

塔顶是灯塔装置灯具的地方，主要包含顶盖与玻璃帷幕两部分，最上方设有显示风向的风向仪。风向仪多分成上下两部分，下方是固定的方向指标，上方则做成箭头状，可以随着风向灵活转动。

西屿灯塔

位于澎湖西屿（渔翁岛），始建于清乾隆四十三年（1778 年）。原为中式石塔，是台湾海峡首座灯塔建筑。清光绪元年（1875 年）改建为铸铁造的西式圆形灯塔，塔高 11 米。今已被列为古迹。

风向仪

顶盖

脚手架

灯具（旋转透镜电灯）

修护平台

修护阳台

办公房舍

铸铁支撑

螺旋梯

三角楣

入口　塔身

台基

灯塔

看修护阳台

阳台为塔顶外部的维修空间，同时增加灯塔外观的变化。塔顶过高时可作两层阳台，下层大，上层小，或简化成没有栏杆的平台。

看灯具

灯具是灯塔内最重要的设备，其构造精密，自引进灯塔至今都是由国外进口。清代主要使用无烟油灯，近代则多使用各种白炽灯，其中又以旋转透镜电灯的平均发光力最强。

塔顶

主要包括顶盖与玻璃帷幕两部分。各式各样的顶盖及帷幕，使得灯塔外观呈现不同的趣味。

顶盖

多为圆顶，以一片一片如瓜瓣的铸铁或铜板组合在一起。为防止海边的盐分腐蚀，表面涂上黑色的防锈漆。外部设有脚手架，以方便上漆及维修。顶端设有通气孔，以散发灯具发光时产生的热量。

玻璃帷幕

玻璃帷幕可以让灯具散射光芒，并且能保护灯具免受日晒雨淋及海风、盐分的侵蚀。通常采用框架组装的方式，以增加玻璃抗风的强度，至于玻璃分隔没有定制，端赖设计者的巧思，所以帷幕是一个展现建筑之美的部位。要注意的是，白天此处都拉上帘幕，以避免灯泡被强烈阳光（再加上透镜的聚光）照射而烧坏。

常见的塔顶形式

塔身

台湾地区早期的灯塔以砖石造和铸铁造为主，后期则多使用钢筋混凝土或钢梁结构，高度不太受材料及技术的限制。整体造型风格亦因结构材料的不同而有所差异。

石造

台湾地区最古老的西屿灯塔（古称"西屿灯塔"，今渔翁岛灯塔的前身）即为石造灯塔，而今闽台地区则仅余福建马祖东莒灯塔和金门乌丘屿灯塔为石造。东莒灯塔建于清同治十一年（1872年），是现存最早的西式石造灯塔，为英国人设计。

石造灯塔的平面悉数为圆形；塔身趋于直筒状，与塔顶的比例约为三比二，没有太多的装饰，外观显得厚实。

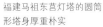
福建马祖东莒灯塔的圆筒形塔身厚重朴实

砖造

清代的砖造灯塔与石造灯塔在外观、体量和比例上极相近。到了日据时期，砖造灯塔的塔身呈现明显下宽上窄的做法，外观较瘦高，出现一些细琐的装饰，平面也有变化，如高雄旗后灯塔的塔身为八角形。日据时期是砖造灯塔建造的高峰期，数量最多。

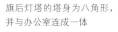
旗后灯塔的塔身为八角形，并与办公室连成一体

历史隧道

自古闽台之间的交通仰赖海路，而台湾周边海域又是南往吕宋，北往大陆、日本、琉球等地的必经之地，所以舟楫来往频繁。不过当时的船只条件和导航设备有限，常有海难发生，特别是海洋环境特殊的台湾海峡，所以有建造灯塔以为导航的必要。

早期的灯塔只是一种简单的标志物，可能是岸上的佛塔，或仅是位于山上的一块容易辨识的大石头。目前福建金门的文台宝塔，为明洪武二十年（1387年）江夏侯周德兴所建。它是以石块叠砌而成的实心塔，据说为当时海上的航海标识，也可以说是一座无灯的灯塔。

清代的传统式灯塔也有旗杆、灯杆式，或顶部镶嵌玻璃的石塔，每夜以香烛灯油点燃，称长明灯。灯油的费用则向往来船只抽捐，或请台厦两地行郊（清代的商会组织，成员多为船商）船户资助，或于附近买地建寺、付耕收租，以维持开销。

清咸丰年间，台湾陆续开港，出入船只繁多，并由旧式的帆船改为新式的汽船。但是港口的传统灯塔已无法保证海上的安全，清廷也开始正视这个问题，于是随着近代建筑的出现，引入了西式灯塔。西式灯塔最初都是聘请外国人设计，我们在澎湖西屿灯塔能看到围墙外有外国人的墓，可知当时甚至连守灯塔的人也是外国人。

日据时期，日本人重视台湾的产品外销，当时又以船运为主，所以形成建造灯塔的高峰。台湾现存的灯塔有一半以上是在日据时期建造的，比较先进的建材也常是自日本运来后组装的。

福建金门的文台古塔是早期的航海指标

灯塔

铸铁造

以生铁（一种初炼的铁）铸造，塔身稍呈圆锥状，可以看出铸铁搭接的痕迹。修护阳台以螺栓组装固定，阳台下方的铸铁支撑常带有浓厚的西洋古典装饰意味。灯塔的材料在日本侵占前取自大陆，日据后则是在日本铸造好再运回组装。目前仅存澎湖西屿、目斗屿，以及屏东鹅銮鼻三座铸铁造灯塔。

铸铁造的鹅銮鼻灯塔，塔身为了防御而设有枪眼

钢筋混凝土造

日据后期开始出现钢筋混凝土造的灯塔。混凝土材料可塑性高，因此能突破传统结构的限制，使灯塔的造型产生较丰富的变化。尤其是日据时期的混凝土造灯塔，基座常与办公室、宿舍等附属空间合而为一，整体外观利落大方。

新北三貂角灯塔，塔身基座兼为展览室之用

领事馆与洋行

19 世纪 60 年代是台湾对外开放通商的历史性阶段，随着西方列强的商人与传教士的登陆，洋行与领事馆也建造起来。这种洋房与欧洲的建筑不尽相同，而是渗入了热带地区防暑的拱廊设计。拱廊环绕着房屋，成为标准的洋楼，从南洋新加坡，到中国的澳门、香港、台湾，以至上海、青岛，洋楼象征西洋势力的到达。高雄及淡水的清代英国领事馆兴建于 19 世纪 60—70 年代，是东亚少数留存的早期洋楼，尤其是淡水的领事官邸施工技术优异，用材极讲究，目前仍完整地保留着 19 世纪末的耐火铁制波浪板拱——钢筋混凝土之前身，深具学术研究与欣赏之价值。

网球场

铁制浪板拱

百叶门窗

看空间特色 → P.118

洋楼的使用者是西方人，他们的生活习性自然与当时的本地人有很大的不同。而且他们多属于社会中上流，讲究生活质量，从空间的配置到室内的陈设都很有特色。

看铺面 → P.119

洋楼常顺应不同的空间而采用不同的铺面做法，有时使用台湾本土的红砖，有时使用具有南洋风味的瓷砖，各具特色，可以仔细品赏。

看楼板 → P.121

每层楼的地板要承重，因此结构的稳固性特别重要。但当时还没有使用钢筋混凝土结构，所以采用了一些特别的构造方法，也是观察洋楼的重点。

看台基

为了防潮，建筑底层以台基架空，台基较高者还可设置地下室。台基立面要设通风口，以维持内部的干燥，防止木作楼板腐朽。台基的构造有砖砌、石砌和砖石混合砌三种。

看屋顶

多以四斜坡屋顶为基本形式，再加以变化组合，内部结构为西式木屋架，上铺闽南红瓦。屋顶上常设有烟囱，这是因为当时来台的西方人保留了家乡在房内设置壁炉的习惯。

淡水清代英国领事官邸

创建于 19 世纪 70 年代，但由正面墙壁砖雕的年代可知 1891 年曾大肆增建。位于新北市淡水区地势优良的山冈上，视野佳，是一栋精美的红砖洋楼建筑。目前被列为古迹，纳入红毛城古迹区。

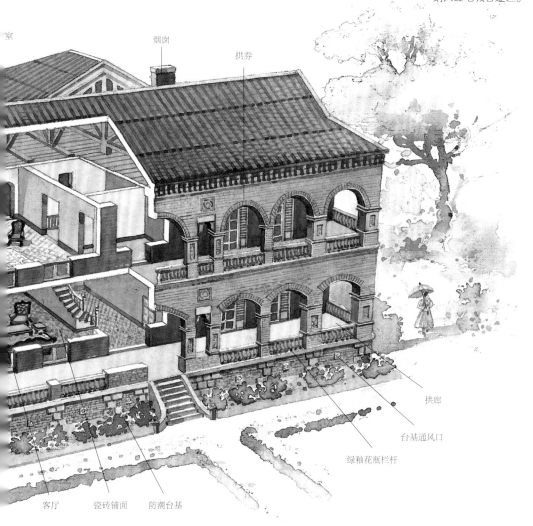

室

烟囱

拱券

拱廊

台基通风口

绿釉花瓶栏杆

客厅　瓷砖铺面　防潮台基

台南安平东兴洋行的台基设有防潮的通风口，拱廊边则安装绿釉花瓶栏杆

看栏杆

洋楼的台基高，为了安全起见，一、二楼都安装了栏杆。栏杆上部以石条做横栏，竖栏则会使用当时最流行的上釉陶花瓶，以及传统的绿釉花砖、空花墙等，底部还留出小孔，以利排水。

看拱券　→ P.120

大大小小、或弧或平的拱券结构，形成立面外观的节奏感。环绕着建筑四周的拱廊，除了可避免太阳直射室内，也为昔日在其中起居的人们平添优雅的生活情趣。

空间特色

领事馆是外交官办公室与宅邸的结合，而洋行则如同今天的贸易商行，需要办公及储货空间。两者的空间用途虽然不同，但都相当注重通风、卫生等条件，拥有当时先进、完善的卫浴设施与排给水系统。除此之外，它们还有以下几个特点。

配置对称

　　洋楼的平面配置一般采用对称的中央走道式，即中间为穿堂，或设通往二楼的楼梯，房间则安排在左右两侧。不过因功能有别，领事馆与洋行的空间使用依实际需要而有所不同。

空间功能分明

　　不论室内室外，洋楼空间的功能都极为明确，而且周围多留有大片空地，种植花草，以及作为活动的场所。主要空间有客厅、餐厅、书房、卧室、拱廊等。其他如厨房、储藏室、用人卧室等多位于后侧或周边的附属小屋，而且有独立的出入口。这是沿用了欧洲庄园的住宅观念，主仆间有明显的尊卑之分。

清代淡水英国领事官邸平面图

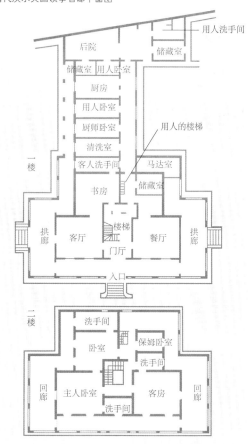

卧室宽敞舒适，有大片的落地窗与拱廊相连

客厅为社交空间，位于一楼，与拱廊的休闲气氛连为一体

餐厅喜设于东侧，可享受在晨光中品尝早餐的情趣，并有便门直通厨房

注重室内外空间的结合

客厅、餐厅分别位于入口两侧，这里有着最好的视野。而餐厅通常设在东边，如此可以在晨光中享用早餐。最独特的是建筑外围的半户外休闲空间——拱廊，英国人特别喜欢在这里饮用下午茶，享受悠闲的生活情趣。

拱廊是洋楼中重要的休闲空间

特殊的设置——室内楼梯、壁炉

室内楼梯多位于中间的门厅，整体造型十分讲究，特别是细节雕刻精美的栏杆。台阶构造有木、石两种，后者坚固、隔音好，但价格昂贵。为配合楼梯，门厅空间常挑高至二楼，并在屋顶开天窗或悬挂吊灯，显得明亮而气派。

受到使用者家乡习惯的影响，主要的房间如客厅、餐厅及卧室，都会设置壁炉，这在亚热带地区十分少见。壁炉除了实用功能之外，也是增加墙面美观的装饰品，所以其外形讲究，常带有巴洛克风格的细致装饰。

华丽讲究的室内楼梯，使门厅空间更富变化

壁炉的造型、炉口的铁器及地面的处理手法，都不容错过

铺面

19世纪的台湾洋楼地板铺面，除了常见的木地板，其铺设的材料还有以下三种。

红砖

红砖之下的构造多为木梁搁栅（参见第121页）加木板，隔音效果较佳。

洋楼的红砖地面常用传统建筑中的红砖

瓷砖

于地坪上再铺瓷砖，材料是当时流行的南洋进口小瓷砖。许多不同色彩的瓷砖拼贴成四方连续的图案，色彩鲜丽，深具南洋风味。

小瓷砖深具拼贴的艺术效果

灰泥

直接以灰泥填平，如同水泥地一般，隔音效果最好。但重量最重，不太适合用于二楼。

灰泥表面以凿子凿出许多孔痕，能防滑

拱券

拱券的运用，在古罗马时期就已发展成熟，一直是西方建筑的重要语汇，传到东方之后，更成为早期洋楼建筑必备的元素。拱券是一种高明的结构，在未使用钢筋混凝土的时代，开口上部的重量必须有效地传递至柱子，否则会成为结构的弱点，而精确的施工可以达到这个目的。常见的拱券形式有以下三种。

在淡水清代英国领事官邸可同时欣赏三种拱券

圆拱

圆心的位置与拱基线同高，拱刚好呈半圆形，故称半圆拱。圆心高于拱基线者，则称上心拱。

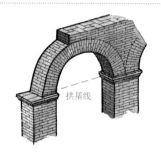

拱基线

弧拱

圆心的位置低于拱基线，使拱券呈弧形。不论是圆拱还是弧拱，拱券的砌砖均呈扇形排列。

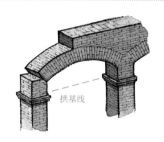

拱基线

平拱

拱顶为水平状，以砖砌筑者，砖作散射排列，是拱券中结构较弱者；石拱则以一整块石条为梁，结构较稳固。

砖砌平拱

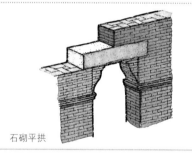

石砌平拱

历史隧道

领事制度早在19世纪前即普遍发展，各国的领事馆则是欧洲海权膨胀及殖民政策发展的产物。被派驻在外的领事，负责保护该国公民在当地的权益，以及办理签证等例行事务。清代的洋行则如同今日的外商办事处，以出口台湾的茶叶、樟脑及蔗糖为主，却进口残害台湾人民健康的鸦片。

清末台湾的领事馆及洋行

早期的交通运输多靠船运，所以有舟楫之便的台北淡水、大稻埕，台南安平，以及高雄打狗港（高雄旧称"打狗"）等地，不仅是外国人设置领事馆及洋行的好地点，就连本地商行亦四处林立，与外国人进行交易。这些地方的建筑形式也深受洋楼影响，只是多了一些本土的建筑语汇。

英国从16世纪末起，即大肆扩张殖民地，至19世纪凌驾于原来的航海强权国葡萄牙、西班牙及荷兰之上。英国的势力强大，台湾初期对外接触也与英国较密切，其次则是德国。所以台湾最早的领事馆建筑是建于1865年的高雄打狗英国领事馆，英国也在安平、淡水设置了领事馆，而德国领事馆则设于安平和大稻埕。但今仅存淡水和高雄的两座英国领事馆，洋行则以安平的英商德记和德商东兴洋行保留最完整。

领事馆及洋行的使用者均是西方人，故建筑形式主要移植自西欧，并因应所在地气候而有所变化。当时流行所谓的"殖民式样"，最明显的特色是砖造，以及因应亚热带高温而设置的四面拱廊，这是英国维多利亚时期（19世纪30年代至20世纪初）的红砖建筑与热带建筑元素结合的产物。不过这些洋楼虽为外国人设计，但多由本地工匠完成。

楼板

楼板要有稳固的结构，才能承受上方踩踏走动的重量；除此之外，还要注意上下两面的视觉处理，上面是地板铺面，下面则是屋顶天花。台湾洋楼的楼板结构有两种。

木梁搁栅

为常见的楼板结构，系以横向和纵向的木梁承接长条木板，其底部可用天花板遮住，也可直接让梁架外露。

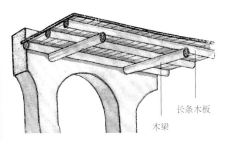

台南安平德记洋行的木梁搁栅楼板

工字梁搭配铁制波浪板拱

以工字梁搭于墙体上，铁制波浪板拱置于两梁之间，拱上以灰泥填平成为地板铺面。这种结构承重力强且隔音效果好，又具防火功能，从底部看波浪板天花亦极美观。这是19世纪末才发展出来的楼板结构。

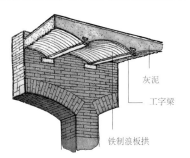

灰泥

工字梁

铁制浪板拱

淡水英国领事官邸是台湾唯一使用铁制波浪板拱的洋楼

日本侵占以后的转变

到了日据时期，日本的殖民政策不容许经济大权分属多国，于是日本企业在强有力的政治后盾支持下，逐渐掌控台湾经济，致使他国领事馆及洋行的作用渐失，只好逐渐撤离台湾。原有建筑或由日本当局征收，或由他国托管，像淡水英国领事馆直至1980年才辗转回归我们所有，其中的坎坷蕴藏着多少历史的沧桑。

时至今日，领事馆及洋行的原有用途已无法回复，多数被赋予新的价值，成为史迹展览馆，但本身的时代意义却不容忽视。

台南安平码头边洋楼林立，充满异国情调

教堂

台湾的教堂始于荷兰、西班牙占据时期（1624—1662 年），但今皆无存。19 世纪末开放通商口岸，第二拨基督教徒登陆，其中包括长老教会及天主教，其教堂建筑形式并不相同。从现存最早的屏东万金天主堂（万金圣母殿，始建于 1869 年），以及加拿大牧师马偕所建教堂来看，西洋传教士有意将台湾乡土特色融入教堂建筑中，教堂反映出中西合璧的趣味。但日据时期由日本建筑师所设计的教堂却完全模仿西洋原型，台北济南基督长老教会即为典型一例。济南基督长老教会的建筑多用红砖，外墙及尖拱窗得自哥特式教堂之影响，是现存日据初期的教堂中最精致的一座。

看建筑外观 → P.124

西洋教堂建筑的发展历史悠久，再加上其所代表的宗教意义，移植至台湾虽没有媲美西方的严谨之作，但外观在近代建筑中仍独树一帜。

看屋顶

陡峭的两坡顶具有拉高礼拜堂空间的效果，同时形成正面的巨大山墙，最高点以十字架收头，充分传达了宗教的神圣意涵。

看正面玻璃窗

入口上方面积较大的玻璃窗，是教堂建筑的一大特色。圆形者称玫瑰窗，常以《圣经》故事图案的彩色玻璃装饰，使礼拜堂内有柔和的光线自后方照来，增加教堂内的气氛。

十字架

山墙

尖拱门

正面玻璃窗

台北林森北路的长老教会的玫瑰窗。牧羊人对羊群的呵护，代表耶稣与基督徒的关系

十字架是基督教和天主教的精神象征，因为耶稣是被钉十字架受难而死的。在教堂的正面屋顶及讲台上很容易看到十字架，甚至门窗或桌椅都常以十字架为装饰。

台北济南基督长老教会

建于 1916 年，为日据时期台湾总督府土木部技师（后升任营缮课课长）井手薰设计。教堂砖工精致，石雕精美，具有英式乡村红砖教堂风味。教堂内空间高敞，外观则具有尖拱及扶壁等仿哥特式教堂常见的元素。今已被列为古迹。

塔楼（钟楼）

钢骨屋架

十字架

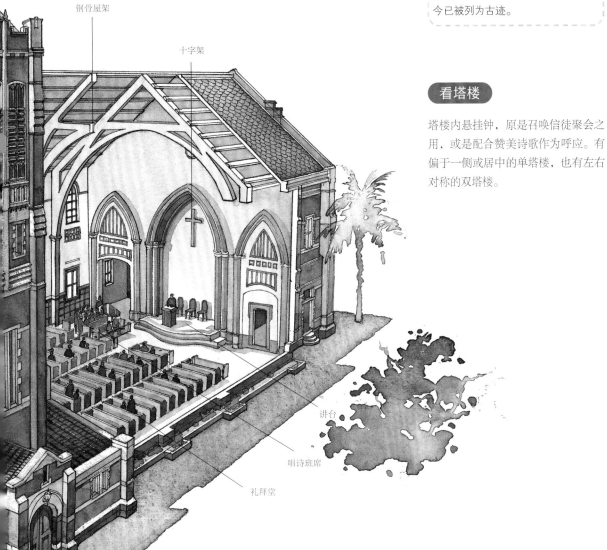

看塔楼

塔楼内悬挂钟，原是召唤信徒聚会之用，或是配合赞美诗歌作为呼应。有偏于一侧或居中的单塔楼，也有左右对称的双塔楼。

讲台

唱诗班席

礼拜堂

教堂

看屋架 → P.125

礼拜堂屋顶的屋架外露，不仅不影响高敞庄严的感觉，同时还增加空间的变化。常见的有木造屋架、钢骨屋架和尖肋拱顶三种。

看礼拜堂 → P.126

礼拜堂有如一个大会堂，是信徒礼拜的地方，以高耸的空间来达到神圣的效果。天主教与基督教的礼拜堂在空间规划上有明显的差别。

建筑外观

教堂是基督教与天主教信徒礼拜聚会的地方。两教信仰虽源于一，但各自对信仰的领会不同，建筑外观的表现也就不一样：天主教堂严守左右对称的规则，基督教堂则自由度较高，塔楼多置于立面的一侧。常见的建筑风格有以下两种：样式建筑仿哥特风格和中西合璧建筑。

尖顶或小尖塔：塔楼的尖顶及屋顶上的小尖塔装饰，强调了哥特式教堂向上拔起的效果

扶壁：是一种加固墙体的砖砌结构，凸于墙体之外，上窄下宽，紧贴着有承重功能的柱身。扶壁具有稳固作用，又不占用室内空间，同时能增加建筑外观的变化

拱窗：窗的造型多为瘦高的尖拱式或圆拱式，当窗子较宽时，则用大拱内含小拱的高明做法来解决。因尖拱具有上升的意味，尤为哥特式教堂所喜用

入口：主入口位于长轴的前侧，与讲台遥遥相对。门框以多层线脚层层退缩的方式加以强调

台北济南基督长老教会

四叶饰：哥特式教堂常见的四瓣纹饰

马背山墙：正面山墙形如台湾民居中常见的马背

圣旨牌：受到外籍传教士在大陆被杀害的教案影响，清末所建的教堂常将清廷颁布的圣旨牌高悬于教堂正面，以免受反宗教者的侵扰

尖拱窗：哥特式的尖拱窗仍是建筑立面不可缺少的元素

屏东万金天主堂

高雄玫瑰天主堂创建时的圣旨牌仍然保留，左右并有天使拱卫

看大厅 → P.131

看大厅

博物馆以一个高敞的大厅，作为引导及疏散参观者的过道。厅内华丽高耸的柱子，T形的大楼梯，圆顶造成的特殊采光效果，以及处处呈现当时流行风格的巴洛克装饰，营造出知识殿堂的知性氛围。

看廊道

台湾博物馆后侧面朝公园，故特别设计成廊道，不仅能减少阳光直射，还能增进人与户外大自然的融合感。当然，它也是参观之余最好的休憩空间。

台湾博物馆

位于台北二二八和平公园内，其前身为日据时期的"儿玉总督·后藤民政长官纪念馆"，1915年落成，为台湾历史最悠久的博物馆。馆藏以本土史料为主，建筑为严谨的样式建筑古典风格，是近代台湾建筑中数一数二的杰作。今已被列为古迹。

看展览空间

台湾博物馆大厅的左右两翼为展览室，目前一楼作为主题展用，二楼则为馆藏常设展。自日据时期起，其收藏一直以本土史料为重点，为台湾保存了丰富的文化遗产。

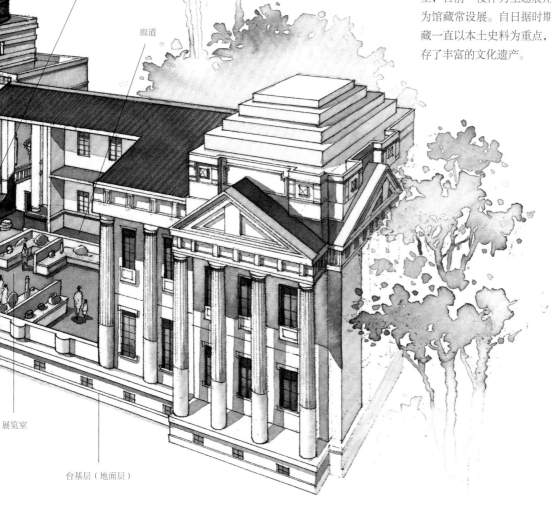

彩色玻璃天花板

T形大楼梯

廊道

展览室

台基层（地面层）

博物馆

古典风格立面

日据时期，兴建博物馆是殖民政府的重要策略，设计者和施工者都是一时之选。为了表现博物馆的庄严性，建筑采用古典风格。其外观的重要特征是具有明显的中轴线，平面和立面都严格遵守左右对称的原则。从台湾博物馆的入口立面还可看到以下几项基本易辨的古典风格元素。

古典风格的源头

台湾博物馆的外观为样式建筑中的古典风格，其原型是古希腊的神殿，追求严谨的建筑法式，注重完美的比例，散发出肃穆又优雅的古典气息。这种风格常出现在欧洲历史悠久的公共性或纪念性建筑物中，也为许多著名的博物馆所采用。

中央圆顶

中央入口上方使用穹隆状的半球形屋顶，既可彰显外观的气派，也能丰富室内的变化。圆顶由钢筋混凝土建成，外层披覆铜皮，下面的方形基座开有高窗，以便引进天光，照射内部的彩色玻璃天花板。

希腊式山头

位于正立面入口上方，三角形的山头有泥塑的勋章饰、花叶装饰的桂冠，以及卷曲的花草纹饰等，非常细致华丽。

台基层

由于近代施工技术的进步，建筑已不必有高大的台基才能稳固。但为了保持古典风格的比例效果，所以将地面层外观装饰成石砌台基，并于入口处设大阶梯引导。

古典柱列

成排的柱列使用古希腊就已发展成熟的多立克柱式，柱头装饰少，柱身有凹槽。

大厅

进入博物馆,先经过空间狭窄的玄关,再进入挑高两层的气派大厅。大厅一下子将参观者的视线向上提升,颇具戏剧效果,这种手法在世界各地同时期的博物馆内也常看到。在这个优雅的空间中,不要错过以下几个观察点。

门窗装饰

门板及门窗外框饰以雕刻或泥塑,巴洛克风格的华丽装饰充分配合大厅的气氛。

屋顶天花板

天花板配合圆顶,亦如穹隆状。其顶部及四周镶以彩色玻璃,不仅能采光,美丽的花纹更具装饰之效。

古典柱式

大厅四周环绕三十二根科林斯柱式,柱头华美精致,不仅赏心悦目,也使整体空间更有层次感。

壁面材料

墙面的下半部分使用珍贵的意大利进口大理石,其纹路华丽,颜色深沉,既添高贵气质,也显现博物馆的特殊性。

历史隧道

台湾传统社会虽然也有私人的收藏,但由公家设置博物馆,以西方观念系统化收集与研究,却是日据时期才展开的。

日本从1868年明治维新运动后,引进西欧国家的文化观念,其中就包括成立博物馆。这不仅可以强化学术研究的基础,也等于提供新的学习教室给大众,所以博物馆设立的数量越多、种类越丰富,就代表该地的文化水平越高。

台湾博物馆旧称"儿玉总督·后藤民政长官纪念馆",原是日据时期为纪念总督儿玉源太郎和民政长官后藤新平而建的,目前馆内还留有两人的铜像。受赠后即作为博物馆之用,至于为何以台湾本土的人文、自然史料、林业、农业、矿业、少数民族文物,以及华南、南洋等地的资料为搜集研究的对象,实是日本为扩张蚕食亚洲的行动做准备。博物馆虽别有用心,却也为台湾留下不少宝贵的文物及研究资料。

纪念馆成立后,台湾各地并未形成建博物馆的潮流,只有少数主要城市如台中、台南、嘉义设立了史料馆和教育博物馆等。由此可看出,日本人在台湾设置博物馆,并非以提高人民知识为出发点,而是带有浓厚的政治目的及宣传意味。

日据时期"儿玉总督·后藤民政长官纪念馆"中的少数民族文物陈列室

博物馆

官署

官署的建制会随着国家与社会形态而改变，如清后期台湾曾设立巡抚衙门及布政使司衙门，各地也有府署与县署。日据时期则设立总督府，下辖"五州三厅"。台湾各地现存的官署类古迹即多为日据时期的这些建筑，它们都选址在城市的核心地区，建筑规模宏大，造型气派，并且随着时代发展而有不同的设计风格。如完成于 1919 年的总督府，当时是东亚最巨大的建筑之一，外观非常壮丽。它的建筑细部设计精良，虽然历经第二次世界大战破坏，但仍很坚固。

看建筑外观 → P.134

在日据时期，官署建筑是殖民者威权的象征，而且其式样往往走在时代的前端，成为民间模仿的对象。因此，要认识近代建筑各时期的特色，官署是最好的观察范例。

看选址 → P.137

日据时期为了强调殖民统治，官署建筑往往设于都市核心地带，甚至拆除重要寺庙等建筑作为修建官署的地点。此外，其位置常会配合都市计划，考虑建筑物与道路的关系，使之成为显著的景观。

中央尖塔

斜坡道

主入口

体量庞大的原台湾总督府位于丁字路口，是台北市的显著地标

132

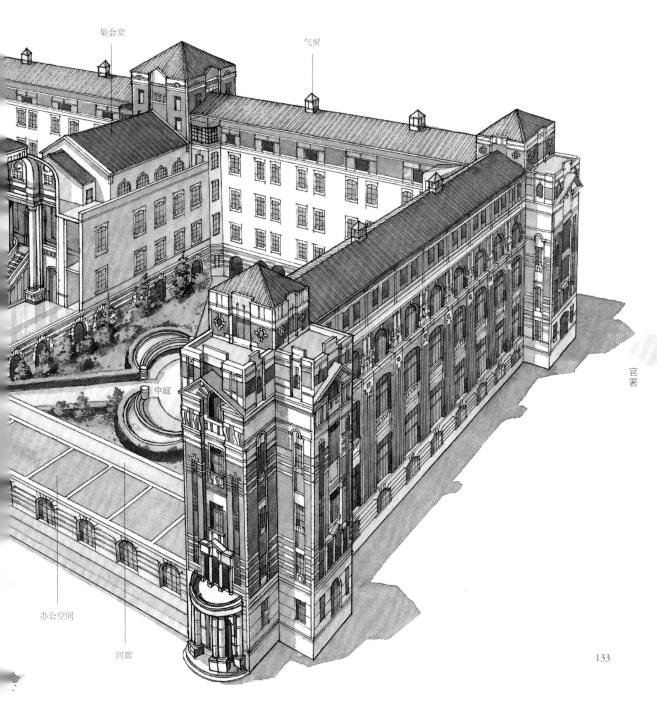

原台中州厅内大厅的主楼梯，流畅的上下动线配合户外天光，增加了空间的气派感

看空间功能 → P.136

官署建筑以办公空间为主，最常见的格局是中央梯间式，即以中间为主入口，进门后设置玄关及大厅，主楼梯置于大厅内，可以为左右两边的办公空间提供最便捷的动线。

原台湾总督府

完工于 1919 年，为日据时期最高殖民统治机关。华丽严谨的外观属于样式建筑中的英国维多利亚风格，平面为日字形，中央尖塔达 60 米，当时是全台北最高的建筑物。今已被列为古迹。

集会堂

气窗

中庭

办公空间

回廊

官署

建筑外观

日据时期的官署建筑，多由官方的知名建筑技师负责设计，其式样丰富多变，体量庞大，往往成为民间建筑的模仿对象。常见的有以下几种形式。

样式建筑

样式建筑，即新古典主义建筑，多建于20世纪20年代以前，特别是在1912—1926年间。其建筑形式主要根源于欧洲，以外观华丽、装饰细节繁复为共同特色，如英国维多利亚风格的原台湾总督府、总督府专卖局，法国曼萨尔风格的台中州厅、台北州厅，以及古典风格的台中市役所、总督府交通局递信部等。每一栋都是精心设计的杰作，成为民众记忆中的重要都市建筑。

红砖墙　　白色横带装饰

原专卖局建筑属于英国维多利亚风格，外观十分华丽

曼萨尔式屋顶　　老虎窗

原台中州厅具有明显的曼萨尔式屋顶，立面一楼设拱券，二楼置柱列，变化丰富

官署设计专家——森山松之助

森山氏毕业于东京帝国大学，是日本受西方建筑教育的第一代建筑师，1907年来台湾担任建筑技师，设计了总督府专卖局、台北州厅、台中州厅、台南州厅及台南地方法院等。当时总督府的设计案，竞图得奖者虽是长野宇平治，但决定加高中央尖塔并做最后修改者，却是森山松之助，所以他可以说是日据时期台湾官署的设计专家。

古典柱式　　仿石墙面　　　　　圆顶

原台中市役所之入口具有古典风格

折中建筑

20 世纪 20 年代和 30 年代兴建的官署建筑以折中式居多，外观上极力摆脱装饰繁复的样式建筑，但多数采用严谨的对称形式。初期为了军事安全的考虑，面砖多呈深色，后期则转为浅色，如台北市立职业介绍所、总督府专卖局新竹支局、南投税务出张所、台北北警察署、台南警察署等。

深色面砖　　简化的山头　　简洁的装饰

原台南警察署虽有现代建筑的简洁精神，但入口立面的装饰意味仍强

兴亚帝冠建筑

20 世纪 40 年代前后，受日本军国主义及南进政策的影响，兴亚帝冠式的官署建筑在高雄地区大量出现。建筑外观大体接近折中式，但充满了威权象征，常见带东方味道的攒尖顶或像军帽般的盔顶，以 1938 年兴建的高雄市役所为代表。

面砖　　　东方冠帽式屋顶

外观严谨对称的原高雄市役所（今高雄市立历史博物馆），具有象征威权的建筑语汇

初期现代建筑

简洁整齐，强调水平流线感，转角处做成弧形为其特色。因天际线变化较少，特别显出官署建筑庞大的体量，以 20 世纪 30 年代兴建的台北市役所、台北电话局、基隆厅舍为代表。

强调水平流线感　　　　平顶　　　面砖

日据末期建的台北市役所，整齐划一的外观表现了现代建筑的精神

空间功能

日据时期大型官署的平面多为对称的"口"形,如原台湾总督府、高雄市役所、台北市役所等。通常四周为办公室,中央为集会堂,配合大厅、回廊等,形成完整的空间体系。这里以原台湾总督府第一层平面为例,依序看各处空间。

主入口及玄关

高耸的尖塔或华丽的圆顶下,是官署建筑强调的主入口位置。通常此处设置有顶盖的停车空间,以斜坡道与地面车道相连,方便官员的进出。通过主入口后,是较为狭窄低矮的玄关,具有过渡功能。

办公空间

是官署内最重要的空间,以墙体分隔为许多独立的房间。层级高的官员多拥有办公、会客、休息等相连的一组空间。

大厅

大厅是进入玄关后具有通道功能的空间,有回廊连通至各处。大厅高敞明亮,四周常环立具有华丽装饰的柱式,表现出高贵庄严的空间感。其内通常有一座T形的宽敞楼梯,楼梯外观及栏杆设计讲究。

回廊

回廊环绕建筑四周,为办公室与各空间彼此的联络通道,并具有隔热防暑的作用。

集会堂

集会堂是官署中的大型会堂,重要的集会或宴客都在此举行。其内的大礼堂还作为小型音乐厅使用。

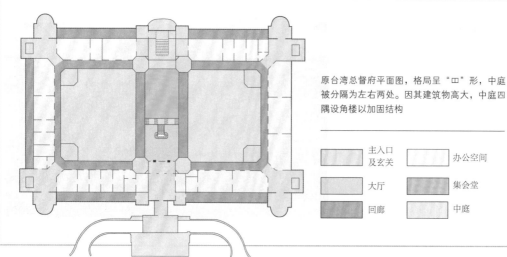

原台湾总督府平面图,格局呈"口"形,中庭被分隔为左右两处。因其建筑物高大,中庭四隅设角楼以加固结构

主入口及玄关		办公空间	
大厅		集会堂	
回廊		中庭	

选址

官署所在的位置通常是市镇的核心地点，并配合都市计划，带动都市的发展。其常见的位置有以下四种。

主要道路旁

主要道路较为宽阔，而建筑物略为退缩，因此可以观赏到官署建筑的完整立面。甚至有的官署面宽长达整个街廊，更显气派。

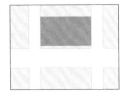

十字路口转角

两侧立面都临街，建筑物呈L形，华丽外凸的主入口位于转角处，两翼向两侧延伸。这种类型的官署建筑最多，如原台北州厅、台中市役所等。

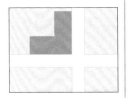

丁字路口

位于丁字路口的尽头，建筑立面可以完全不受遮挡，再配合笔直的道路，形成强烈的道路端景，如原台湾总督府、新竹州厅。

放射状道路的街角

因为是交通枢纽，所以成为视觉焦点，有时形成多栋重要建筑分据各个街角的情形，如台北府城北门圆环边的总督府交通局铁道部厅舍及邮局。

历史隧道

台湾的官署建筑不仅反映了政治的变迁，也呈现出台湾建筑的演变轨迹。

清代及日据初期的官署

清代台湾的传统衙署建筑受到主事官员祖籍地的影响，曾出现多样的建筑形式，有福州建筑、闽南建筑及安徽建筑，它们处在城市中的重要地点，丰富了市街景观。日据初期，日本当局多沿用这些传统官署，但殖民统治步上轨道之后却将之拆除，于原地另建新建筑，故今仅存台北植物园内经迁建的布政使司衙门的局部。

日本人拆除传统官署之目的，除了不敷使用，也是为了打压传统文化，展现殖民统治威权的形象。日本人首先积极确立台湾的行政系统，以总督府为最高机关，初设台北州、新竹州、台中州、台南州、高雄州、台东厅、花莲港厅，后又设澎湖厅，形成"五州三厅"，厅下辖市、郡、街、庄。各个层级有各自的官署，州称为州厅，市称为市役所，郡称为郡役所，街称为街役所等。这些建筑多由殖民当局与地方的土木营缮单位负责设计。当时设置行政区的城市，也是今天近代建筑留存较多的地方。

官署建筑的高峰期

20世纪的第二个十年，是日本殖民政府建设官署建筑的高峰期，几处重要的官署多在这一时期建立起来，如总督府、台南州厅、台北州厅等。在日本殖民统治的五十年当中，官署建筑是淳朴社会中的前卫表征，总是最早嗅到西方建筑的流行风格，而且至今台湾各地保留的数量不少，所以成为研究近代台湾建筑流行风格的佳例。

为了表现日本当局的威权，壮观严谨、左右对称、明显的高塔及讲究的外观，几乎成为日据时期每一栋大型官署建筑的特色。同时，其地点都位于都市的核心位置，充分配合当时的都市计划，成为重要的地标。

日据初期曾以台北的清代布政使司衙门为临时总督府

官署

火车站

蒸汽机是 19 世纪工业革命的标志，当时铁路的兴建象征着文明的进步，而火车站则取代王宫成为近代城市之中心。清末刘铭传在台实施新政，建设铁路是最重要的工作之一，可惜其所建火车站今皆不存。日据时期延长纵贯线铁路，铁轨于台中会合，故台中火车站的建筑最考究。火车站位居市中心，建筑物屋顶高耸，尖塔成为明显地标。它代表 20 世纪初期的风格，与 30 年代的嘉义火车站或 40 年代的高雄火车站可做有趣的对比。

看建筑外观 → P.140

火车站是公共建筑，通常为地方上的地标，其建筑外观醒目，并且深具时代性。

看候车大厅

为了容纳大量流动的人潮，大型火车站的候车大厅通常挑高至二层或三层，不仅空间气派，天花板及柱头的装饰也极讲究。有些小站的候车室目前还保留着旧式的候车椅，椅面及椅背以长木条钉成，线条圆顺，触感舒适。

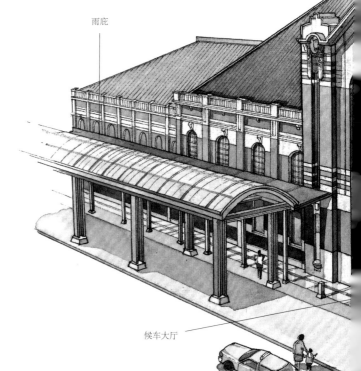

雨庇

候车大厅

嘉义火车站高敞的候车大厅内，人来人往

台南后壁火车站候车室内的木制候车椅

后壁火车站内的售票柜台，充满质朴的亲切感

看售票柜台

由于票务系统日新月异，大型火车站的售票处均已改建，只有在小型的火车站还能看到木造小窗口式的售票柜台。

中央尖塔

高雄火车站的月台遮棚，形式简洁优美

月台遮棚

月台

台中火车站

台中火车站 1905 年设站，改建于 1917 年。因纵贯线铁路南北铺设，在台中站交会，故这座火车站特别受重视。它以华丽的外观取胜，为 20 世纪初期样式建筑火车站的代表。今已被列为古迹。

看月台 → P.141

长长的候车月台，常常上演着温馨接送的感人场景。其实月台上方的遮棚结构与装饰，也是观察早期火车站的重点！

剪票口

售票柜台

台中泰安旧火车站的木制栅栏式剪票口

火车站

看剪票口

早期火车站的剪票口多半以木制的栅栏及门扇分隔候车室及月台，剪票员站在弧形栅栏后，管制乘客进出。这种剪票口式样简单，但极具亲切感。

建筑外观

火车站是城市中的重要建筑，因是由官方出资兴建，特别能反映当时的建筑特色。大都市的火车站进出人数众多、站务繁忙，建筑的体量大，形式也较为复杂；偏远的乡镇火车站则多小巧亲切。现存早期火车站较具代表性的建筑式样有以下四类。

样式建筑

出现在 20 世纪初至 20 年代，为砖木结构，风格华丽。屋顶有高耸的钟塔，墙面以柱式装饰，并且开有许多拱窗，如新竹火车站、台中火车站。

台中火车站主体建筑建于1917 年，为火车站中样式建筑英国维多利亚风格的代表

折中建筑

出现在 20 世纪 20—30 年代，为钢筋混凝土结构，建筑物仿佛以许多大块的立方体组合而成，外表贴面砖，风格简洁，没有繁复的修饰。但是仍未完全摆脱左右对称的观念，位于中央的入口墙面略为高起，有如简化的山墙，如嘉义火车站、台南火车站。

嘉义火车站主体建筑建于1933 年，有简化的山墙及几何图案装饰，墙面贴浅色面砖

兴亚帝冠建筑

出现在 20 世纪 40 年代日本军国主义高涨的时期，大体外观接近折中式建筑，但顶部配有大屋顶，有如戴上一顶冠帽，细部装饰则有十足的东方风格，如高雄火车站。

高雄火车站主体建筑建于1941 年，正上方的攒尖顶及正面的"唐破风"式屋顶，充满帝冠式风味

和洋混合风建筑

这一风格的建筑各个时期都有建造，多属偏远乡镇的小型火车站，外墙为木制雨淋板，屋顶铺日本黑瓦，如台南的后壁火车站、保安火车站，以及苗栗胜兴火车站。

台南后壁火车站主体建筑建于 1943 年，外观亲切有如民家，候车室外侧有 L 形檐廊，是日据时期小型车站的典型格局

月台

月台设计的重点是遮棚，从侧面看多呈Y字形组合，因为向上掀起的屋檐可适应火车的高度，使乘客雨天上下车时不致淋雨，如台中火车站的双Y形月台是最常见的形式，新竹火车站的单Y形月台则显得简洁有力。此外，在细部构造上，日据时期火车站的月台遮棚有以下两种较特殊的做法。

特制铸铁桁架及柱子

华丽的样式建筑火车站，月台遮棚也极为讲究，不论是柱子还是屋架，都是从国外特别定制铸造的，并在表面饰以美丽的图案，如台中火车站和新竹火车站。

台中火车站月台特制的铸铁结构

工字形梁架

20世纪30年代，台北铁道工厂已开始自制铁轨，所以这个时期的许多月台遮棚，用同样的工字形铁轨加工弯制成屋架或柱子，如嘉义、台南及高雄的火车站。

嘉义火车站以铁轨弯制成月台屋架

历史隧道

台湾铁路的兴筑开始于清光绪十三年（1887年）刘铭传治台期间。刘氏主理台政时对洋务运动的推行不遗余力，并设立"全台铁路商务总局"，计划兴筑从基隆到台南的铁路，以带动全台湾的革新。最早完成的路段是基隆经台北到新竹，其中位于基隆的狮球岭隧道保存至今。隧道南口额题"旷宇天开"，充分流露出工程的艰难。清代的车站规模不大，外观与民宅相似，未有保存至今者。

日据时期的火车站

日据时期，殖民当局为了有效控制台湾，积极发展交通建设，在原有的基础上继续兴建铁路。1908年新竹到高雄的纵贯线路段完成，通车典礼在台中举行，还在台中公园内修建双亭以兹纪念。至1926年，又完成了东部线与宜兰线铁路。

日据时期火车站的设计，大多出自殖民当局铁道部所属的改良课或工务课，伴随不同时期流行的建筑风格，出现了不同的建筑式样。早期的火车站多为简单易建的木造建筑，到了20世纪初才出现正式讲究的火车站，结构以砖木造为主，在当时潮流的影响下，以华丽的样式建筑最多。此外，还有一种融合西洋与日本风味的"和洋混合风格"，如台北万华、桃园、彰化、屏东的火车站等，可惜均已改建。30年代兴建的火车站，则出现简洁有力的折中建筑，迥异于以往。到了第二次世界大战后期，深具军国主义思想的兴亚帝冠建筑代表——高雄火车站，矗立在街头，使火车站建筑又呈现了新的面貌。

在城市中设立的火车站，不仅能带动地方的繁荣，其建筑往往也是都市中的新地标，甚至火车站的式样还传达了流行趋势，将新的建筑信息带到各地。通常重要城市的火车站规模较大，而且还因站务繁忙而多次改建，像台北火车站，现在已是第四代建筑了。而在较小的乡镇，往往可以发现平面相同或外观相似的火车站，这是当时为了节省人力而以同样图纸施工的结果。

建于1908年的基隆火车站属于华丽的样式建筑，可惜已改建

银行

银行是日据时期才引进台湾的近代金融机构,当时除了殖民当局设的银行外,还有台湾人集资设立的银行及信用合作社。银行建筑力求外观壮丽与结构安全,因此常成为都市街角的地标性建筑物。以粗大的柱子组成柱列是日据时期银行建筑常用的设计手法,尤其是台北的台湾土地银行总行与台南的分行造型特别浑厚,使用略具中美洲建筑风格之巨柱及浮雕墙体,非常有趣,值得我们细加比较。这些柱子并非真正的石材,而是模仿石材制作的假石,但施工精细,展现了当时优秀的建筑水平。

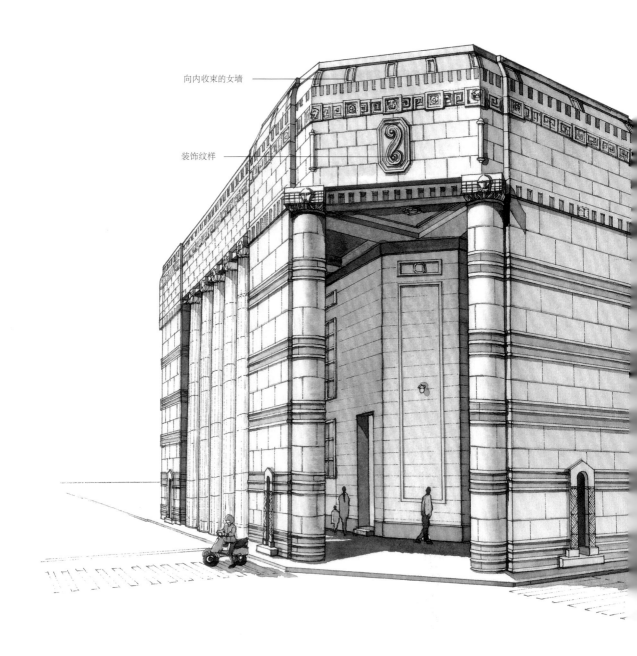

向内收束的女墙

装饰纹样

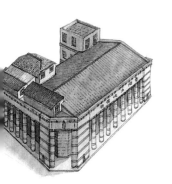

台湾土地银行总行位于路口转角处，建筑两面临街

看选址

银行为金融重镇，与城市活动息息相关，位于都市核心地区，并且常位于重要官署的附近，通常是主要道路的两旁及路口转角，因此其平面多半呈一字形或 L 形。银行是都市中显著的地标。

台湾土地银行总行

银行建于 1933 年，原名"日本劝业银行台北支店"，主要业务是放款给农林渔等产业团体，协助基础建设。日据时期台湾各地共有五家分行。建筑宏伟稳重，具有特殊的异样风格。现为台湾博物馆古生物馆，已被列为古迹。

看建筑外观 → P.144

稳重而理性的外观，几乎是银行建筑的共同特色——有厚实的建筑保护存放的钱财，可令客户有安全感。常见的外观大致可分为样式建筑和折中建筑两类。

看空间功能

银行的内部空间以营业大厅为中心，大厅高敞，四周墙面配合外观风格，以附壁柱式或装饰带修饰，予人十足的气派感。空间以柜台分隔为顾客区及办事人员工作区。银行内其余的空间还包括办公室、服务空间，以及层层保护的金库，不过后者可不能随便观察。

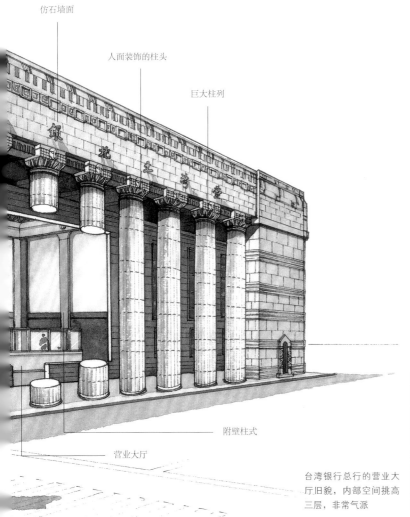

—带

仿石墙面

人面装饰的柱头

巨大柱列

附壁柱式

营业大厅

台湾银行总行的营业大厅旧貌，内部空间挑高三层，非常气派

银行

建筑外观

目前所存的银行建筑多数为20世纪30年代所建，所以在建筑结构方面以坚固的混凝土为主，充分反映时代的特色。常见的外观大致可分成以下两种类型。

样式建筑

20世纪30年代时，开始出现较简单利落的建筑造型。但当时的银行建筑，虽在材料、构造上开始有现代建筑的精神，其外观却仍保留了较多的样式建筑元素，以显其庄重。其中又可分为两种风格。

古典风格：全栋墙面使用石材或人造石，一楼特别做成石砌台基的感觉，二、三楼则设置巍峨的柱廊，表现出古典风格的厚重感及严谨比例的精神，并且饰有考究的檐口饰带及柱头装饰等。不过，受到现代建筑潮流的影响，女墙呈水平状，不做古典的三角形山头。如台湾银行总行、屏东台湾银行。

异样风格：是样式建筑在台湾发展到极致后所出现的新风格，主要是采用南美洲、埃及等地的装饰元素，而以银行建筑较常使用。此种风格的女墙特别向内收束，是中美洲玛雅文化的建筑特色；柱头、壁面装饰及墙身饰带等，也常使用印度、埃及或南美洲等地纹样，与西方的古希腊罗马系统大相径庭。如台北和台南的土地银行、台中彰化银行。

有如高大台基的一楼　　水平女墙　　檐口饰带

石砌墙面　　柱列

特殊的柱头装饰　　女墙向内收束

横饰带　　兽头

台湾银行总行

台湾土地银行台南分行

异样风格图案集锦

银行建筑上常出现的异样风格图样，是指迥异于古希腊罗马及哥特建筑的纹样。20世纪30年代日本西化思潮羽翼已丰，开始想摆脱西方传统，于是从异国文化吸取设计灵感，此为其时代意义。

东亚风格的福神及万字纹

中美洲玛雅风格的人面浮雕

中美洲玛雅风格的涡卷纹

南美洲风味的狮头

南美洲印加风味的涡卷纹饰

折中建筑

整体造型简洁，强调水平感，表面采用贴面砖、洗石子、水泥仿假石等工艺。这种建筑已有现代建筑特色，但仍未放弃女墙及柱体的装饰，并利用样式建筑常见的强调入口的做法，增加建筑外观的变化。如台中华南银行（今已改作他用）、高雄合作金库。

以八角形塔楼强调入口 ———

挑高至二层楼的柱列

仿假石

女墙的横饰带

台中华南银行旧址

高大的柱列

矗立着高大的柱列，几乎是每一座银行建筑的外观特色，这也是银行外观给人以厚实感的重要原因。其做法有两种。

柱廊：门窗位于内侧墙体，外部以巨大的柱列形成挑高两层的柱廊。柱廊不仅立面壮观，行走于其下，更有渺小的感觉，如台北和台南的土地银行、屏东华南银行。

附壁柱：柱子附于壁体，门窗置于柱列间，使立面呈现凹凸有致的立体效果，如台中彰化银行、屏东台湾银行。

屏东台湾银行的附壁柱列

台湾土地银行台南分行的柱廊

历史隧道

清代台湾除了民间的汇兑馆外，并没有现代的金融机构，银行的出现始自日据时期。

日据时期的金融机构

日据初期台湾市面上流通的货币五花八门，日本人为了安定财政金融，大力整治货币制度，推进基础产业开发，于是在侵占台湾后的第五年（1899年）设立独立的金融机构——台湾银行，之后陆续成立台湾商业银行（1902年）、台湾农商银行（1903年）、嘉义银行（1905年）、彰化银行（1905年）、台湾商工银行（1910年）、新高银行（1916年）、华南银行（1919年）等。除了这些由殖民当局成立的银行，也有地方的银行，以及日本知名银行的分行（如劝业银行）。另外也有民众参与股份，鼓励储蓄，并放款给中小企业的信用组合（今合作金库）。

日据时期，现代的金融机构虽对台湾经济的稳定有重要影响，但是其设置的考量往往伴随着殖民政策的野心，例如台湾银行华南及南洋地区分行，以及华南银行的设置，乃为方便对外扩张、发展贸易金融及经济侵略为目的；而彰化银行设立的原因是废止土地大租权后，发行公债以补偿地主；劝业银行则是为了奖励生产，以达到"工业日本，农业台湾"的目的。同时，日本当局鼓励日本的大企业来台投资，而且给予放款的优惠。甚至在初期，连一般的存款利息，日本人也比台湾人的高。

20世纪30年代台湾社会稳定，经济到达巅峰，民间储蓄增加，加上土地开发租贷政策形成，使得银行业更为兴盛。许多银行设立分行，旧的建筑在这个阶段得到改建，所以我们现在看到的银行建筑多具有当时流行的折中建筑的特色。

银行

学校

清代台湾的教育以府县儒学及书院为主，直到清末开放通商，才开始出现略具近代制度的学校。日据时期普遍设立小学校（供日本儿童读书的小学）与公学校（供中国儿童读书的小学），并陆续设立中学、职业学校与大学。学校建筑与教育理念有关，日本人所建小学颇有军国主义教育色彩，教室平面配置严肃而呆板，校园中央辟操场以举行升降旗仪式。但教会所建学校则侧重人文精神之培养，启迪人与外在世界之合理关系，淡江中学即为其中佳例。其校舍设计融合了欧洲与台湾本土建筑之风格，以拱廊串联各栋教室，以草坪衬托红砖的八角塔楼，塑造出古典而宁静的学习空间。

看校园规划 → P.148

因学校教育对象不同，校园规模有极大的差异。有的学校以主楼为中心，一进大门就可以望见；有的学校则以错落散置的建筑来呈现多元的校园风貌。

看空间功能 → P.148

学校的主要空间包括教室、礼堂、图书馆与体育馆等，还有串联其间的走廊、楼梯。每个地方的功能不同，设计与设施也各有特色。此外，宽广的操场空间更是西式学校与传统书院最大的不同所在。

八角塔

礼堂及原教堂

阶梯教室

淡江中学校舍的拱廊，
呈现校园的静谧气氛

整体规划具有欧洲大学校园的风味。最具代表性的砖砌八角塔建筑群，由牧师罗虔益设计，完成于1925年。校园结合传统宝塔与洋式建筑的趣味，平面有如三合院，以八角塔为中心，两翼向外延伸，末端又立八角形小塔。

淡江中学八角塔的入口，有石雕灯笼及雀替，具有台湾传统建筑风味，正上方的"信望爱"则出自《圣经》

教室

拱廊

八角形小塔

看建筑外观 → P.150

亲切而文雅是学校建筑的共通表情，但是不同性质与历史背景的学校，其外观形式仍有相异的风貌。

学校

校园规划

针对不同年龄层次的学生有不同的教学目标，不同的创校者也有互异的教育理念，这两点从校园规划的方式中通常可看出。台湾早期学校常见的校园配置模式大致有以下两类。

以入口主楼为中心

早期中小学校教育注重统一的管理与教导，而且校区规模较小，因此校园较模式化，通常大门后第一栋就是主楼，将教室及行政空间结合于此处。主楼常单侧设回廊，以防日晒，背侧则为操场。主楼建筑呈一字形（如台北建中红楼）、曲尺形（如台北北一女中光复楼）、U 形（如台北旧建成小学校、台南长荣女中）等。

平面呈 U 形的台南长荣女中，正面装饰较讲究，内庭设回廊相通

空间功能

不同的室内空间用途互异，在建筑结构及内部陈设上都有各自的特色。学校的重要室内空间有下列几处。

教室

教室是学校的主体，也是学生活动时间最长的空间。其中可分为普通教室和特别教室，观察时应注意门窗的细节，以及讲台、黑板的设计。特殊教室如美术教室、音乐教室或实验室等，其内部的空间设计及布置亦不同。

淡江中学的阶梯教室，在当时为非常先进的教学空间，座椅均为木制

礼堂

礼堂是大型会堂，可容纳全校师生进行典礼、表演、演讲教学等，在早期的学校中多称为讲堂，在教会学校中又可作为教室使用。宽广高敞、室内无柱为其内部空间的特色，常见的结构有木屋架和钢骨屋架。有的礼堂只是校舍建筑里的一个大房间（如台北旧建成小学），有的礼堂则是独栋式（如台湾师范大学、台南一中小礼堂等）。礼堂内的布置及讲台多为旧物，观察时不可错过。

台湾师范大学的礼堂座席有上下两层，栏杆大多仍为旧物

建筑散置于校园内

此种规划方式以高等学府及教会系统的学校为多，这类学校比较强调思想上的启发，建筑配置上具有较高的自由度，并且各具明确功能。如台湾大学（原台北帝国大学）及成功大学成功校区（原台南高等工业学校），以一条宽大的道路为校园主轴，各种风格统一的建筑则林立于主轴两侧；或如属于教会学校的新北淡江中学及台南长荣中学，中西合璧的各类建筑及不可少的教堂，形成丰富多元的校园。

台南成功大学的校园以中央大道为主轴，连接起两侧的校舍，四周的绿地亦烘托了校园气氛

图书馆

图书馆是专门存放书籍以供学生阅览的场所，是学校中不可或缺的部分，在大学中尤其重要。有的图书馆独立成栋，例如台湾大学旧总图书馆。它的主要空间有书库、阅览室及办公室。

体育馆

西式的教育注重学生的体能训练，所以学校里除了户外的操场，室内的体育馆也是不可或缺的。体育馆高敞无柱、开高窗，可作为篮球场、羽毛球场或排球场，也可充当礼堂使用。

联络空间

学校是人集中的地方，为了进出方便，会设有多处走廊及楼梯。走廊是联络各间教室的主要动线，也是学生下课活动的空间。为适应气候，走廊多装置窗扇以避暑，有的学校还在窗台前设木置物柜供学生使用。学校的楼梯较宽，扶手常具有当时流行的装饰特色。

台北中山女高逸仙楼内的宽敞楼梯，扶手栏杆具有现代感

淡江中学体育馆使用钢梁结构

中山女高走廊窗台前设有置物用木柜

学校

149

建筑外观

台湾早期的西式教育大致可分成两个系统：一为西方传教士所办的教会学校，另外就是日据时期殖民政府普遍设立的中小学、职业学校与高等学校。校舍的建筑式样亦可从这两个角度来观察。

日本殖民政府所设学校

现今留存的学校类古迹大多建于日据时期，设计者多为殖民政府营缮单位中的专业技师，建筑外观常随着当时建筑潮流而有所不同。常见的有以下三类。

样式建筑：具有样式建筑外观的学校，约可归类为三种风格。

古典风格——以古典柱子、圆拱或巴洛克图案装饰外观，有的较具古典风味，如台湾大学行政大楼及法学院；有的较具华丽巴洛克风味，如成功大学礼贤楼、台南女中等。

红砖洋式风格——使用质朴的红砖，并有规格化的开窗或拱廊。虽有样式建筑的装饰，但装饰面积少且集中在入口，并具混合风貌，如台北建中红楼、台北旧建成小学及台南大学。

仿哥特风格——以尖拱、扶壁、四叶饰、尖形线脚或瘦长比例开窗等为特色，如台湾师范大学礼堂、台中教育大学。

折中建筑：出现于20世纪20年代后期，以简化的样式风格表达现代感，却仍充满学院气息，常见的特色为连续拱券开口、简化山墙，还贴有模仿砖墙效果的褐色面砖，如台湾大学文学院及旧总图书馆、成功大学格致堂。

初期现代建筑：20世纪30年代以后建的学校多使用现代风格。主入口常不设在中央，装饰极少，方形开窗一列排开，外墙贴浅色面砖，如台北中山女高、北一女中。

台湾大学行政大楼（古典风格）

台北建中红楼（红砖洋式风格）

台湾师范大学礼堂（仿哥特风格）

成功大学格致堂（折中建筑）

台北中山女高逸仙楼（初期现代建筑）

教会学校

教会学校是独立于殖民政府而发展的系统，多才多艺的传教士常是主导学校设计的灵魂人物。他们除了以自己国家的建筑为蓝本，也敏锐地体认到台湾本土的文化特色。常见的教会学校建筑有以下两种类型。

洋楼建筑：是具有殖民样式风格的砖木建筑，上下均设拱廊，置花瓶或砖砌栏杆，中央配置楼梯，如淡水女学堂（今属淡江中学校舍）。

原淡水女学堂（今属淡江中学校舍）

中西合璧建筑：在设计手法上，结合了台湾传统及西方建筑语汇，如新北淡水的牛津学堂，平面呈四合院形态，屋脊上的小尖塔形似佛塔，但开窗却为西洋圆拱；又如台南长荣中学的工艺教室，使用西式的砖柱及圆拱开窗，但却有中式的马背山墙及屋架。

台南长荣中学的工艺教室

历史隧道

清代台湾的教育制度以儒学及书院为主。早期传教士出现后，不仅宣扬宗教思想，也兴办学校，为台湾带来了不同的教育制度。

清末，对台湾近代化贡献良多的刘铭传，曾于1887年开设西学堂。教学的内容除了国学，还有英文、法文、史地、数学及科学等，相当完善，可惜才四年就随着刘氏离台而结束。这栋西学堂原位于今台北长沙街一带，日据时期遭拆除。

日据时期的教育制度

日据时期，日本人为贯彻殖民统治，欲借助教育力量，排斥本土文化语言，所以初时就在总督府内成立了学务部，着手进行全面的教育工作。当时规定，中国人与日本人就读的学校有分别，例如台北建中的前身为台北州立第一中学，就是专供日本人子弟就读的学校，台北二中才准许中国人就读。这种差别，充分暴露出殖民者的歧视心态。直到1922年后，为加强族群融合，才实行各级学校的共学制度。

早期的教会学校以培养传教士为主，后来渐渐也加入了一般课程。由于日本人限制台湾学生的入学选择，所以教务自主的教会学校就成为台湾人受教育的另一个机会。

日据时期的教育体制，系统分门较细，在当时分为初等普通教育（小学校及公学校）、高等普通教育（中学校、高等学校、高等女学校）、实业教育（农业学校、商业学校、工业学校与实业补习学校）、师范教育（师范学校）、专门教育（高等商业学校、高等工业学校、台北帝国大学附属农业学校及医学校）、大学教育（台北帝国大学）、特殊教育（盲哑学校）等，可算是相当完善，也为台湾的现代教育奠下基础。

1882年由传教士马偕所筹建之淡水牛津学堂

学校

151

医院

19世纪后半叶，台湾开始出现西医，台北、台南与高雄都曾有西医为外国人服务。基督教会普及后，医院诊所亦相继出现。然而正式的大型西医院在日据初期才建立，今台湾大学医学院附设医院（简称台大医院）旧馆即为硕果仅存的日据时期医院建筑。其前身为台湾第一座大型医院——台北病院，出自日本建筑家的设计，规模之大在当时东亚颇为罕见，建筑细部亦精美。平面以中央走廊为轴，左右对称分布病房，功能合理。医院落成迄今近百年，仍能继续发挥功能，实在不易。

病房

病房位于隐蔽的后侧，以中央走道为轴，左右分布。各个空间彼此相连，动线明确，却又不受干扰。

看建筑外观 → P.154

西医院的出现是西化的结果，也是近代化的产物，所以在式样上使用各种外来的建筑风格。台大医院即属于样式建筑，它的巴洛克装饰非常华丽。

看空间功能

大型医院的基本配置有入口（连接车道）、大厅、挂号领药柜台、候诊室、门诊室、病房、办公室等，彼此之间的动线流畅非常重要，各个空间多以穿廊相衔接。常见的配置是服务空间在前，诊疗空间在中，病房空间则位于后侧。

台大医院的大厅四周拱廊环绕，空间高敞明亮

台大医院中的穿廊宽敞，动线明确

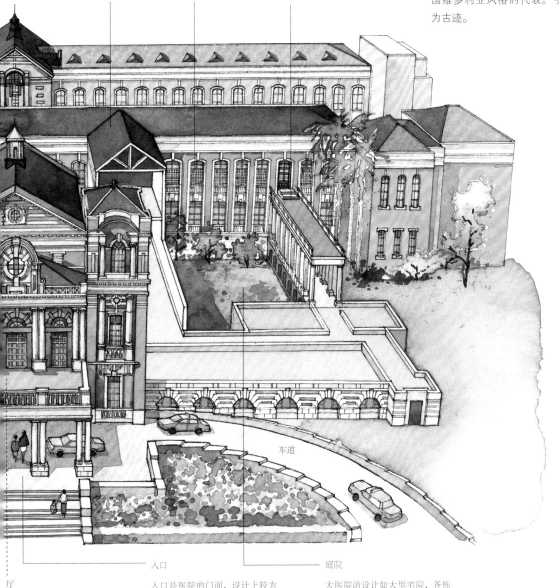

台北台大医院旧馆

旧称台北病院，1895 年创建，1898 年迁现址，1912 年改建，由于规模宏大，历时九年才全部竣工。当时是远东地区最大的医院，其华丽的建筑外观更是台湾近代样式建筑英国维多利亚风格的代表。今已被列为古迹。

穿廊

穿廊是医院中连通各类空间的廊道，宽度必须达到一定的标准，才能移动轮椅及病床。

穿廊　　　门诊室

入口　　　　　庭院

厅

院进出的人很多，所以要有一宽敞的空间导引就医者，而挂及领药柜台通常也靠近大厅。大医院大厅运用了格状天花内灯管的方式，制造天光的效，气氛极佳，再加上墙面特有来黄色瓷砖，塑造了医院整洁净的良好形象。

入口

入口是医院的门面，设计上较为讲究，常以各种装饰丰富立面。同时，为了方便病人进出，会将车道直接引入。

车道

庭院

大医院的设计如大型宅院，各栋之间留有空地，可设置庭院。有的凿池养鱼，有的植花种树，庭院不仅赏心悦目，对病人而言也是重要的心理治疗。

医院

建筑外观

随着各时期建筑风格的流行，以及建造单位的不同，医院也呈现出不一样的建筑风貌。像基督教系统的医院，具有洋楼的形式；日据时期兴建的医院，则随建筑流行风格有各种立面外观。目前完整者可分为以下三种类型。

中西合璧的洋楼建筑

洋楼风格的医院多为早期传教士所建，其最大特色是设有拱廊，不过多半已遭拆除。目前仅余淡水沪尾偕医馆，其底部的台基有防潮作用，屋顶铺红瓦，配拱形开口的立面，具有基督教建筑常见的中西合璧风味。沪尾偕医馆规模虽不大，却是台湾北部第一座西式医院，为牧师马偕所创建。

红瓦屋顶   拱形开口

新北淡水沪尾偕医馆，创建于1879年

和洋混合风建筑

此种类型医院建筑多为木造结构，特色为墙体采用雨淋板，主入口有突出的门廊，仿和式建筑的破风式入口屋顶。因结构简单、施工方便，日据时期各地兴建不少，特别是地方上的小型医院。但因较易损坏，所以完整保留下来且年代久远者不多。如原台北卫戍医院北投分院、宜兰罗东五福眼科等。

雨淋板   破风式入口

原台北卫戍医院北投分院，创建于民国初年

历史隧道

台湾传统的医疗以中医为主，西医的运用虽早在荷兰、西班牙占据时期即引进台湾，不过影响不大。

清末刘铭传治台时已有新式医院的设立。另外，热心宣扬基督教的传教士，他们以医治疾病作为去除民众藩篱的一种方法。初时的传教士都通医理，除了兴建教堂，他们也兴建医院，采用的建筑形式不仅具有洋楼的特色，也常常吸收台湾本土风味，呈现文化交流的趣味。这些基督教系统的医院，至今仍持续服务，对台湾的医疗贡献良多，可惜当时的建筑多未能保留。

日据时期的医院

日据初期，日本人对台湾的气候适应不良，患病者众。他们除改善环境卫生外，也广设医院。如1895年，即日据第一年，就于台北大稻埕创设医院，隔年又于台中及台南设置医院。但早期的医院建筑简陋，待局势趋稳后才建造正式的医院。

到了日据后期，台湾各地主要城市大概都有公立大医院，同时还有专科的区别。常见的是各地的综合医院（如台北台大医院、日本赤十字社台湾支部医院、新竹医院、台南医院等），其他还有军医院（如台北卫戍医院）、精神病院（如台北养神院）、传染病医院（如台北避病院）、烟毒勒戒所（如台北更生院）及治疗麻风病患的新庄乐生院等。

为了培养本地的医务人员，也成立专门的医事学校，为台湾的西医教育奠定了基础。目前台大医学院在台北仁爱路旁还留有一栋1907年兴建的校舍，那里可以说是早期培育台湾医生的摇篮。当时的殖民教育政策，对台湾学生有所限制，所以许多优秀

样式建筑英国维多利亚风格

出现在 20 世纪 20 年代以前，以样式建筑的常见语汇装饰立面，典型的代表就是具有英国维多利亚风格的台大医院旧馆——红砖结构，以立柱、白色水平饰带，以及布满装饰的窗户和山头丰富立面，特别是入口部分，整体外观十分华丽。

立柱　山头　牛眼窗
圆拱窗　水平饰带
工砖墙

台大医院旧馆，建于 1912 年

前卫的私人诊所

除了大型的公设医院外，各地乡镇也有许多私人诊所，都是由开业医生自行修建的。医生在日据时期社会地位很高，是知识分子的代表。他们不仅接受严格的专业训练，接触外界的机会多，对于新事物的接受程度也较高，所以医院建筑或医生住宅，在当时地方上常拥有较前卫的式样。特别是 20 世纪 20 年代以后，现代主义在台湾萌芽，建筑表现的自由度更高。

这些小医院多兼有住宅功能，保留的数量不少，而且内部的设施，如候诊椅、配药柜台、看诊桌椅等，有的还保留至今，深具时代风格。

彰化溪州医院外观前卫，但拥有大医院缺乏的亲切感

的人才只好选择就读医校，其比例高达 61%。

医疗设备的不断进步，使得早期医院的留存碰到了困难，所以目前完整保留的大型医院建筑数量很少，像曾经是远东最大医院的台大医院之所以可以继续使用，主要是因有腹地兴建新大楼，解决设备及空间不足的问题。而各乡镇的小型诊所，有的持续使用，但多数在快速消失中。

日据时期兴建的台南医院，也属样式建筑，现已拆除重建

医院

155

法院

清代台湾的司法与地方行政合一，各地府县衙署即担负司法之重任。但日据时期引进西方的
三权分立，司法虽然仍受总督府管辖，除政治事件外，处理一般刑事与民事诉讼已趋公正。
当时分为高等法院与地方法院，均建造宏伟壮丽的建筑，台湾高等法院（司法大厦）与台南
地方法院是典型代表。尤其是台南地方法院入口大厅的八角形圆顶，为全台湾孤例，造型结
构与室内装饰皆极优异，设计出自日本建筑师森山松之助，值得细加观赏。

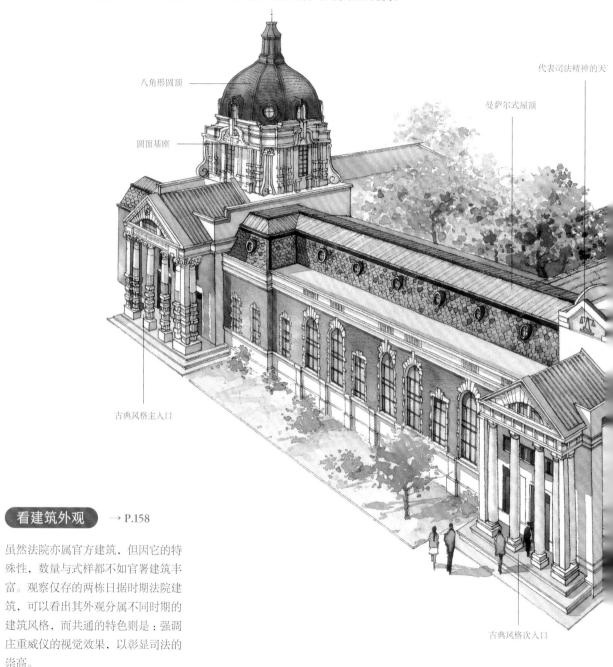

八角形圆顶

圆顶基座

古典风格主入口

代表司法精神的天

曼萨尔式屋顶

古典风格次入口

看建筑外观 → P.158

虽然法院亦属官方建筑，但因它的特
殊性，数量与式样都不如官署建筑丰
富。观察仅存的两栋日据时期法院建
筑，可以看出其外观分属不同时期的
建筑风格，而共通的特色则是：强调
庄重威仪的视觉效果，以彰显司法的
崇高。

台南地方法院的大厅四周环立着高耸的柱子，更衬托出圆顶的深邃感

台南地方法院

堪称台湾最美丽的法院建筑，与原台湾总督府和台湾博物馆并称为日据时期台湾三大建筑。兴建于1912年，屋顶为曼萨尔式，装饰具有华丽的巴洛克风味。但主入口未居中，是当时官方建筑中的特例。今已被列为古迹。

老虎窗

看空间功能

法院的外观会随时代潮流而有所不同，但其内部空间的规划却相差无几，主要依公务需求设有大厅、廊道、行政区，以及最重要的法庭空间。

法庭

法庭是开庭审讯的专用场所，为避免受到干扰，多位于法院内侧较隐秘之处，并且注重隔音效果。法庭内可分为三区，前为法官席，其前方为检察官、辩护律师和当事人席，后方则是旁听席。从整体气氛来看，法庭内部的装饰较少，充分表现了威严的感觉。

行政区

法庭中的法官席位于高台上，有独立的进出口，一方面表现法官地位的尊崇，一方面避免与两方有私下沟通之嫌

法院

157

建筑外观

现在仅存的日据时期法院建筑——台南地方法院和台北的司法大厦，外观分别属于样式建筑和兴亚帝冠建筑，以下分别说明其特色。

圆顶：为半椭圆形，分成八瓣，上置小塔。为了采光及装饰，圆顶上开有圆形及直立式的老虎窗。其下的基座呈八角形，四面开"帕拉第奥"式窗。

曼萨尔式屋顶：屋坡高耸，使用鱼鳞状的石板瓦，其上开设许多圆形老虎窗，成为引人注目的焦点。

古典风格入口：分为上中下三段。上为三角形的山头及楣梁；中段有柱列，转角处为一根方柱和两根圆柱的组合，柱头有羊角涡卷，柱身有凸出的四方体，益增其华丽感；下为台基，具有平衡视觉的作用。

窗户：所有窗户开口以拱及隔石来装饰。每隔两个窗就有一个方窗，使得外观在统一中仍富变化。

高塔：除了头盔般的屋顶之外，塔身也开有圆拱窗。窗框使用石材，显得十分稳重简洁。

墙面装饰：基于防空的考虑使用浅绿色的面砖。三楼的檐口部分（四楼为光复后加盖）及中央的简化山头，则用不同颜色的面砖组砌成几何图案，具有拼贴的艺术美感。

入口：位于中央，凸出于立面，呈巨大的立方体状。檐口有装饰带，正面开三拱券，拱柱采用拜占庭趣味的双柱。除拱券的边缘以石材装饰，其余为人造假石。

窗：外形仍为古典的圆拱，但已没有繁复的装饰，浅雕石条镶边。

欣赏老虎窗

观察台南地方法院，不能错过老虎窗，它是19世纪至20世纪后期文艺复兴式建筑普遍流行的特色。除了具有采光及通气的作用外，老虎窗的多变造型，也增加了屋顶的美感，因而成为视觉焦点。有的老虎窗从屋坡中间伸出；有的与檐口的墙体相连，具有独立小屋顶。至于形状，常见的有圆形、半圆形、三角形及长方形。

样式建筑

台南地方法院的建筑外观十分气派，不仅有样式建筑中最壮观的曼萨尔式屋顶，为了强调入口地位，还分别在主、次入口上方设置圆顶与高塔，可惜高塔今已不存（1969年拆除）。另外，两个入口都采用古典风格的山头及柱列，具有严谨的均衡感。墙身的装饰重点在窗户的开口部位，使用红白相间的色调，展现出20世纪初盛行的样式建筑风貌。

兴亚帝冠建筑

落成于1934年的台北司法大厦，中央有高塔，两侧对称展开，形制与隔邻的原台湾总督府相似。不同的是，它已经脱离华丽的样式建筑风貌，外观的装饰极少。其最大的特色在于中央高塔的屋顶形状像一顶头盔，这是日本军国主义的象征。这种兴亚帝冠建筑特别能表现当时"最高司法机构"的权威。

历史隧道

清代的司法制度分为地方及中央两个层次，地方是由行政官兼管狱讼之事。轻微的案子多由地方一审了结，较大的刑案则由府、按察使、巡抚等层层复审，判决送达中央司法机构——刑部，如无异议才能定谳。在地方衙署兼法院的情况下，正义的伸张往往取决于行政官员的清廉操守及个人能力，以至民间私刑泛滥、人权受到压抑，使"包青天"一类的故事不断传颂，也造成人民对官衙的恐惧及不信任。

日据时期的司法制度

日本明治维新之后引进西欧制度及文化，确立了近代司法独立制度，侵占台湾时也为台湾引进了新的司法制度。但是，在总督专政的体系下，立法权及司法权都操纵在总督手中，总督往往颁布对反对者不利的法令，压抑人民自由，尤其是在初期的军政时期。后来审判制度才由一审终审制，发展至后期较具人性的二级三审制。不过，因为法令严苛、执行彻底，倒创造了一段治安良好的时期，这也是老一辈津津乐道的事情。

日据末期，殖民政府的司法机构编制渐趋完备，有第一级的高等法院、第二级的地方法院、地方法院支部（分院）及出张所（地方办事处）。在建筑方面，除了出张所没有法庭之外，其余都是有法庭的法院建筑。其中，地方法院设在台北、新竹、台中、台南、高雄等五处主要城市，台北地方法院与高等法院位于今之司法大厦，除台南地方法院外，其余规模不大或已被拆除。

司法制度源于西欧，法院建筑也源自西欧。台湾地区的法院出现不到百年，却是现代司法制度引进的明证。台南地方法院及台北司法大厦皆能延续原有使用功能，不仅在台湾地区的司法史中具有重大意义，而且凭借特殊的建筑外观，亦成为近代都市的重要地标。

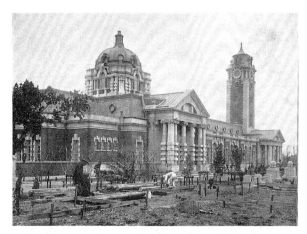

台南地方法院旧貌，当时右侧高塔仍存

法院

159

产业设施

有别于农业时代的手工产业，近代产业乃指工业生产，特别是 19 世纪工业革命之后，以机械动力为主的产业。台湾的产业建筑出现于 19 世纪后期开放通商之后，当时港口附近的煤炭、茶及樟脑仓库可视为最早之例。至 20 世纪初，台湾的机器制糖、提炼樟脑、伐木集材，以及稍后的制酒、制烟、铸铁等，在殖民政府与资本家的推动下，出现许多规模颇大的厂房，例如台北的自来水厂、铁路工厂、酒厂与烟厂，中南部的彰化谷仓，云林虎尾、彰化溪州、高雄桥头、屏东的糖厂，高雄的水泥厂与竹仔门电厂，还有嘉南大圳（水利工程）、花莲酒厂等。对于这些规模宏大、构造坚固的产业设施，我们可以从原料到成品的生产过程，以及建筑物的结构与形式来分析，以高大的钢骨桁架与通风采光设计为观察重点。

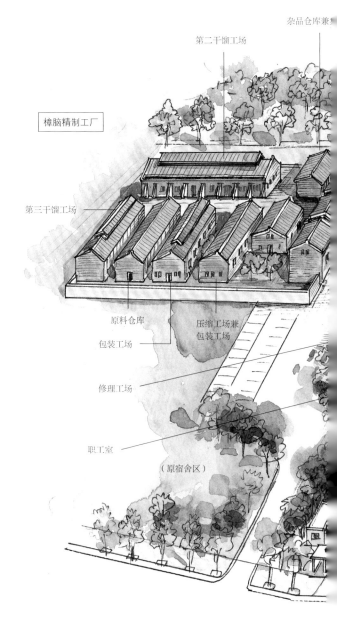

樟脑精制工厂

杂品仓库兼

第二干馏工场

第三干馏工场

原料仓库

压缩工场兼包装工场

包装工场

修理工场

职工室

（原宿舍区）

看产业类型　→ P.162

产业设施是专为产品特别设计的，不论是厂房还是机具多有独特性。以制酒工厂为例，生产米酒与红露酒的设施就不一样，所以了解生产内容是观察的第一要项。

看厂区布局　→ P.164

布局与生产流程有密切关联，原料进入厂区后，从处理、制作、包装、储存到成品运出的过程，需要与各厂房、设施及机具等建立顺畅的关系。布局配置的好坏，关系着产值及产能。

看土木设施与建筑　→ P.166

产业设施最大的特色是依产品类型量身而造，生产步骤、机具操作及使用功能等决定了土木设施与建筑的构造和形式。但建造者也随时代演变引进新式建材，更新设计风格，使其兼具力与美。

台北酒厂及樟脑精制工厂

两座工厂因铁路运输的方便而并连。酒厂始于1914年民间建造的"芳酿株式会社酒造厂",至1922年实施酒专卖后改为官营酒厂,30年代因制酒技术精进,更新成产量与质量均佳的近代化工厂。樟脑工厂于1918年创建,1967年结束樟脑精炼业务后,厂房由酒厂使用,后来局部被拆除。今全区规划为"华山1914文化创意产业园区",部分建筑被列为古迹或历史建筑。

蒸馏室
烟囱
锅炉室
包装室
再制酒工场
米酒及红酒制造场

自制品仓库

红酒仓库
(因金山北路工程建设而拆成阶梯状)

事务室

实验室

台北酒厂

看机具 → P.169

产业近代化的关键是机具的发明,其取代人工使得生产大量化,亦优化了质量,这些机具本身亦述说着当时的机械生产技术,是人类的智慧结晶。

产业设施

产业类型

简要来说可分成下列三类：制造类，以农林矿等为原料，加工成民生物品，如盐糖、烟酒、砖瓦业等；供应类，指水及能源的生产，如水厂及电厂；服务类，指民生所需及前述产业的后援，如运输通信等。以下择日据时期台湾重要的几种产业类型说明。

酒厂

台湾早期以自酿及小酒坊为酒类的供应主轴，日本人侵占台湾后将其纳入经济发展的一环，开始征收酒甑税、酒造税，使得传统从业者无力负担而歇业，于是促成工业化、资本化、多元化的酒厂革命。至1922年实施酒专卖制度，台湾大型酒厂被殖民政府并购，产销过程都由其一手掌控，酒厂收益也成为重要的财政收入。直到2002年台湾烟酒公卖局改制为股份有限公司，才结束政府专卖的历史。以台北酒厂为例，日据时期以生产米酒、红（露）酒、再制酒、洋酒及燃料酒精为主，光复后则曾生产过米酒、再制酒、水果酒及绍兴酒等。

台北酒厂红酒仓库

樟脑厂

樟脑的药用功效自古就被发现，到了19世纪后期作为早期塑料赛璐珞及无烟火药的重要原料而声名大噪，又因台湾是原生樟脑的少数产地之一，所以自清代官方即介入樟脑的产销。日据时期的1899年，殖民政府公布樟脑专卖规则，并创建官营的台北南门工厂（仅余局部建筑物，今已被列为古迹），负责粗樟脑的加工。1918年，殖民政府又强制统合民间精制樟脑业成立日本樟脑株式会社台北支店，并创设樟脑精制工厂，原料则需专卖局配售，最后精制成上等品。台湾光复后，工厂收归公营，至1961年停产。

樟脑精制工厂

专卖事业

日本侵占台湾之初，为求迅速达到台湾"财政独立"，于是提出"专卖"制度，由殖民政府制定法令，再依法独占特定产业，获得的利益亦归殖民政府所有。首先于1897年开始鸦片专卖，两年后加入了食盐及樟脑的专卖，并于1901年设置专卖机关"总督府专卖局"。1905年实施烟草专卖，1922年酒类加入专卖。第二次世界大战时为管制物资，再将度量衡、无水酒精、火柴、石油、苦汁等纳入专卖项目。

位于台北市南昌路的原总督府专卖局

糖厂

台湾早年是以传统简易的"糖廍"生产蔗糖，1902年日本殖民政府公布《台湾糖业奖励规则》，为其发展奠下近代化的基础。当时除了日本人，本地绅商也投入资本设立新式糖厂。不过在殖民政府的刻意支持下，日商顺利增资、并购并拥有稳定的原料及销售渠道，很快形成几家制糖株式会社独揽的局面。台湾光复后，政府接收并将之合并，于1946年组成台湾糖业股份有限公司。目前仍在生产的老糖厂仅余云林虎尾糖厂及台南善化糖厂两处，其余多变更为文化园区或观光糖厂，如嘉义蒜头、高雄桥头及屏东南州的糖厂等。

嘉义蒜头糖厂已变更为"蔗埕文化园区"

自来水厂

清末台湾巡抚刘铭传在台北设置"铁枝井"，蓄存公用水，开启台湾最早的公共给水设施。日本侵占台湾后，特聘英国卫生工程技师威廉·伯顿（台湾译作爸尔登）做整体调查，并提出各地有效水源及水厂设置的建议，于是全台湾第一座自来水厂在淡水建设完成。1920年，自来水设施由总督府转为地方州厅负责，水厂设置趋于普及。到了50年代，过去通过沉淀及慢滤改善水质的方法，随着人口增长及工业需要，逐渐为高耗能与高速制水技术所取代，水厂的设计形式也发生改变。以1924年竣工的台南水道为例，当年供应台南市区及安平地区用水，除改善民生外，对产业发展亦有很大影响。

台南水道的过滤器，内部的大型快滤筒由英国进口

铁路工厂

清末台湾的铁路已完成基隆至新竹段，并于台北府城北门外创设"台北机器局"，担负着军事枪弹制造及火车修理等任务。日据时期，殖民政府逐渐将其由军事用途转变成专业的铁路修理工厂，成为铁路运输发展的后盾。20世纪30年代随着市区变化及铁路的进步，工厂扩大，搬迁至今信义区内的"台北铁道工场"，战后更名为"台北机厂"。内设有组立、锻冶、油漆等各种火车维修保养场，其建筑规模之大、机具数量之多，可谓当时台湾机械制造及修理技术的重镇。这种产业与前述类型不同，虽不易直接接触，却是大众日常交通运输的幕后功臣。

台北机厂

产业设施

163

厂区布局

近代化工厂一般以生产制造区及储存仓库区为核心，周边配置有辅助设施区、行政事务区、职工福利区等，彼此间依需求设有各种联系动线，以供人行、车行或台车（运输货物的轻便铁道）运输。工厂亦可选在衔接交通干线之处，以方便原料与产品的运输，如台北酒厂、樟脑精制厂、松山烟厂及台北机厂，台中与高雄桥头的糖厂等，设置之初都与铁道相连，亦邻近公路。

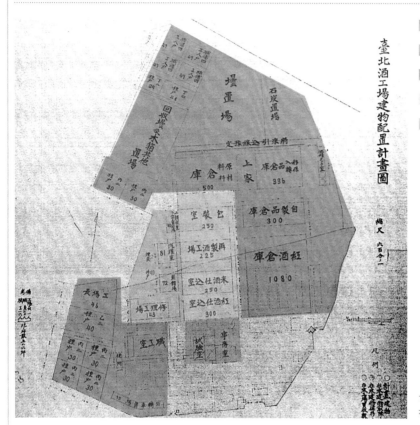

臺北酒工場建物配置計畫圖

1931 年日本人经营台北酒厂时，其厂区布局为当时产业设施分区的典型

行政事务区
职工福利区
储存仓库区
生产制造区
辅助设施区

生产制造区

位于厂区的中心位置，涵盖从原料变为成品之产制过程涉及的所有设施，包括原料处理区、产品制造区及包装工场等。以台北酒厂为例，有米酒和红酒制造场，再制酒工场，以及水果酒工场等，成品被输送至包装室，再进行装瓶或装瓮。

日据时期米酒生产制造场内一景

台北酒厂的米酒及红酒制造场（剖面图）

储存仓库区

储存仓库区依据生产步骤划分，以运输的方便性为考量，一般可分成原料区、成品区及其他物品区三大类。成品仓库的储存面积因产品特性而有所不同，以红露酒为例，它需要装瓮存放多年才能达到最佳品质，所以生产的酒厂内必须有大面积的仓库区。其他物品区则是指储存包装材料或燃料等。

宜兰酒厂的红露酒以陶瓮存放在仓库之内

辅助设施区

辅助设施区紧邻主要生产线，以维持核心制造工场的运作。其中最重要者是称为"心脏"的锅炉室，它以燃烧煤炭或重油产生的动能使机械运转，那排放热烟的高耸烟囱也成为当时工厂的主要地标。修理机具的修理厂房或制作相关设备的木工厂房等，都是缺一不可的辅助设施。

松山烟厂的锅炉室及烟囱

行政事务区

行政事务区为工厂管理阶层及一般行政职员的办公地点，依产业特性有时也包含研发及品管的实验空间，多位于厂区大门内的首要位置，以便管控人员进出乃至全厂区的管理。

职工福利区

这里为职工日常生活的场域，例如餐厅、休息室、澡堂、医务室、育婴托儿室，以及宿舍、招待所、运动休闲场所等。职工福利区的设置源于工业村的概念，希望通过照顾员工生活来稳定生产力。多配置于厂区的边缘，有时宿舍区会独立设置在外围，以便于工厂的管理。

台中酒厂的职工室

台北酒厂的实验室及办公室

台北机厂将锅炉蒸汽导入职工澡堂内，以供应热水

土木设施与建筑

土木设施指的是厂区内的运输轨道、给排水设备、烟囱、烟道等设施。建筑则按照在工厂内的角色，常见的有厂房、仓库、行政事务室及宿舍等。

嘉义朴子水道的配水塔

坚固耐用的土木设施

产业用的土木设施常常超越一般尺度，而且需要高载重及耐震力。为使其发挥最大功能，20世纪20年代钢筋混凝土在台湾普及后，就逐渐取代砖石成为土木设施的主要构造。在各种产业类型的厂区内，常见的有大型蓄水池、输水的水圳、耐重压的路面、十余层楼高的烟囱、配合环境的护坡堤岸等。这些土木设施都是日常工厂运作不可或缺的幕后功臣。

注重物理环境及结构的厂房

厂房依据原料与成品特性及生产过程，选用建筑材料，设计空间格局及建筑形式。以台北酒厂为例，使用当时具有隔热效果的新式水泥瓦、水泥空心砖，屋顶设置有换气功能的太子楼，并使用罕见的型钢混凝土（SRC）结构及铸铁楼板，以承载大型机具。

铸铁楼板   型钢混凝土柱

太子楼

台北酒厂米酒制造厂房具有隔热及换气功能的屋顶

台北酒厂红酒制造厂房采用了型钢混凝土组合结构

台北酒厂米酒制造厂房采用铸铁楼板及型钢混凝土结构

高敞宽阔的仓库

为达到存放空间的有效运用，仓库设计以高敞为原则。但因早期结构材料的限制，不论是木屋架还是钢骨桁架，跨距都无法过大，所以常见室内无墙的连栋式仓库，并有宽大的出入口，或设置月台、连接轨道，提高仓储物品运入输出的速度。仓库建筑开窗往往位置高、开口小，是为减少光照、保护储存物品质而做的特殊设计。

台中酒厂的半成品仓库

宜兰酒厂的容器仓库采用木屋架的连栋式

展现流行风格的事务室

事务室为整个厂区运作的主导，也是工厂对内对外沟通及接洽的地方，它的外观具有"企业形象"的特殊意义，所以是厂区中最讲究的。其样式及材料常融入当时的建筑风格，借此展现近代化产业的特色。

松山烟厂的办公厅舍有着 20 世纪 30 年代流行的现代风格

1901 年创建的桥仔头糖厂，办公室采用"阳台殖民地样式"（以欧洲建筑架构为基础，外墙向内退缩，形成阳台型的半户外空间，以防暑降温）

产业设施

167

日本式的宿舍

主要是供高层及日籍员工居住使用的生活空间，故依照日本人习惯采用日本传统家屋建筑样式，以木造的和室为主；建筑格局依着员工职级，有独栋、双拼、四拼等形式（参见第172页）。若属政府经营的产业，则参酌《台湾总督府官舍建筑标准》来设计。

花莲糖厂的员工宿舍

神社

神社为日据时期产业设施中的特殊建筑。厂区内多设置小型神社，并定时举行祭典，守护该产业的发展，也是员工的信仰中心。因应不同产业类型，守护神祇也有所不同，如酒厂设置松尾神社，奉祀造酒业与酱油酿造业的守护神。

1924年设置的台北酒厂
松尾神社，现已无迹可寻

历史隧道

产业是人们生存的基本生产活动，自古就存在，只是随着时代的演进而不断产生变化，出现新的形态。

初级产业阶段

台湾在汉人大量移入后，产业开始被赋予经济价值。初时以直接利用天然资源的农渔牧林矿业等为主，生产成果也多半是生活必需品，其特色是规模小，加工度低，所需人力及能源少，使用的工具及技术简单，投入的资金也相对轻薄，而且通常由民间自行成立，如明郑时期即已开始发展的晒盐及糖廍，清以后的樟脑、茶业等。

至清代晚期，受洋务运动影响及军事需要，政府先于光绪二年（1876年）由英国矿务工程师协助在基隆八斗子设置官煤厂；隔年又委派美国石油技师于苗栗牛斗山下开采石油，同年也筑造了台湾第一段铁路；到了1885年，台湾建省后设置军需工厂台北机器局。由此可知，以清廷主导的产业近代化已然启动，可惜还来不及有太多成效，政局已改弦易辙。

台湾产业的近代化

日本自明治维新后，勤力学习西方国家的近代工业技术。为了巩固台湾经济以将其作为后盾，日本殖民政府不惜牺牲人民利益，投入资金、修订法令政策及加强基础建设等，将台湾产业推入近代化发展的轨道。其推行的专卖制度，自1897年的鸦片专卖起，至1922年将酒纳入专卖而达到高峰，樟脑、烟草、食盐等产业也是专卖项目。其他如糖业等极具经济价值者虽未被纳入，却也在殖民政府扶植保护下享尽经营优势并蓬勃发展。台湾各地建设起规模宏伟、设备完善的新式工厂，提供大量工作机会，而周边农业也配合着大幅改变。为了满足民生和产业需要，此阶段的水利、电力、运输等设施，亦跟着快速建设起来。

机具

其中含产品制作、包装及水电消防等所需的各种大小机具。因为当时欧美及日本工业较进步，所以在台湾地区的近代工厂中常见进口机具。它们是产业设施中有趣的动态物件，本身亦如艺术品般具有珍贵的历史价值，可惜因能源及技术的改变多遭到淘汰，故台湾的古迹中存留机具者不多，仍在运转生产的更是凤毛麟角。

茶及饮料作物改良场南投县鱼池分场内加工红茶的揉捻机，标记显示为日本松下制造

宜兰酒厂的酒发酵槽

宜兰酒厂的酒瓶装填机

近年，因为都市扩张与技术进步，当年的新式工厂已不再"新"，或者迁移至工业区内重建，或者拆除变更土地使用。部分厂区则获得文化资产身份，摇身变为艺术文化特区得以保留。最可贵的是少数厂房不仅保存着设施，也保留着生产技术，成为活的文化资产，值得大家好好珍惜。

日据时期呈现工艺之美的糯米蒸煮机，用于制作米酒

台北南门工厂

日式住宅

依据考古出土的埴轮（日本古代的丧葬用陶器），日本古代住宅有其自身传统。但佛教自中国传抵日本后，木结构趋于发达，贵族大宅附设庭园，最大特征是室内以"3尺 ×6尺"为单元扩展空间尺度（参见第172页），至近世常以"叠"数来控制空间大小。日式住宅为了防潮，须抬高室内地面。与庭园相邻的走廊"缘侧"，则介乎内外空间之间，形成独具一格的日式住宅。日本在侵占台湾的五十年中，为解决公职人员住宿问题，更是大量建造所谓的"日本宿舍"，低阶官员多使用连栋或双拼式住宅，而高阶官员则享有独门独院住宅。在现存实例中也可发现"和洋"并置格局，即在洋楼旁建造日式住宅，如原总督官邸（现台北宾馆）与台北南昌路原台湾军司令官官邸等。名胜风景区也建造供日本皇室成员来台住宿的高级住宅。这里以金瓜石太子宾馆为例，详细介绍日式住宅之空间与构造特色。

看格局 → P.172

日式住宅依循日本人生活习惯建造，通常包含住宅及庭园两部分。殖民政府所建宿舍配置格局及建筑面积大小，取决于文武官的职级高低。

看空间功能 → P.174

虽然空间构成会因住宅规模而有所不同，但是为符合日本人的生活习惯，基本上包括入口、玄关、起居室、厨房、浴室、厕所、廊道等。住宅最大的特色是核心空间是可依需求调整面积大小的"和室"。

看外观形式 → P.177

素雅的木造外观、架高的地板、通透的拉门，以及灰黑的斜瓦顶，这些都是日式住宅予人的第一印象，一般称为"和风"。某些较高等级的住宅，则掺入西方近代建筑的语汇，反映出时代特色。

看材料构造 → P.178

从日式住宅的剖面来看，与台湾传统建筑类似，地面以上可分为台基（床部）、屋身（轴部）及屋顶（屋根）三段，但构造细部完全不同。

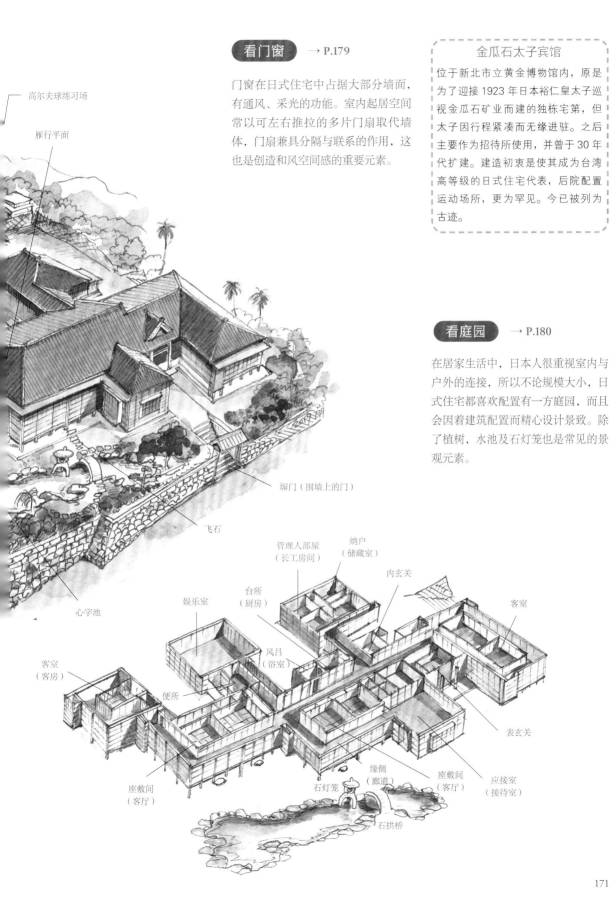

看门窗 → P.179

门窗在日式住宅中占据大部分墙面，有通风、采光的功能。室内起居空间常以可左右推拉的多片门扇取代墙体，门扇兼具分隔与联系的作用，这也是创造和风空间感的重要元素。

金瓜石太子宾馆

位于新北市立黄金博物馆内，原是为了迎接 1923 年日本裕仁皇太子巡视金瓜石矿业而建的独栋宅第，但太子因行程紧凑而无缘进驻。之后主要作为招待所使用，并曾于 30 年代扩建。建造初衷是使其成为台湾高等级的日式住宅代表，后院配置运动场所，更为罕见。今已被列为古迹。

看庭园 → P.180

在居家生活中，日本人很重视室内与户外的连接，所以不论规模大小，日式住宅都喜欢配置有一方庭园，而且会因着建筑配置而精心设计景致。除了植树，水池及石灯笼也是常见的景观元素。

高尔夫球练习场

雁行平面

塀门（围墙上的门）

飞石

心字池

管理人部屋（长工房间）

纳户（储藏室）

内玄关

客室

娱乐室

台所（厨房）

风吕（浴室）

客室（客房）

便所

座敷间（客厅）

缘侧（廊道）

座敷间（客厅）

石灯笼

石拱桥

表玄关

应接室（接待室）

日式住宅

171

格局

日式住宅常见独栋、双拼、四拼或六拼等格局，也有供单身者居住的独身宿舍，殖民政府的官舍则依等级分为高等官官舍及判任官官舍。特殊的是，不论格局如何，尺寸都以日本传统的"间"为模块单位来计算，使得住宅具有一定的规则性。

独栋

为独立一户的建筑，格局大小依屋主财力或官级而定。布局常见参差不齐、似阶梯状的雁行平面，这是模仿了雁群列队飞翔的样子。虽然建造上较为复杂，但它能使较多的室内空间与户外相连，让住宅采光及通风俱佳，同时可分别顺应地形，并与庭园关系更加紧密。

> 入口空间
> 踏込：入口
> 表玄关：正式玄关
> 内玄关：日用玄关
>
> 过渡空间
> 缘侧：廊道
> 廊下：室内走廊
>
> 接待空间
> 应接室：接待室
> 座敷间：客厅
> 床之间：壁龛
> 床胁：与床之间搭配的空间
>
> 起居空间
> 居间：起居空间
> 次间：与座敷间相连的起居空间
> 茶之间：与台所相连的起居空间
> 子供室：儿童房
> 女中室：女佣房
> 客室：客房
> 押入：壁橱
>
> 附属空间
> 风吕：浴室
> 便所：厕所
> 台所：厨房

*格局图中的一个长方格代表一叠榻榻米，后页同。

计算单位"间"

一间约有 6 尺（约合 181.8 厘米，日本不同地区略有差异）见方，和室叠席（日语发音"榻榻米"）长约一间、宽约半间的规格就是配合其发展出来的。一间的面积约为 3.3 平方米，即两叠榻榻米大小，换算为台湾至今习用的面积单位"坪"，约合 1 坪。

常见的和室榻榻米铺排法

二叠（1坪）	三叠（1.5坪）	六叠（3坪）	八叠（4坪）	十叠（5坪）	十二叠（6坪）

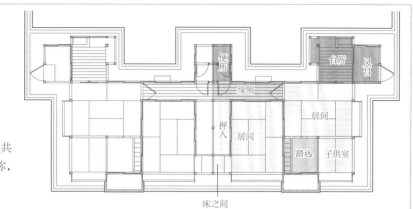

双拼

两户相邻而建，格局以中间共用墙壁为中线，左右呈镜像对称，面积大小、空间数量均完全一致。

四拼或六拼

以双拼格局为单位，两两相并，四户、共用三道墙壁者为四拼，六户、共用五道共用墙壁者为六拼。亦可配合基地面积组合成单数户。

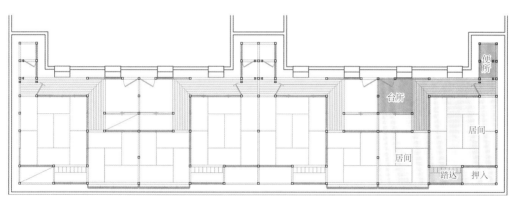

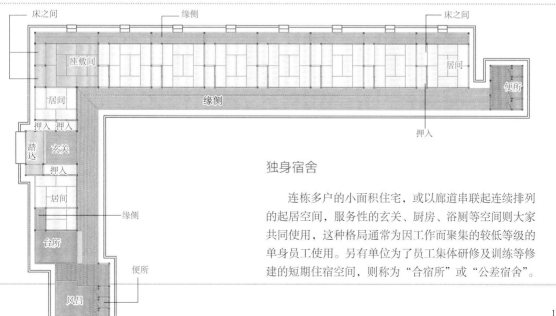

独身宿舍

连栋多户的小面积住宅，或以廊道串联起连续排列的起居空间，服务性的玄关、厨房、浴厕等空间则大家共同使用，这种格局通常为因工作而聚集的较低等级的单身员工使用。另有单位为了员工集体研修及训练等修建的短期住宿空间，则称为"合宿所"或"公差宿舍"。

官舍等级

为安顿来台任职的日籍官吏，殖民政府沿用日本官建宿舍的标准，大量兴建官舍供其居住。当时文武官职有亲任、敕任、奏任、判任四级。亲任官指天皇亲任的总督，住的是总督官邸（今台北宾馆）。敕任官由天皇敕令任命，如民政长官、军司令官、帝国大学总长等；奏任官由内阁大臣任命，如技师、厅长、庄长及中学校长等。敕任官和奏任官住的是高等官官舍。判任官则指一般官吏、职员、低阶军官、警察等，住判任官官舍。台湾现存日式官舍，主要为1922年总督府发布"台湾总督府官舍建筑标准"后的产物，高等官官舍及判任官官舍又按职级各分为四种。

等级	高等官官舍（敕任官、奏任官）				判任官官舍			
官舍种别	第一	第二	第三	第四	甲	乙	丙	丁
室内坪数	< 100 坪	< 55 坪	< 46 坪	< 33 坪	< 25 坪	< 20 坪	< 15 坪	12 坪
基地面积	< 600~700 坪	< 302.5 坪	< 207 坪	< 132 坪	< 100 坪	< 70 坪	< 52.5 坪	36 坪
建筑格局	独栋					双拼		四拼

空间功能

日式住宅的精神在于"和室"，它虽与中国唐朝住宅设计有渊源，但经由日本文化的影响，形成使用灵活、家具精简、铺设榻榻米的空间特色。日常使用时以赤足为主，可直接坐卧于榻榻米上，所以人体与空间接触相当亲密。

入口空间

踏込：住宅的出入口，户外的鞋子脱放于此，地面为土面或水泥地，故又称"土间"。

玄关：进入室内前的过渡，具有服务功能。高等级的日式住宅有接待宾客的较正式的表玄关，以及家人与用人日常使用的内玄关。玄关亦有与踏込混称的说法。

接待空间

应接室：高等级的日式住宅常于玄关旁设置迎接室，为招呼客人进入室内前的暂时接待空间。设计常展现洋风、配置洋式家具，以表现主人的品位。

座敷间：为主要的客厅，常是通风最好、景观最佳、空间最大的房间，设有"床之间"。这里用于接待贵宾，家族重要仪典也必在这里举行。

日式住宅常见的入口空间配置

从门窗、壁柜到地砖都属洋式的应接室

两间座敷间并连，可以接待更多的宾客

塑造和室独特气氛的"床之间"配置

书院向外凸出于缘侧

床之间：位于座敷间或居间的一种装饰性空间，如内凹的壁龛，源于古代供奉的佛龛。这里可置放古玩、武士刀、画轴或插花，营造和室特有的庄严气氛。其中有一根重要的床柱，会以奇木制成，如樱花木、黑檀木、桧木等，具有特殊的仪典性质，又称精神柱。

床胁：是与"床之间"搭配的空间，常见的设计是具有上下柜，分别称天袋、地袋，中间则有左右错开的层板，称违棚，亦是放置赏玩的茶具或文具等工艺品之所在。

书院：是"床之间"向缘侧外凸、如壁龛的小空间，设置拉窗，光线良好。其源自以书斋为核心的武士住宅，有此设置的特称为"书院造"。

娱乐室：是等级较高、格局较大的日式住宅特别设置的社交空间，常以代表近代化的洋风形式设计，从事的娱乐有下西洋棋及打台球等。

起居空间

居间：为日常起居的主要空间，格局小的日式住宅还将居间作为客厅、餐厅甚至卧室等。与座敷间（客厅）相连时称"次间"，与台所（厨房）相连者又称"茶之间"。

客室：即客房，见于等级较高的日式住宅及招待所。

子供室：即儿童房。一般日式住宅大人与小孩同睡在居间之内，格局较大的则有独立的儿童房。

管理人部屋或小使室：即长工房。等级较高、格局较大的日式住宅，须雇工人协助管理，就需要设置这样的空间。

女中室：即女佣房。等级较高的住宅才会设置，通常只有三四叠大小，位于台所或内玄关等服务性空间旁。

押入：即壁橱，是位于居间的内凹空间，设有拉门。白日可将寝具收于其内，晚上则拿出来铺放于榻榻米上，马上将客厅变为卧室。

居间常与座敷间相连，拉开两者间的袄门可扩大空间

押入常用来收纳寝具

日式住宅

过渡空间

缘侧：即屋侧的廊道。因位于檐椽之下，又称"椽侧"，宽度较大的称"广缘"或"广椽"。这里不仅串联室内各空间，亦可直接通往庭园。盘坐于此欣赏户外景致或展读书册，也是大家对日式住宅最深刻又浪漫的印象。

廊下：即室内的走廊。除可连通各空间外，也能增强空间的独立性。多出现在 20 世纪 30 年代以后建造的日式住宅中，是随着生活隐私观念的提高而产生的格局变化。

宽约 6 尺的广缘

宽约 3 尺的缘侧

廊下兼具连通和隔绝各空间的功能

附属空间

台所：即厨房，又称炊事场，这里会设置水槽。地面常与踏込（入口）一样为土间（与户外地面同高），并设置便门与庭园相连。

风吕：即洗澡间、浴室。日式住宅将其与厕所分开，如同今日的干湿分离设计概念。讲究的风吕设置有浴盆、铺着瓷砖，为日本人特有的泡澡文化的呈现。

便所：即厕所，通常会分隔成洗手台、小便斗及便器三个小空间。早期便器以蹲式为主，属和式便所；后来受到西欧影响，出现坐式的洋式马桶。

此台所地面与室内相连处铺木板，通往户外处为土间

先在池外清洗干净，再入池泡澡的风吕配置

外设小便斗、内设蹲式便器的便所

外观形式

日式住宅的原型来自幕府时期（1192—1867 年）的贵族武士阶级住宅，又受禅宗寺院影响，所以具有庄重、沉稳的建筑外观。近代化以来，社会和经济地位及官职较高者的宅第，则常搭配洋馆，展现"和洋"并置的多元风貌。

架高的木造建筑，室内以拉门建立灵活的和室空间，为典型的传统和风住宅

和风

分为床部、轴部及屋根（台基、屋身及屋顶）三部分，内外均以木造为主，源于上古时代的干栏式建筑。日本人为了适应环境、气候，加之木材资源丰富等，将这种古老的形式发展成纯熟的日本传统住宅。台湾大部分的日式住宅属于此类。

洋风

受到近代西洋建筑风尚影响，日本传统和风住宅中开始掺入洋风元素，甚至设置独立的洋馆，不仅在材料构造或装饰上具有近代洋式建筑的特色，连室内的起居生活都融入西方文化。

日式住宅一端搭配洋式楼房，其室内无架高地坪，完全是洋式客厅的设计

材料构造

日式木构建筑的建造方法以"木造轴组工法"为主，即采用横、竖木料组接成骨架，地面架高（称为"架床式"），屋身钉以雨淋板、木摺（3—4厘米宽的木条），或编竹夹泥制成实体的墙壁。屋顶构造则有"洋小屋"与"和小屋"之分。

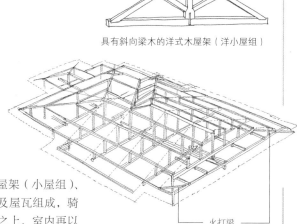

具有斜向梁木的洋式木屋架（洋小屋组）

床部

即台基，演变自干栏式建筑，由呈矩阵排列的木柱或砖柱（束）架起大小木梁（大引和根太），上方铺木板，整体称为"床组"；下方是空心通透的，能使室内隔绝地面湿气，以及防止虫害，与闽南式建筑的实心台基不同。

屋根

即屋顶，由木屋架（小屋组）、屋面板（野地板）及屋瓦组成，骑架在屋身（轴部）之上，室内再以天花板（天井）隔开。构造略有头重脚轻之感，所以屋架搭接处常使用倾斜45°的水平角撑（火打梁），以增构造的稳定性。

火打梁可加强屋架的稳定性

床组的基本做法，"束"常见的有木柱和砖柱两种

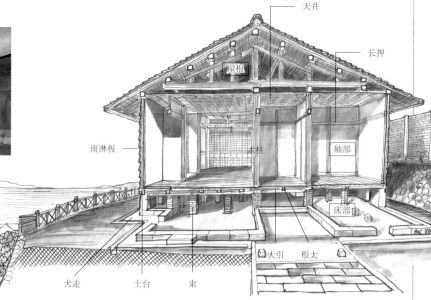

木造轴组工法的基本形式

轴部

即屋身，主要包含木结构及壁体两部分。框架以木柱、土台、长押、贯材、筋违等木构件榫接，或以五金加固而成。框架外侧以雨淋板一片片封住，内侧则以竹编夹泥或木摺板填满，表面抹灰，做成白壁。

墙体骨架竖直者为柱，横者为贯材，加强防震功能的斜者为筋违

门窗

日式住宅的门窗，依所在位置及功能不同，有不同的名称。常以"户"字代表门，源于《说文解字》"半门曰户"之说，即指一片门扇。

门

雨户：位于建筑物最外层的木拉门，具有防盗及应对恶劣天气的功能，可保护平日使用的内层拉门。

户袋：收存雨户的木结构，向外凸出于建筑，形如壁橱，位于门轨道的末端。平日雨户一片片叠放在其内，需要时才推拉出来使用。

板户：用木板拼成的门扇，不透光、不通风，常用在便所或入口处。

障子门：室内使用的纸糊木格子门，能透光，但视觉不能穿透。日式住宅内温润的光线就是这种门扇营造出来的。

袄门：以多层纸张糊在木门框架上，有如穿了厚厚的袄衣，不透光。最外层常采用具有典雅图案的"和纸"，以增加装饰功能；内层则常用当时的废纸衬底。

袄门的和纸内有增强韧性的网状棉线，和纸下层则是报废的公文纸

窗

肘挂窗："肘挂"是扶手之意，人在日式住宅的室内以坐跪为主，故将窗的离地高度设计为一般座椅扶手的高度，约 40 厘米。窗台下方设置柜子或可开合的小板户，以加强室内空气的流通。

格子窗：在窗外加设木棂格子，既是栏杆，又有防盗的作用。木棂以卡榫搭接，设计方面常长短交织，以增加立面的变化。

179

日式住宅

艺匠窗：即设计成特殊造型的窗扇，除了满足一般的采光、通风功能，更具有高度的装饰意味，多位于住宅内的重要空间。

栏间：和室内的天花板与门扇之间有分隔空间的小壁，栏间即为壁上的开口，如同气窗。形式有可开合的障子门，以及镂空或雕刻。

庭园

除了规模较大的高等级住宅会搭配西洋式庭园，其他日式住宅的庭园，一般采用受到佛教及中国山水画影响的日式庭园。其特色是布置象征山水的石和水，或意境更深远的枯山水。

细石铺地上的纹路象征着水流，石块及土丘形成水中龟岛，这就是日本园林中独特的枯山水

心字池

曲折弯转如心字，池岸以石材布置高低假山，池中设有小岛。心字池源自日本室町时代（1336—1573年），至江户时代（1603—1868年）最为盛行。水池往往面对建筑的缘侧，使景致可以延伸至室内。

飞石

看似随意放置的石块或石条，其实是为了呈现自然效果精心设置的石铺道。

心字池
飞石

飞石配置于心字池旁，连接通往室内的步道

石灯笼

石灯笼源自佛教的供灯，构造由上至下可分为顶、灯室、灯座和足。常见的是雪见灯笼，特色是灯室较低，可以照亮水面或地面，其顶有圆形、方形和六角形，下方有三足或四足。

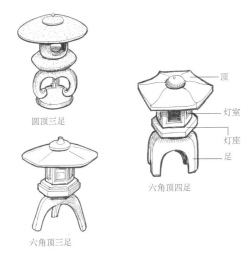

圆顶三足

顶
灯室
灯座
足

六角顶四足

六角顶三足

台湾所见的三种雪见石灯笼

山灯笼

兰溪石灯笼

小桥

以形状来看，小桥有拱桥和平桥之分，多以石材施作。

以整块石材凿成的小拱桥，架于水池上

历史隧道

1895 年日本人侵占台湾，殖民初期直接将各地建筑作为公务或居住使用。但这只是权宜之计，对于之后大量来台、位居各领域管理阶层的日本人而言，符合生活习惯的良好住宅环境，是这些离乡背井者的重要保障。日本明治维新后，政府发展出配给官吏职员的"职阶住宅"，正好符合当时台湾的需要。故此，20 世纪初殖民政府即主导兴建日式住宅，1905 年台湾总督府颁布了《判任官以下官舍设计标准》，明确官舍规划设计的准则。不过，早期修建的日式官舍几无保存至今者，原因之一在于当时的设计规划者对台湾的风土环境不了解，存在木料使用不当、台基高度不足等问题，建筑受到虫蚁侵害而寿命过短。

1920 年以后，来台的日本人已不再只是殖民政府招聘的人员，各行各业人士都有机会到这里一展身手。于是生活在台湾的日本人数量增加，相应地日式风格住宅也逐渐增多。1922 年总督府发布《台湾总督府官舍建筑标准》，更促使日式住宅蓬勃发展，此后台湾各处机关单位参考标准图大量兴建官舍，加快了建造的速度，但也使格局常有相近之处。不过，高等官官舍及民间自建的日式住宅则有较多变化。至此，台湾已被日本侵占近三十年，居住于日式住宅或住宅中设置和室的台湾家庭也大量增加，施工者也以台湾工匠为主。

20 世纪 30 年代以后，随着世界建筑风格的流行及发展，日式住宅在风貌、材料及构造上，发生很大的变化，如空间隐私性提高，更耐自然环境的水泥材料在外墙及屋面中运用的比例增加。我们可从这些变化中判别出日式住宅可能的创建年代。

台湾光复后，这些日式住宅转由台湾人接手，其中大量官舍分发给了迁居来台的外省群体使用。因缺少日式生活的经验，他们将和室的榻榻米改为木地板，放入桌椅、床柜等大量家具，引入新的使用方式，形成台湾眷村文化中特有的、饶富趣味的回忆。

日式住宅

桥梁

台湾河川众多，自清代即出现许多桥梁，造桥铺路常由地方贤达倡捐，方志中亦有专篇记载。除了木板桥、石板桥外，台南尚有"铁线桥"，推断应属吊桥之类。清末刘铭传建筑铁路，在基隆河架以单孔拱形铁桥，聘广东匠人在淡水河架木梁多孔桥，皆有照片可供查考。桥梁与一般建筑的最大差异，是它必须同时承受上部的压力与下部水流的冲刷力，因而基本上是力学的表演舞台。台湾较古老的拱桥，例如1907年纵贯线铁路途经的鱼藤坪桥，以红砖砌成，位于旧山线最高点的胜兴车站附近，但在1935年中部大地震时受到严重破坏，断了几孔，因此也被称为"龙腾断桥"。日据中期最大也最著名的混凝土拱桥为台北明治桥（后称为中山桥）。此桥是跨度极大的作品，造型极为优美，但在2002年以防洪为由被拆除，非常可惜。

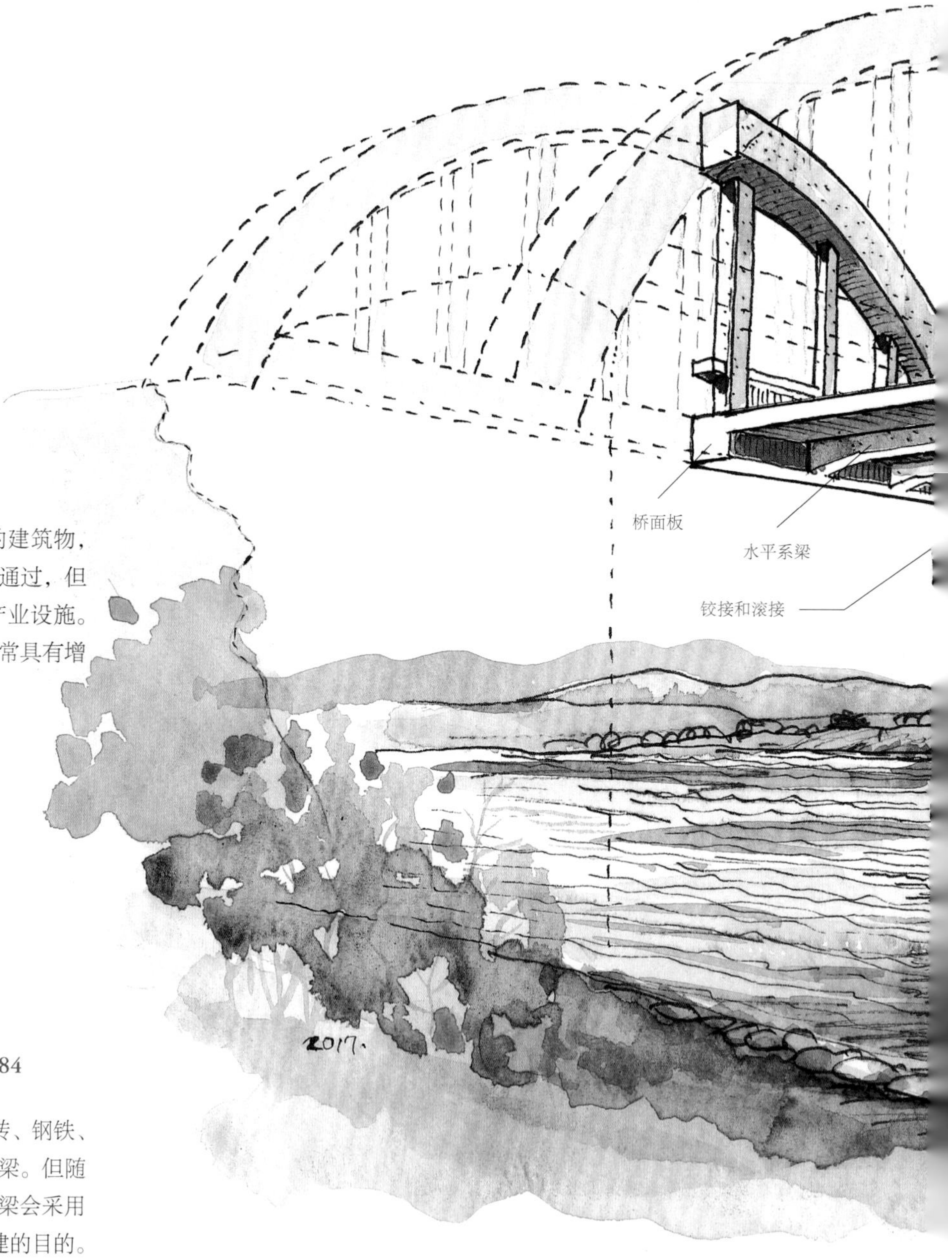

桥面板

水平系梁

铰接和滚接

看功能 → P.184

桥梁是为连通两岸而设置的建筑物，最常见的功能是承载人和车通过，但也有专为运送物资而建的产业设施。除实用功能之外，其造型也常具有增添美景的观赏功能。

看材料构造 → P.184

许多材料，如竹、木、石、砖、钢铁、混凝土等，都可用来建造桥梁。但随着时代演进及功能划分，桥梁会采用不同的材料及构造，达到修建的目的。

看桥面 → P.186

桥面上的构件最容易受到关注，也是影响桥梁造型的重要元素。其中常见的有桥跨结构、维护安全的栏杆，以及照明灯具等，值得逐一观察。

看桥墩和桥台 → P.187

它们犹如桥梁的脚，是桥得以稳固站立的重要构造。设计时要与环境充分结合，在水中须配合水流方向，在山谷中要注意地形地质。不过，观察时可要小心脚步。

新北三峡拱桥

横跨于三峡溪上，完成于 1933 年，是由日本人杉村庄一设计建造的三跨连续下承式混凝土拱桥。桥不仅构造先进，还有装饰艺术风格的细部装饰，与当时世界现代主义设计接轨。拱桥长久以来被视为三峡区的地标，被画家和摄影家纳入画面。今已被列为古迹。

拱梁

桥柱

护栏

桥头堡

桥台

墩

础

桥
梁

功能

依桥梁的主要承载对象不同，台湾常见以下四种功能的桥。但亦有将多种功能结合于一身之例，如嘉南大圳水利工程中穿越溪流的几座渡槽桥、高雄美浓水桥等，即兼具人车道路及输水管路的功能。

人行桥

仅供行人穿越，桥面较窄，多位于山林郊野，接合古道而设，为早年的交通要道，如桃园龙潭大平桥。亦有以增添景致为目的者，其造型引人入胜，如屏东中山公园水池桥梁。

桃园龙潭大平桥

铁路桥

台湾铁路自1890年前后开始发展，为应对东西向溪流过多的问题，筑造了许多铁路桥，其宽度配合火车轨道宽幅，如台中大甲溪铁桥、云林台糖石龟溪铁桥和下淡水溪铁桥（俗称高屏溪旧铁桥）。

下淡水溪铁桥

材料构造

桥梁结构基本上由桥面板、桥柱、主梁、桥台、桥墩、基础几部分组成。随着材料及构造的演进，跨距逐渐加大，载重也不断提高。常见的桥梁类型如下。

板桥

为结构最简易的桥梁，直接以板材跨于两岸或桥墩上，通常架于水面不宽、水流不急的溪流或水圳之上，以不怕潮湿的石材造桥，如新北市三芝三板桥。

三芝三板桥

梁桥

于桥墩上置放主梁，主梁上再置桥面板，造型较为简单而少变化，但能增加桥梁长度、跨距，提高载重。多为钢筋混凝土及钢铁构造，如以双柱式桥墩加上钢板大梁设计而成的台北市中正桥（旧称川端桥）。

台北市通往新北市永和区的中正桥

吊桥

又称悬索桥，靠两岸桥塔间的悬索吊住桥面，大多位于偏僻的山间深谷。因无立在溪流中的桥墩，施工技术较简单，所以出现时间很早。初时以自然的藤、竹结索，近代则用钢索，以钢筋混凝土造桥塔悬挂，两端由两岸的锚碇固定并拉紧。桥面则由垂直的吊索固定，上面可铺排木板，如新北市碧潭吊桥。

新北市碧潭吊桥

渡槽桥

又称过水桥，是为输送水源而设计的特殊桥梁，通常与周边产业连接，如新北市金瓜石矿业圳道及圳桥，以及台中市新社区的白冷圳矮山支线过水吊桥。

金瓜石矿业圳桥

公路桥

顺应近代台湾汽车普及、公路蓬勃发展而建设，主要道路必经的桥梁逐渐以新造的公路桥取代，宽幅分为单线和双线，如新北市坪林尾桥、台北市中山桥。

因运送军用物资，创建于1910年的新北市坪林尾桥

铰接和滚接

铰接和滚接是桥墩搭接桥面的结构支撑点，具有传递重量的功能。铰接指的是形如X的特殊铁件，而滚接则为滚筒状构件。这看似脆弱的节点可以缓和热胀冷缩产生的变形，是高明的结构设计，可见于三峡拱桥中。

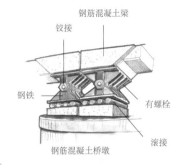

钢筋混凝土梁
铰接
钢铁
有螺栓
滚接
钢筋混凝土桥墩

拱桥

具有如长虹般跨越河面的弧拱，造型优美，它将桥梁的荷重通过拱券向两侧传递至桥墩基础。桥面可设计在拱券的上部、中部或下方，分别称为上承式、中承式及下承式。拱券则有砖石造、钢构和钢筋混凝土造。其中砖石造的拱腹多为实心，而且受限于材料，跨距通常不能过大，如新竹关西东安桥。

新竹关西东安桥

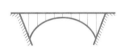

上承式（台北中山桥）

中承式（关渡大桥）

下承式（三峡拱桥）

桁架桥

以横、竖、斜向的钢材组合成桁架结构，作为桥梁主体结构。跨桁架桥距大，却造型轻巧，穿越时特别有律动的美感，但容易生锈，须定期保养。日据时期的铁路桥多采用桁架桥，如下淡水溪铁桥。1952年竣工的西螺大桥（旧称浊水溪大桥）亦属于桁架桥。

横跨浊水溪的西螺大桥

上弦
上横构
腹杆（斜杆）
腹杆（竖杆）
下弦

桥面

除了桥面板，桥面上最引人注目的是桥头堡、护栏及灯柱。它们常具有当时流行的装饰风格，如三峡拱桥的桥头堡和桥柱以几何形体组合成立体雕塑，深具 20 世纪 30 年代流行的装饰艺术风格。

桥头堡

位于桥面两端的结构，有时是为控制进出而设立的碉堡，或是桥头的装饰物，具有桥梁门面的作用，常呈现出建造当时的建筑风格。

三峡拱桥的桥头堡

灯柱

20 世纪 20 年代台湾电力普及，为配合都市发展，常在近代风格桥梁的桥面上立起高耸华丽的灯柱，除了在夜间照亮行路人车，也可增加桥面天际线的变化。其中最具代表性的，当数台北原来的明治桥（中山桥），可惜已被拆除。

护栏

护栏不仅具有安全围护的作用，也常是人们依靠逗留之处。其造型有时为强调结构的粗犷式，如三峡拱桥护栏，有时施以精细的新艺术风格铸铁纹饰，如台中市中山绿桥（旧称新盛桥），值得细观。

三峡拱桥的灯柱

台中市中山绿桥的护栏

桥墩和桥台

桥梁下部的支撑构造，一般可分为位于两岸的桥台，以及分段立于桥面下的桥墩，其构造与形式反映当时的土木工程技术。

桥墩

桥墩的底端通常会放大，以形成稳固的基础，深埋地下，或固定于河川之下的岩层中。坐落在河川溪流之中的桥墩，常会配合水流方向做特殊设计，以减轻水流冲击，如新北市坪林尾桥采用斜向的船形破水式桥墩。

坪林尾桥的桥墩为船形破水式

下淡水溪铁桥的桥墩

桥台

桥台除了承载桥梁重量，也要抵挡两岸的土方压力，所以桥台体积较大，而且与地形地貌结合成一体，呈放脚状，以巩固结构。

鱼藤坪桥的桥墩及桥台

历史隧道

台湾的地形地势自然屏障多，是丰富资源的所在，也是交通的阻碍，因此虽然桥梁的发展极早，不过多以竹木、石板架构的小型简易桥梁为主。遇到宽广的河川，仍需以船筏渡河或冒险涉水。

清光绪十一年（1885年）台湾建省后，学习西方，朝近代化迈进，并以便捷交通为发展要务。其中刘铭传主导的铁路建设最具代表性，他曾于奏折中提及："淡水至基隆，

刘铭传治台时期建的基隆河铁桥

山河夹杂，须挖山洞九十余丈，大小桥梁百二十余座，穿山渡水，挖高填低，工程浩大。"这复杂的地形环境，反而加速了台湾桥梁工程技术的发展。光绪十五年（1889年）完竣之大稻埕西跨淡水河的大桥（台北大桥前身），是所有铁路桥工程中最长、最艰巨的。原本由洋工程师规划的铁桥，因经费太高改由广东包工张家德建为四十六孔木桥，北端还建造了一段全铁浮桥，可以手动定时启闭，以让出水道，方便船只通过。当时亦有向英德购办的拱形铁桥，这些铁路桥梁写下了台湾桥梁史上的重要一页。

日据时期铁路、公路发展迅速，加上地方财政渐趋稳定，据1942年的统计，台湾各地桥梁已近万座，功能形式丰富，使用材料有木、砖、石、钢铁、钢筋混凝土等。日据前期的大型桥梁以钢铁桁架为主要构造，其优

20世纪30年代建的台北明治桥，为钢筋混凝土结构

点是跨距大，可以减少桥墩数量、降低施工难度，亦有利于河川流通，但20世纪20年代之后逐渐为发展成熟的钢筋混凝土材料取代。创建于1910年的坪林尾桥，横跨新北市北势溪，为连通宜兰、台北及运输军需品而建，由日本人十川嘉太郎设计。除沙石就地取材外，钢筋、水泥等主要材料均由日本进口。坪林尾桥是台湾现存最早的钢筋混凝土桥，是一座地标性桥梁。

认识篇

少数民族建筑

台湾少数民族定居的时间可追溯到史前，各族对自身的发源有许多传说。一般认为，台湾少数民族的先民主要来自祖国大陆的东南沿海一带，也有部分与南洋岛屿有亲缘关系，或可能是史前族群的延续。其族群文化的多样性，也反映到聚落形态与建筑空间上。但在外来文化的冲击下，有些族群已消失或文化内涵已逐渐改变。

什么是少数民族建筑？

台湾少数民族指的是自古以来就居住在台湾的各种族群。他们没有书写的文字，再加上长久以来历史舞台以汉人观点为主轴，以至于总被单纯地以为只是单一民族。事实上，若以居住地区分，大致可分为平地部族与山地部族，两者各包含语言、习俗相异的多个民族。前者总称为"平埔人"，居于西部平原、北部海岸与兰阳平原（今宜兰平原）等地，自古与汉文化相融合，几乎已丧失其原有文化；后者则是指分布在中央山地、东部纵谷、海岸平原及兰屿岛的泰雅人、赛夏人、布农人、邹人、排湾人、鲁凯人、卑南人、阿美人及雅美人（达悟人）等，这些族群其实并非全部居于山地，在文化及语言上各不相同，其建筑形式亦各有特色。

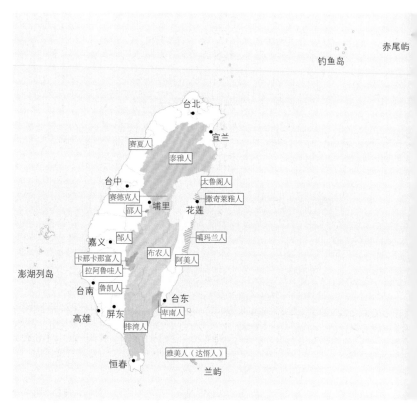

台湾16个少数民族分布图（依2014年台湾地区资料绘制。本插图系原文插图）

少数民族建筑的特色

与自然环境紧密结合：少数民族的生活形态较为原始，生存方式完全由自然环境决定，以可供耕作、便于饮水、向阳及具有防御功能为选择居地的重要条件。建材是竹、木、石、茅草、树皮等就地取得的自然材料，建筑形式配合环境地势而建。台湾少数民族的建筑是因地制宜的最佳范例，展现出人类在环境限制下的营建智慧。

简朴原始的形式：受环境的影响、使用工具及技术的限制，台湾少数民族建筑的结构都极为简单且实用，建筑形式由功能来决定。除了少数族群的头目住屋，一般少有装饰，呈现出一种质朴的原始风味。

群居关系与公社建筑：台湾少数民族的社会组织建立在生产及防卫上，为了共同的利益，通常呈群居状态，部落自给自足，以氏族团体或头目长老等统合管理，所以除了一般私人住屋外，还有属于公众的会所建筑。

墓葬与住屋的结合：台湾少数民族对于丧葬都相当重视，而且有独特的埋葬方式，部分排湾人、泰雅人、鲁凯人、布农人、邹人、卑南人早期还采用室内葬。

少数民族建筑的族群风貌

不同的族群因居住环境及生活习惯不同，建筑亦各有特色，以下分别介绍研究较丰富的九个族群的建筑。

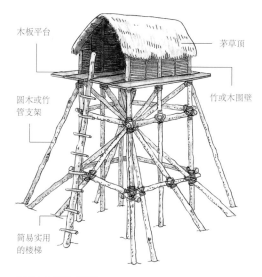

泰雅人的高架式望楼

木板平台

茅草顶

圆木或竹管支架

竹或木围壁

简易实用的楼梯

　　泰雅人：分布在台湾中北部的山区，包括新北市、桃园市、新竹县、苗栗县、台中市、南投县、宜兰县和花莲县，分布面积广大。其主要居住在海拔200—1500米间的溪谷地带，偏向父系社会，大家共劳共享，社会地位平等。

　　因为分布区域大，依当地环境不同，建筑形式有平地式和深穴式，材料则竹、木、茅草、石皆用。住屋室内空间为长方形，以单室型为主，附属建筑有谷仓、鸡舍、猪舍等。部落的入口处设置具有守望功能的望楼，这是泰雅人特有的建筑类型。

　　赛夏人：分布在新竹县五峰乡、尖石乡，以及苗栗县南庄乡、狮潭乡山区，是人口极少的族群。因地缘关系，其文化受泰雅人及汉族影响很大，偏向父系社会。

　　建筑形式与相邻的泰雅人相似，为平地式，材料则以竹及杂木为主。住屋室内空间以复室型为主；设火炉处为独立的炊煮空间，而非起居室，此乃受汉人的影响。

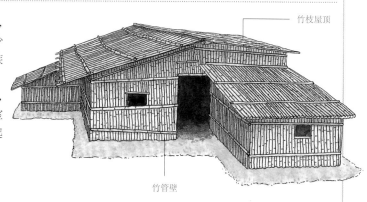

竹枝屋顶

竹管壁

赛夏人的平地式住屋

　　阿美人：分布在花莲县、台东县一带的海岸平地。因分布于南北狭长地带，各部落联络不易，所以彼此之间差异不小。氏族偏向母系社会，但部落的公共事务则由男性组成的"年龄阶级组织"负责处理。

　　建筑形式以平地式为主，建材多用竹、木、茅草。室内空间则以单室型为主，并设有火炉。除了住屋外，还有畜舍、谷仓、工作房等附属建筑。部落中常设置两个以上的会所，作为青少年宿舍，以及村人举行会议和祭仪的场所。

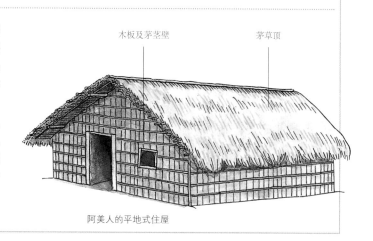

木板及茅茎壁

茅草顶

阿美人的平地式住屋

布农人：分布在中央山脉中心地带，包含南投县、花莲县、高雄市、台东县，居住在海拔1000—1500米的高山中，是台湾居住地海拔最高的族群，为较复杂的父系社会组织。

因为高山腹地有限，部落多为散村形式。建筑有时受限于陡峭的地势，挖掘成浅穴式，亦有平地式。建材多使用当地易取得的木板、树皮、茅草、石板等。室内空间以单室型为主，因采取大家族制，住屋面积较大。

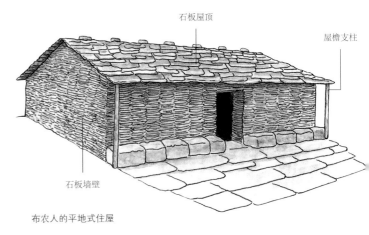

石板屋顶
屋檐支柱
石板墙壁

布农人的平地式住屋

邹人：主要分布于嘉义县阿里山乡及南投县信义乡，居住在海拔500—1500米的高地上。为父系社会，有严谨的大社、小社组织，部落的管理以长老会议为首，因此集会所不仅是训练男性青少年的地方，也是部落的中心。

建筑形式方面，除会所为高架式，其余均为平地式。屋顶为椭圆状的茅草顶，形式独特，为其他族群所未见。材料则以竹、木、茅草为主。室内空间以单室型为主，并设有火炉。谷仓有设于室内者，亦有设于屋外者。

略呈椭圆状的茅草顶
藤草编围栏
木梯
圆木支柱
木板平台

邹人的高架式集会所

排湾人：分布在屏东县及台东县中央山脉的两侧，居住在海拔500—1300米的山地中。有严格的地主贵族及佃农平民阶级制度，各部落以贵族头目为政治、军事及宗教领袖，家族则不分男女，均以长嗣继承。

因阶级划分严明，故不同阶级的人住屋有差别。头目的住屋及庭院宽广，屋檐下有木雕横楣，前庭立有石雕及大榕树以代表身份，还配有高大的谷仓及召唤族人讲话的司令台等。而一般住屋则规模较小。

建筑形式有平地式和浅穴式，多为石板屋。但南部的排湾人，也使用木板、茅草顶，甚至是受汉人影响的土垛墙。室内空间方面，单室型、复室型皆有，屋内设有火炉及谷仓。

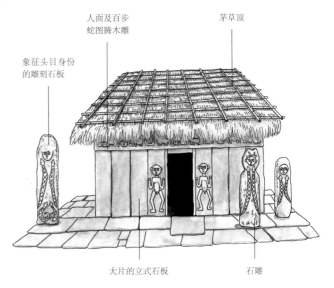

人面及百步蛇图腾木雕
茅草顶
象征头目身份的雕刻石板
大片的立式石板
石雕

东部排湾人头目的平地式住屋

卑南人：分布在台东县的冲积平原上，人口较少，因地缘关系深受排湾人影响。为偏向长女继承的母系社会，男子则依年龄分阶层，至会所接受严格的训练。有世袭的头目制，但以会所为处理部落公共事务的中心。

因地处平地，建筑形式受汉人影响甚巨，只有会所、女巫家屋及祖屋保留着原有特色。会所多为高架式，而其他建筑则为平地式，材料以竹、茅草为主。

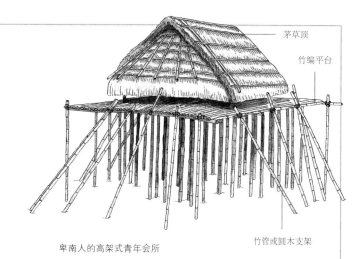

茅草顶

竹编平台

竹管或圆木支架

卑南人的高架式青年会所

鲁凯人：分布在台东县、屏东县、高雄市之间的山区。有严格的阶级制度，社会组织与排湾人相似，但鲁凯人主要为长男继承制，无男丁才由长女继承。

建筑形式亦因阶级不同而有差别。头目的住屋及庭院宽广，屋梁门柱饰以代表身份的木雕，也有召唤族人讲话的司令台。一般住屋则规模较小。室内空间以单室为主，附属建筑有谷仓、工作房等。除谷仓为高架式，其余多为浅穴或平地式，材料以板岩、木板为主，但台东县一带则多用木、竹及茅草。

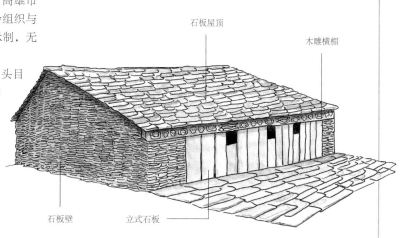

石板屋顶

木雕横楣

石板壁

立式石板

鲁凯人头目的平地式住屋

雅美人（达悟人）：仅分布于孤立海上的兰屿岛，为海洋性族群，生活习惯与本岛的居民差异极大，独树一帜。生产活动以捕鱼及种植芋头为主，并以父系血亲组成"渔团"捕鱼。

聚落位于离海不远的坡地上，倚山面海。为防海边强风，住屋的形式为深穴式，建材有竹、木、茅草、石。室内空间为复室型。一个家庭除了住屋外，凉台及工作房也是不可少的附属建筑。雅美人特有的船屋林立于海边，是族人停放渔船之处。

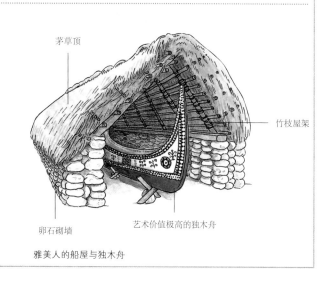

茅草顶

竹枝屋架

卵石砌墙

艺术价值极高的独木舟

雅美人的船屋与独木舟

传统建筑

自清代以后，汉文化成为台湾的主流文化，所以台湾一般所谓的传统建筑，不论是建筑形式、结构还是营造过程，都属于中国发展数千年的汉文化建筑中南方系统的一支。

什么是传统建筑？

一般我们所谓的台湾传统建筑，是指由闽粤移民带入台湾的汉文化的传统建筑，其中包括数量最多的闽南系建筑，以及少数的闽东系建筑和广东建筑。

汉人自明郑时期开始有系统地进入台湾，到清廷解除渡台禁令，大量闽粤移民定居于此。他们高度发挥了坚忍的开拓精神，足迹由最早的台南地区扩展至整个西部平原，再蔓延至东北部的宜兰，历经三百多年，使闽粤文化在台湾各地生根、茁壮成长，成为主流。

移民初期连建屋的匠师都聘自大陆，慢慢才培养出本地匠师。不过，移民的特性、自然环境的不同及材料取得的限制等，使台湾的传统建筑亦具有自己的特色，并不完全等同于闽粤的建筑文化。

传统建筑的基本概念

中轴线：又称分金线，是择地建屋初时依地理师（风水先生）所定之房屋朝向而设的中心线。

开间：正面宽度（面宽）的基本单元，以两柱或两面墙体之间的距离为一"间"，中央的一间称明间。面宽的总开间数多为奇数，因奇数为阳，较吉利。

院落：用于描述建筑的规模深度。"落"又称"进"，指中轴线上的建筑；"院"是天井（埕）。故正面的第一组建筑称第一落（进），之后是天井，第二组建筑则为第二落（进），依此类推。

左右位置：传统建筑的左右是以正厅（或正殿）的牌位（或神明）位置来看的，恰与我们面对建筑时的左右相反。传统上以左边为尊。

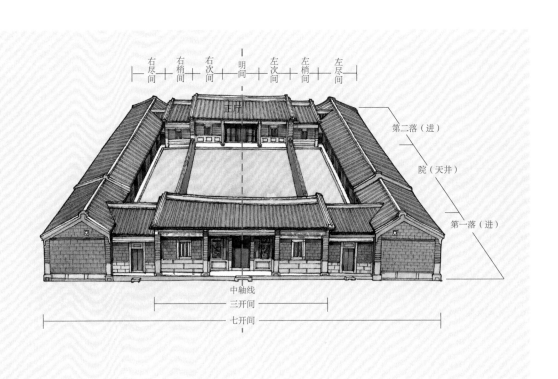

右尽间　右梢间　右次间　明间　左次间　左梢间　左尽间

正厅

第二落（进）

院（天井）

第一落（进）

中轴线

三开间

七开间

传统建筑的特色

讲究中轴对称：不论是平面格局还是立面外观，都有明显的中轴线，强调左右对称。

朝向平面扩展：合院为基本的配置单元，当空间不敷使用时，就以合院为基础向外延展，形成多院落多护龙、虚（天井）实（建筑）相间、明暗交错的空间。除了街屋外，传统建筑一般较少纵向发展。

反映伦理观念：受传统伦理思想的影响，尊卑观念反映在建筑的各个层面，愈接近中轴的房间地位愈尊，例如住宅的正厅及寺庙的大殿，台基及屋顶的高度最高，使用的材料最讲究，外观也最宏伟，以表现其地位的重要。

运用自然材料：就地取材，如土、石、木、竹；或是使用加工程度低的建材，如砖、瓦、白灰。其色泽自然，呈现出与环境相和谐的美感。

体现木结构精神：传统建筑的精华在于，以汉文化发展数千年的木屋架为结构。它不同于西方的屋架，最高明之处在于完全不用一根钉子，却可将所有构件牢牢组合在一起，其中奥秘即复杂的榫卯设计。屋架最基础的木结构是"斗拱"。

具有象征意涵：传统建筑在结构及艺术表现上，常结合深层的象征意涵，例如墙体的分隔呼应头、身、脚的人体特征，装饰题材蕴含富贵吉祥的内心期盼等。

传统建筑的匠师

传统建筑的设计与营建不分家，往往设计者就是参与施作的匠师。不过，一栋建筑的完成要靠各种专业工匠的通力合作，参与的匠师主要有大小木匠、石匠、泥水匠、瓦匠、剪黏匠、交趾陶匠及彩绘匠师等，他们都完全以手工来建造房屋。

大小木匠：大木匠是传统建筑的灵魂人物，是总设计师，也是总工程师。复杂的木结构尺寸、构件的数量及搭接的关系，只有经验丰富的大木匠师才能掌握。小木匠师又称凿花匠，负责精致的木雕。木匠的主要工具有门公尺、曲尺、圆规、墨斗、斧、锯、刨等。

石匠：负责建筑的基础及石雕的部分，主要工具是锤及凿子。

泥水匠和瓦匠：负责砌墙、铺瓦、做屋脊，主要工具是抹灰用的镘刀。

剪黏匠和交趾陶匠：负责屋脊及墙体的装饰，主要工具是一种小型的镘刀和剪子。

彩绘匠师：负责室内木作的油漆和彩画，使用的工具主要是各式各样、不同用途的刷笔。

斗拱与榫卯

斗拱在秦汉时代就已发展成熟。斗是一个立体的木构件，有方斗、圆斗、八角斗等。拱则呈板状。两者相互交叠，并通过榫卯搭接，有如积木一般，可以向外延伸，形成变化多端的屋架，承接屋顶。

斗

榫头

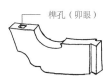
榫孔（卯眼）

拱

老匠师正在按着纸样凿花（即小木雕刻）

传统建筑的族群风格

台湾的传统建筑虽都源自闽粤，但闽粤各地由于语言、环境不同，建筑形式也有所差异，而台湾的传统建筑基本上就反映出移民来源地的特质。但也有聘用外乡匠师的例子，或出现相互借鉴技艺的混合风格。以方言的种类来分，台湾的传统建筑有以下四类。

闽南建筑

是台湾最常见的传统建筑样式，强调屋脊及屋面的曲线，但屋檐较平缓，至左右两端略为起翘，木屋架的桁梁及短柱多为圆形断面，外墙及屋面用闽南的红砖及红瓦，在阳光下特别显出砖红的美感。其实同属闽南地区的漳州建筑与泉州建筑，又有风格上的差别，不过外观上不易察觉，主要表现在大木结构的形式及细节上。

泉州建筑：用料修长，瓜筒多呈瘦长的木瓜形，叠斗、束及束随的数量较少，整体显得疏朗典雅。

漳州建筑：用料粗壮，瓜筒多呈圆肥的金瓜形，叠斗、束及束随的数量较多，整体显得紧密而雄实。

泉州建筑的木瓜形瓜筒

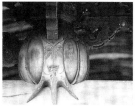

漳州建筑的金瓜形瓜筒

闽南红砖 ┃ 屋檐末端略为起翘 ┃ 闽南红瓦 ┃ 强调屋脊曲线

彰化鹿港龙山寺前殿

客家建筑

台湾的客家人与闽南人相比，是属于力量较孤弱的族群，多集中在桃园市、新竹县、苗栗县，以及高雄市、屏东县的近山地区。他们来自闽西或粤东，两地在区位上与漳州接近，所以建筑形式基本上与闽南建筑相去不远，但又带有一些广东建筑的特色，譬如屋顶的材料多用青灰瓦，墙面喜用大面积的白灰墙或使用灰砖等（不过多数仍搭配闽南红砖），常用卵石墙基。整体而言，客家建筑的风格显得较为简朴内敛。

大面积的白墙 ┃ 青灰瓦或闽南红瓦 ┃ 闽南红砖 ┃ 卵石墙基

新竹县北埔乡金广福公馆

福州建筑

主要出现在福州人聚集的福建马祖地区，属闽东系建筑。福建马祖的寺庙，多以三梯状的墙面为立面，两侧为巨大的马鞍形或火焰形山墙，高出屋顶甚多，不易看到屋顶，与闽南寺庙相去甚远。台湾本岛也有极少数聘用福州师傅的例子，如台中雾峰的林家来自漳州，其宅邸中的大花厅就有典型的福州式屋架，桁梁及短柱多为方形断面，斗扁平如盘。

正面不易看到屋顶

马鞍形山墙

火焰形山墙

封闭的三梯状立面

福建马祖的寺庙

台中雾峰林家大花厅的福州式屋架

潮州建筑

目前台湾的潮州建筑仅存台南三山国王庙一例，为粤东客家人所建。其屋檐及屋顶平直，屋脊的曲度亦较闽南式平缓，不过脊上的剪黏装饰繁复华丽，仿佛要溢出脊外。潮州师傅善剪黏是远近驰名的，所以潮州建筑上的剪黏装饰甚于闽南建筑。屋顶用青灰瓦，外壁涂白灰，檐柱不向上抵住桁而停于步口通梁下，这些都是典型的特色。

檐柱停于步口通梁下，是粤东潮州建筑的屋架特色之一

屋脊平缓，仅两端翘起

屋檐平直

白墙

剪黏繁丽

青灰屋瓦

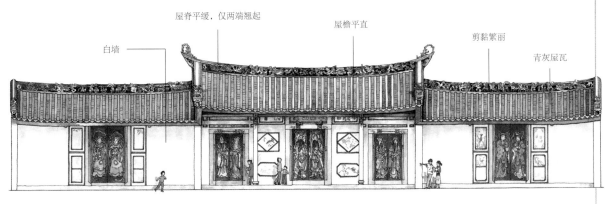

台南三山国王庙

传统建筑的构造

　　每一座传统建筑基本上都可以分为屋顶、屋身、台基三个部分，有如人体的头、身、脚，缺一不可。每一部分又由各式各样的构件组合而成，每个构件都是结合力与美的手工制品。对这些有基本的认识，将有助于我们观察传统建筑。

屋顶

　　传统建筑的屋顶面积不小，占了视觉的极大比例，因此除了遮风避雨的实际功能外，也是建筑立面的表现重点。屋顶的主要构造如下图所示。

> #### 正脊两端的做法
>
> **燕尾脊**：正脊两端弯曲起翘，并分叉如燕子尾，是较高级的做法，寺庙或官宅多用之。
>
> **马背**：正脊两端不起翘，使垂脊由前坡顺势滑向后坡，形成拱起如马背般的山墙。

脊饰：屋脊表面或上方之装饰物

正脊：屋顶上最高的屋脊，具有压稳屋顶的作用

垂脊：又称"规带"，是屋顶上向前后方垂下的屋脊，有压稳屋面的作用

封檐板：封住屋檐口的长条形木板，可保护屋顶内部其他构件

板瓦：略带弯曲弧度的片状屋瓦，多用于民宅屋顶，或与筒瓦搭配使用

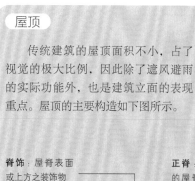

筒瓦：半圆筒状的屋瓦，为较高级的建筑使用，常见于寺庙

瓦当：筒瓦末端收头的圆形瓦，表面多有图案，材质与瓦片相同

滴水：瓦当之间三角形瓦，引导屋顶雨水滴落，材质与瓦片相同

台基

　　台基是高于地面的基座，屋身立于其上。架高的地坪可保护木结构，尤其是在多雨的南方，具有防潮作用。台基的主要构造如右图所示。

① **柱础**：柱子下方的础石，其形多如珠，故又称柱珠，具有防止水分渗入木柱的功能

② **磉石**：柱础下的正方形石块，承受柱子下压的重量

③ **门枕石**：多置于边门的门柱前，有稳固门框的作用

④ **抱鼓石**：置于中门的门柱前，亦是稳固门框的构件

⑤ **铺面**：台基表面的材料，耐踩踏，有夯土面和砖石铺面

⑥ **石砛**：又称压阑石、阶条石，台基边缘的收边石条

屋身

　　屋身主要包括屋架与墙体两个部分。屋架是撑起屋顶的木构造，由与立面平行的"排楼面"及与立面垂直的"栋架面"组合而成。墙体则多由砖石或土埆砌成。屋身是木雕与石雕艺术表现的舞台，也是传统建筑的精华所在。

1 室内栋架面

桁条：屋顶下的一根根屋梁，又称檩或楹

二通：位于大通上较短、较细的梁

托木：又称雀替，为梁柱间直角交点的稳固构材

大通：栋架面的金柱间位置最低、最粗壮、最长的梁

束随：束下方的木雕构件

中脊桁：屋架上最高的一根桁条

束：栋架面上弯的小梁

瓜筒：通梁上层层相叠的斗之底座，因形如瓜而得名

金柱：室内中央最主要的四根柱子，称四点金柱，又有前金柱和后金柱之分

2 步口栋架面

步口通梁：搭接檐柱与金柱之间的梁

员光：步口通梁下的长条形木构件，有稳定通梁不变形的作用，常雕刻各种题材的纹饰

檐柱：位于檐下，最靠外侧的柱子

狮座：通梁上的狮子，作用同瓜筒

吊筒：屋檐下悬垂在半空中的短柱，有传递屋顶重量的作用，末端常雕成莲花或花篮状，又称垂花、吊篮

3 排楼面

弯枋：排楼面上连续的弯曲枋材，依弯曲的数量有五弯枋和三弯枋之分

连拱：排楼面上相连的拱

枋或寿梁：排楼面的水平构件，位于门面的又称为大楣

4 墙体

壁堵：正面的墙堵常被分隔为数个单元，雕塑不同题材的花纹，以增加立面的美感

对看堵：前步口左右相对的墙堵，常雕塑相对的题材，如龙、虎或祈求吉庆的画面

墀头：山墙与屋檐的搭接处，常以剪黏或泥塑装饰

传统建筑图解小辞典

屋顶形式

硬山顶：最常见的两坡顶，其山墙完全封住木屋架，屋顶收在墙体上方。

悬山顶：与硬山顶结构相似，但屋顶两侧凸出墙面，由外墙可看见悬出的木桁。

歇山顶：形如硬山顶，但左右有如加了片小裙子。因有四面屋坡，又称四垂顶。

重檐歇山顶：在歇山顶的下缘再环绕一层屋坡，通常使用于较重要的建筑。

卷棚顶：屋顶呈圆弧状，最高点不做正脊，多用于回廊。

攒尖顶：各向屋坡都集中至同一最高点，有圆、方、六角、八角多种造型，多使用在钟鼓楼、亭、塔等建筑中。

复合式屋顶：指不同形式屋顶的组合，最常见的是"假四垂"，即歇山顶骑架在硬山顶上的组合做法，多出现在寺庙前殿中。其他如一些晚期的钟鼓楼，也以复合式的屋顶来增加华丽感。

屋架形式

搁檩式：直接将桁条搁放在墙体上。

穿斗式：以柱子直接顶住桁条，有些柱子可以不落至地面。但中脊桁下一定有立柱，称将军柱。用材较细，民宅常用。

抬梁式：以下层通梁抬上层通梁，用材较粗，柱距较大，室内空间较宽敞，庙宇较常使用。

建材

砖瓦：色彩有红、灰两种，闽南系建筑多用红砖瓦，有些客家及闽东系建筑则使用灰砖瓦。传统砖瓦皆手工制作，色泽均匀且质地细密。

①红砖 ②灰瓦 ③红瓦

灰：是接合剂，可将砌在一起的砖、石或瓦固定，也可作为外表的粉刷材料。传统使用的灰有蚵灰、螺壳灰、硓𥑮灰等，是将蚵壳、螺壳、硓𥑮石等天然材料磨成粉，再加热制作而成。

①蚵灰石墙

石：应用于墙体、铺面及重要雕刻。早期以大陆的泉州白石及青斗石最受欢迎，不过位高，除大庙或达官贵人的宅第，一般民宅很少使用。台湾本地的石材则有安山岩、砂岩、硓𥑮石及鹅卵石等，都是就地取用的材料。

①牌坊圣旨碑 ②石板铺面 ③硓𥑮石墙

土：最容易取得，可用于地面及墙体。土质本身若黏性够强，可直接使用，否则得加入黑糖、石灰、糯米、稻壳和草根等，增加附着力。可制成土埆砖，或用于版筑。

①土埆墙

竹：容易取得，可替代木材制作屋架；或是以竹篾编织成网状骨架，在表面填泥抹灰，成为"编竹夹泥墙"。常用的种类有赤竹、麻竹和长枝竹。

①竹屋架 ②编竹夹泥墙

木：多用于制作屋架及门窗，早期以大陆的福州杉为主，台湾本地的则有茄苳、樟木、肖楠等，质量优良的桧木则迟至日据时期才大量开采。

①木屋架 ②木门扇

201

木雕技法

圆雕：为全形的立体雕塑，用的木料大，常见于狮象座、憨番（常为外邦人形象，在庙横梁或屋角下做扛举状，俗称"憨番扛庙角"）等。

①圆雕象座 ②圆雕憨番

石雕技法

透雕：背景全部凿除，可透光，常用于石窗。

圆雕：为全形的立体石雕，如石狮、抱鼓石等。

透雕：保留图案的部分，将背景全部凿除，形成镂空的效果，常见于门窗、束随、员光或托木。

①透雕托木 ②透雕太极八卦窗

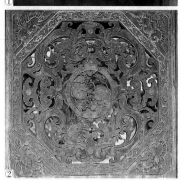

阴雕：图案以阴刻的方式内凹，用浅线雕刻者特称"减地平钑"；背景磨平，整体呈平面，但图案仍有凹凸的立体感者，特称为"水磨沉花"。

①"减地平钑"阴雕 ②"水磨沉花"阴雕

浮雕：又称剔底雕，将衬底向下剔平，使主题图案明显凸起，有深浅之分，亦常见于员光、托木、束随、门窗等构件。

①浮雕门扇 ②浮雕员光

深浮雕：图案尤其凸出底面，特称"剔地起突"，图案较具立体感。

浅浮雕：图案浅浅地凸出底面，特称"压地隐起"。

彩绘技法

水墨：单以墨色来表现，呈现水墨的效果，多出现在壁堵上。

平涂：最常见的技法，直接以刷笔蘸颜料绘制。

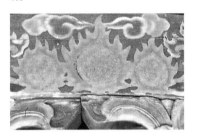

退晕：又称化色，是以同色系做出由深到浅的变化。早期的匠师技法高明，他们能以指头蘸色来制作这种效果。

擂金画：以黑色为底，再以金粉涂擦出图案，整体给人高贵典雅的感觉。

沥粉贴金：以灰泥加绿豆粉及胶搅成泥，装在圆锥状筒子里，从锥尖挤压出轮廓线，干后再贴金。这是后期发展的技法，多用于绘制门神，具有立体感。

安金箔：以大小约一寸见方的金箔纸，安贴在彩绘中，呈现出绚丽的效果。

其他装饰技法

交趾陶：是一种低温烧制的彩釉软陶，制作较繁复，但表面色泽鲜艳。常出现在壁堵上或墀头内。

剪黏：匠师用剪子将各色陶瓷杯碗剪成所需大小，再将其粘贴在泥坯表面。近代多改用玻璃或塑胶片，色彩鲜丽，但朴拙的原味尽失。常见于脊饰及墀头等处。

泥塑：以灰泥捏塑成形，表面再涂漆，常出现在壁堵、墀头或脊堵处。

砖雕：又称砖画、砖刻，多出现在壁堵上，题材以小品为多。

组砌：利用砖、瓦、木、石等建材的原有造型组成图案，使其产生变化与趣味。常见于院墙、窗孔及壁堵等处。

近代建筑

台湾的近代建筑，简言之就是受到西方近代建筑思潮影响的建筑物，它们在设计观念、建筑形式、材料运用及施工技术等方面均较之前有所改变。

什么是近代建筑？

台湾的近代化是受到西洋文化的刺激才开始的，所以亦是一个西化的过程。在台湾地区的历史上，这个过程首先出现在17世纪荷兰、西班牙占据时期，但由于范围小、时间短，并未深入民间造成太多的影响。

直至19世纪中后期，台湾被迫开放通商，加上刘铭传建造铁路，使得孤悬在外的台湾岛反而比大陆先拥有近代化的机会。而甲午战争后，台湾被割让给日本，更在其殖民政策下加快了近代化的脚步。

近代化的观念反映到建筑上，就出现了近代建筑。但并非在近代所建造的都能称为近代建筑，重要的是要表现出近代文化的特色。

早期社会封闭，近代化由殖民者主导，所以初期的近代建筑以殖民政府建造为主，再形成流行风格影响民间。不过，根深蒂固的传统文化并未退出舞台，仍然有影响力，这也是台湾地区的近代建筑不完全等同于西式或日式建筑的原因之一。

台湾光复后，又随着世界的潮流进入现代文化的阶段，故所谓的近代建筑也走入了历史当中。

日据时期官方建筑的孕生地

日本殖民台湾的第二年，即1896年，总督府即设立了"临时土木部"，掌管台湾的建筑事务；至1901年扩编为"民政部土木局营缮课"；到1915年又提高层级，扩大为总督府官房营缮课，并任用许多毕业于东京帝国大学、接受完整西洋建筑教育的人才，如野村一郎（设计台湾博物馆，参见第128页）、近藤十郎（设计台大医院旧馆，参见第152页）、森山松之助（参见第134页）及井手薰（设计台北公会堂，即今之台北中山堂）等。他们都是历任营缮课中的要角，因殖民政府在台湾的建设殷切，而得到一展宏图的机会。

近代建筑的特色

两大系统：台湾的近代建筑，可以分为两大系统，一种是由西方人直接主导的，如领事馆、洋行及教会建筑；另一种则是借由日本人间接移植的欧风建筑。前者数量较少，风格较具一致性。后者在日本人五十年的殖民统治下，随着世界流行风格的影响成为台湾近代建筑的主流。不过，日本人对台湾的殖民心态，使得这些建筑比日本国内同时期的作品，更多了几分帝国主义的气焰。

设计与营造分家：台湾传统建筑的设计与营造常是不分家的，近代建筑则是由受过专业训练的技师负责设计，另由营造单位负责施工。

日据时期大型的公共建筑，多为殖民政府营缮单位的技师负责设计，所以建筑的本土性弱；而民间建筑则常由台湾本地人才参与，施工也多是当地工匠，故较常出现融合本土风格的趣味。

新的式样与材料：近代化使得不同功能的建筑增多，而外来文化的进入也使建筑的式样更丰富。

此外，近代建筑大量使用新式的材料工艺，如人造石、水泥、钢铁、面砖、洗石子等。初期这些材料多由外地运来，慢慢地亦于台湾设厂制造。

都市计划与建筑法规：近代建筑虽不受传统建筑规制的影响，但因应整体都市计划观念，必须遵守相关的建筑法规，如建筑的高度、宽度及其与街道的关系等。

近代建筑的风貌

台湾的近代建筑形式丰富，出现的时间虽有明显的时序，但早期的建筑类型亦有赖于后期仍在兴建者。我们从外观的形式、使用的材料及建筑元素，将常见的近代建筑大致分成六类：样式建筑、洋楼建筑、和洋混合风建筑、折中建筑、初期现代建筑和兴亚帝冠建筑。其中，样式建筑又可约略分成五种风格：古典风格、英国维多利亚风格、法国曼萨尔风格、仿哥特风格和异样风格。

样式建筑 → P.206

古典风格

台湾博物馆

英国维多利亚风格

原总督府专卖局

法国曼萨尔风格

原台中州厅

仿哥特风格

新北淡水基督长老教会

异样风格

原台湾土地银行总行

洋楼建筑 → P.208

台南安平东兴洋行

和洋混合风建筑 → P.208

原台北卫戍医院北投分院

折中建筑 → P.209

台北中山堂

初期现代建筑 → P.209

台北电信局

兴亚帝冠建筑 → P.209

高雄火车站

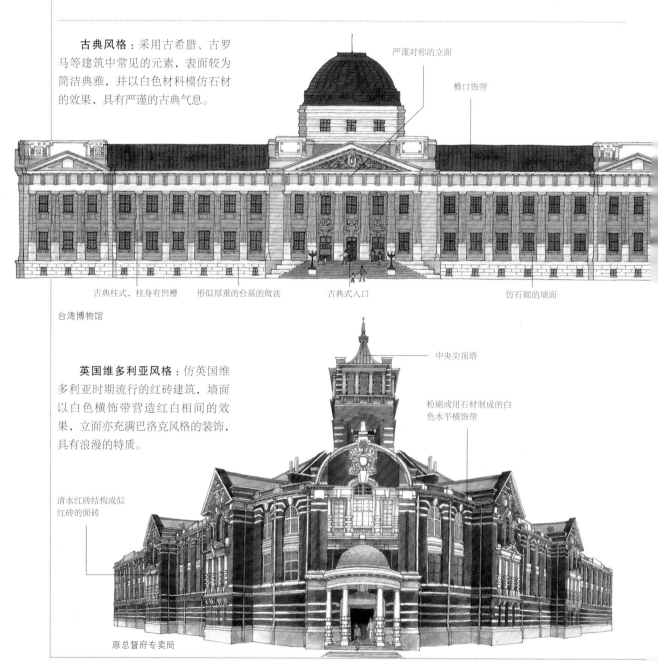

样式建筑

样式建筑，即新古典主义建筑，多出现在 20 世纪 20 年代以前，主要是模仿 19 世纪欧美流行的后期文艺复兴式建筑，其根源于欧洲长久发展的建筑历史。外观呈现出多种风格，总体而言，以典雅的气氛及巴洛克风味的华丽装饰为共同特色。

日本殖民台湾的初期，正值明治维新时期，许多接受西方建筑训练的技师就把这类建筑形式移植至台湾。

接着 20 世纪前二十年日本流行的自由主义，更扩大了样式建筑的发展空间。

初时以官方建筑为主，很快连民间的匠师也嗅到这一股样式风，将其融入其他建筑中。不过，台湾的样式建筑因受殖民统治及地域性的影响，并不纯粹，一栋建筑常混合着多种风格。我们只能依外观上较为明显易辨的建筑语汇，大致将样式建筑分成以下五类。

古典风格：采用古希腊、古罗马等建筑中常见的元素，表面较为简洁典雅，并以白色材料模仿石材的效果，具有严谨的古典气息。

严谨对称的立面

檐口饰带

古典柱式，柱身有凹槽　　形似厚重的台基的做法　　古典式入口　　仿石砌的墙面

台湾博物馆

英国维多利亚风格：仿英国维多利亚时期流行的红砖建筑，墙面以白色横饰带营造红白相间的效果，立面亦充满巴洛克风格的装饰，具有浪漫的特质。

中央尖顶塔

粉刷或用石材制成的白色水平横饰带

清水红砖结构或似红砖的面砖

原总督府专卖局

法国曼萨尔风格：采用法国建筑师曼萨尔发明的上缓下陡之两折式屋顶，屋顶所占比例较大，配上各式老虎窗特别抢眼。

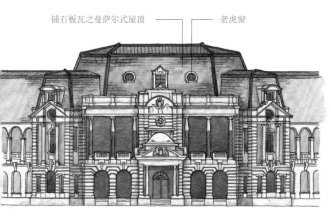

铺石板瓦之曼萨尔式屋顶 ——｜ ｜—— 老虎窗

原台中州厅

仿哥特风格：采用欧洲中世纪流行的哥特教堂元素，特别是向上延伸的尖形构造及细部装饰。此种风格今日仍较常出现在教堂建筑中。

异样风格：以古典风格为基础，但在某些建筑形式及细节的表现上，应用了中东、印度、中南美洲等地域的元素，展现出有别于西方建筑系统的异国风味。

何谓巴洛克风味的装饰？

17—18 世纪，西欧于文艺复兴的基础上所发展出的艺术风格，被称为"巴洛克"，与当时的主流古典主义相对。其原意是指"稀奇古怪"，体现在建筑上，有外形自由、追求动态、装饰繁复、色彩强烈等特色。

样式建筑即深具巴洛克风味，特别是古典风格、英国维多利亚风格、法国曼萨尔风格的建筑，如立面以柱列、窗户开口形成律动的凹凸面，再搭配富丽的花草纹饰、鲍鱼饰、涡卷形托架，以及丰富多变的女墙、山头、檐口饰带等。

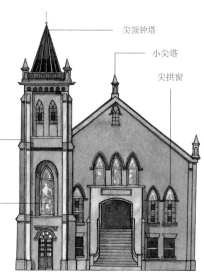

尖顶钟塔

小尖塔

尖拱窗

上小下大的扶壁，具有加固墙体结构的作用

镶嵌彩色玻璃

新北淡水基督长老教会

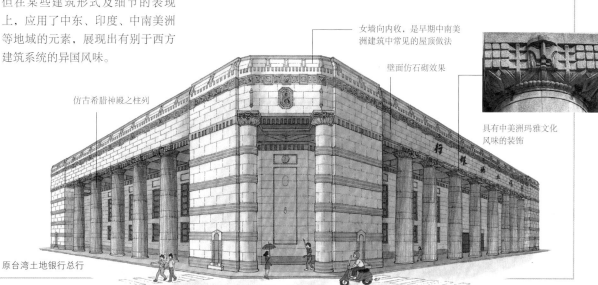

女墙向内收，是早期中南美洲建筑中常见的屋顶做法

壁面仿石砌效果

仿古希腊神殿之柱列

具有中美洲玛雅文化风味的装饰

原台湾土地银行总行

洋楼建筑

其建筑形式又被称为殖民式样，流行于东亚的英属殖民地，外部有宽阔的拱廊，既可作为休闲活动的空间，也可减少室内的日晒，以适应炎热的气候。

洋楼建筑在台湾地区出现时间最早，多为来台从事贸易及传教的西方人所建，建筑种类以领事馆、洋行、教堂和学校等为主。

两坡或四坡的屋顶，多使用闽南红瓦

壁炉的烟囱

白墙或红砖

屋檐口不出挑

拱券组成的回廊

花瓶或花砖栏杆

具防潮功能的台基

台南安平东兴洋行

和洋混合风建筑

受到近代建筑风尚的影响，当时一些屋顶铺着日本黑瓦、墙面贴着雨淋板、入口仿唐破风式，或以简化斗拱装饰的建筑，虽然外观保留了常见的和风元素，但在使用功能及结构形式上却具西洋近代建筑的精神，如室内不再使用架高台基，不铺设榻榻米，改配置西式家具，

屋顶采用洋式屋架，壁体为仿砖墙的大壁，用西式门窗开口等，故仍属近代建筑的一环。此种建筑因结构简单而施工快速，日据初期兴建了许多，直到后期仍为一些小型的公共建筑及住宅采用。

日本黑瓦的屋顶

简化的唐破风式入口

简化的斗拱支撑

木制雨淋板

多为一层楼

原台北卫戍医院北投分院

折中建筑

指的是样式建筑迈入初期现代建筑的过渡形式。20世纪20年代后，台湾的建筑受西方盛行的现代建筑影响，但是对华丽的样式建筑仍不能忘情，所以古典风格的对称形式、简化的装饰元素与水平简洁的现代感，折中地存在于此时的建筑当中。

构造普遍使用钢筋混凝土，外表以贴面砖来挽回样式建筑砖石结构的美感，早期多使用接近红砖色的深色面砖，慢慢才出现浅色面砖，与现代建筑的白色外壁越来越接近。

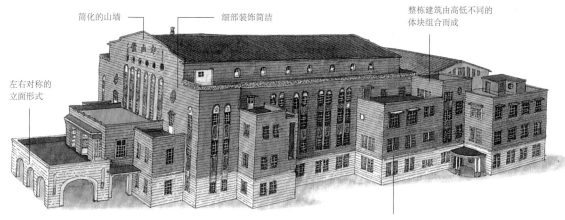

简化的山墙　　　　　　　　细部装饰简洁　　　　　　整栋建筑由高低不同的体块组合而成

左右对称的立面形式

台北中山堂　　　　　　　　　　　　　　浅色或深色面砖

初期现代建筑

20世纪20年代成熟于西方的现代主义建筑思想，至30年代后期也传到了台湾地区，主张反映新时代的精神、摆脱历史样式的束缚，重实用功能而轻外观形式，减少无谓的装饰，积极采用新材料等。由于一些标准形式在许多国家和地区的建筑中出现，故又被称为国际样式。

在台湾，初期现代建筑仍以官方建筑为主，但民间也有一些经济条件好、能接受新观念的知识分子，如医生等，住宅采用初期现代建筑风格。

立面强调水平线条　　常见圆弧状的转角处理　　浅色面砖

外墙少有凸出物

极少或无装饰的线脚　　　　　　　以方形玻璃窗为主

台北电信局

兴亚帝冠建筑

20世纪40年代前后，日本军国主义高涨，连建筑也受到影响。在台湾，除纯日本式的神社、武德殿大量增加外，到了第二次世界大战后期，更出现了标榜东方风味的兴亚帝冠式建筑。其特色是在折中建筑的屋身上，加东方式的瓦顶，充满威权的意味。不过这种形式以官方建筑为主，并未影响到民间。

东方的攒尖屋顶　　细部装饰有东方味

似唐破风的做法　　　体块组合

贴面砖

高雄火车站

近代建筑图解小辞典

屋顶形式

两坡顶：是最常见的屋顶形式，两坡屋面以人字形搭接，故左右山墙呈人字形。

切角顶：将两坡屋顶的两端切去一角，有如削肩的背心，所以又叫背心式屋顶。

四斜坡屋顶：屋顶由四个坡向的屋面组成，四周墙体等高，因此没有左右山墙。

曼萨尔式屋顶：由一陡一缓的屋面组成，远观屋顶如方块状，其上开设许多老虎窗，外观华丽。

圆顶：穹隆形屋顶，有半圆、椭圆及扁圆状，多出现在入口门厅上，有加强意象的作用。

兴亚式屋顶：具有东方风味的屋顶，远观如戴着一项冠帽，是日本军国主义的产物。

复折式屋顶：亦有四个坡向的屋面，但左右两侧坡顶较低，与中国传统建筑中的歇山顶类似。

尖顶：不同方向的屋坡向上收于中央的一个高点，多用于塔楼。

入口形式

古典式：以比例严谨的三角形希腊山头及柱子形成入口。

巴洛克式：常位于建筑转角，以圆顶、山头或柱列强调，外观华丽。

折中式：入口有如立方体凸出在外，开口多呈方形或圆拱形，檐口及转角有少量的几何装饰。

现代式：入口无特别的结构，仅以钢梁或钢筋混凝土悬挑大型雨庇，下方无柱。

窗户形式

拱形窗：是最常见的开窗形式，依上部的形状分为圆拱窗、弧拱窗及尖拱窗。

①圆拱窗 ②尖拱窗

①

②

凸窗：窗子外凸于墙面，可以接受较多的阳光（西欧寒冷、日晒少的地方特别喜欢使用），也可拓宽视野。

方形窗：窗子开口呈方形，窗框或顶部常配有装饰。

帕拉第奥式窗：由两根柱子顶着拱形窗，乃意大利文艺复兴时期的重要建筑师帕拉第奥常用的处理手法。

牛眼窗：位于山墙上部的圆形高窗，因形如牛眼而得名。

气窗：位于屋脊上，主要功能不在于采光，而是通气，特别对木屋架有防潮的作用。

老虎窗：位于陡峭屋顶上的开窗，作为阁楼的采光通风之用，也增加屋顶的变化。

建材

面砖：钢筋混凝土结构的墙体，表面粘贴面砖，既能表现砖块的叠砌感，同时也具有保护墙面的作用。

木材：可以用在各种部位，特别是屋架、壁板及门窗。

石材：常用于墙面，其自然的质感能增加建筑的美感。

红砖：比传统闽南红砖宽厚，色泽温润，质地细密，较现今的红砖质感佳。

仿假石：以水泥或白灰等材料做成仿石材的感觉，这样就免受大块石材不易取得的限制。

洗石子：将小石子用水泥砂浆固着在墙面，再将多余的砂浆洗去，表面呈颗粒状。

水泥砂浆打毛：以水泥砂浆粉刷墙面，在未干之前用特殊工具拍打拉起成粗糙面。

墙面装饰

山头：指入口、门窗开口和女墙等部位上方凸出的圆形或三角形墙体。中间呈破口状者，特称为破山头。

①圆形山头 ②破山头 ③三角形山头

①

②

③

花彩纹饰：以花、草及彩带缠绕成环形的雕饰，有如西方节庆中常用的花环，雕刻非常细腻。

动物浮雕：常出现在柱头或墙面的饰带上，具有中南美洲或北非的特殊风味。

①狮头 ②猫头鹰

①

②

拱心石：位于拱形开口部位上方的中心，原有加强拱券结构的作用，后来变成美化拱券的装饰。

隅石：位于门窗开口或墙体转角处，仿长短石块砌筑，呈整齐的锯齿状，有加强结构的作用。

勋章饰：即门窗开口、山头或山墙上方有如勋章的雕饰，常见的有椭圆形及方形，周边并围以花草纹饰。椭圆形者形状如鲍鱼，又称鲍鱼饰。

①椭圆形勋章饰（鲍鱼饰）②方形勋章饰

①

②

横带装饰：以数条不同于墙面颜色的水平带装饰，色彩与墙体明暗对比强烈。

檐口饰带：在屋檐处饰以多层的线脚、雕塑图案，或凹凸状的牙子砌装饰。

柱子

多立克柱式：古罗马流行的五大柱式之一，源于希腊古典柱式，柱头如倒圆锥形平板，装饰较简单，柱身有凹槽。

爱奥尼克柱式：古罗马流行的五大柱式之一，柱头有一对如羊角的涡卷装饰。

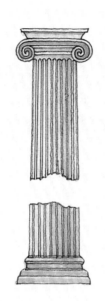

塔斯干柱式：古罗马流行的五大柱式之一，外形及比例与多立克柱式相似，但柱身无凹槽。

拜占庭柱式：柱头如方斗状或花篮形。

埃及柱式：柱头上方有早期埃及建筑使用的棕榈叶形装饰。

科林斯柱式：古罗马流行的五大柱式之一，柱头有向上卷曲的毛莨叶装饰。

复合柱式：古罗马流行的五大柱式之一，柱头装饰由爱奥尼克柱式的羊角涡卷与科林斯柱式的卷叶组合而成，更显华丽。

变体柱式：近代发展形成的柱式，柱头及柱身的变化较多，可以做出各种组合及创新的式样，有的还融合地方风味，没有固定的形式。

立体柱式：圆形柱身外环以数层几何形体块，向外凸出。

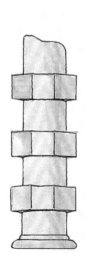

日本式建筑

日本人侵占台湾期间，将历史悠久的日本建筑文化引入台湾。这类建筑有鲜明的特征，众人习称"日本式建筑"。其数量不少，也成为台湾地区建筑史中不可或缺的一部分。

什么是日本式建筑？

日本作为一个岛国，文化的发展有其特殊的独立自主性。日本建筑在自古孕育的悠久传统上，一直不间断地吸收外来文化，久远者如唐代与高丽的建筑和都城规划，晚近者如19世纪引进美洲的木造建筑与欧洲的砖石建筑。这些养分不断滋润着日本式建筑，也为其奠定了成熟的基础。

从1895年至1945年的五十年里，日本侵占台湾，致使台湾的社会、经济与文化皆发生巨大的改变，建筑风貌也不例外。最初，日本人暂用台湾原有的传统建筑作为各种用途；之后，随着政局的掌控，逐渐将家乡的建筑文化引入。但因对台湾的风土环境不够了解，形式及材料构造设计失当，导致建筑的使用年限过短。不过，日本人发挥其吸收异地文化的特长，逐渐修正调整，发展出适合在台湾立足的日本式建筑。

在台湾，日式风格最浓厚的是神社建筑，它是日本民族精神的象征；数量最多的则是全台湾各地的木造官舍，为19世纪才逐渐发展成熟的日本木造住宅。据学者研究，日本为开发北海道而向北美洲吸取木造建筑的技术，例如外墙的雨淋板构造。但室内地板较高，有轻盈且灵活分隔空间的拉门，有收藏棉被的押入（壁橱），以及房间内铺榻榻米等，却是日本古老的传统，这种和室的生活空间至今仍深受台湾民间的喜爱。

日本式建筑的特色

科学性的模块观念：以间和叠为一座建筑的基本尺寸单位，一间约6尺（约合181.8厘米），一叠为3尺×6尺的榻榻米，很多梁柱或门窗的高低尺寸亦皆以3尺或6尺为标准，可以说是一种具有科学性的"模块"。两块榻榻米称为1坪。坪数是度量房屋大小的单位，沿用至今。

架高的和室空间：源于古代的干栏式建筑，对于木结构有防虫防腐的作用。做法是在建筑的地板下方，以数量较多的砌柱或小木柱将基础抬高，称为"布基础"。基础承受木梁"大引"及"根太"之重量，上面再铺木板及榻榻米，并以木结构及壁体建构成和室。隔间之间以拉门取代墙体，使室内空间的运用更灵活。不论是在一般住宅还是神社、寺院中，都可以见到这种和室的概念。

特定建筑采用严谨的和样：日本传统古建筑吸收中国唐代建筑的特色，形成特有的"和样"。其构造与形式具有严谨的规则及样式，多用在神社、寺院及武德殿等建筑中，如早期神社为山墙朝前的"大社造"（以出云大社为代表）风格，后来受大陆系统的影响，出现"神明造"（以伊势神宫为代表）、"流造"（正面屋顶向前延伸，形成优美弧线）等，这种建筑样式民间一般不会僭越使用。从其外观常可见到受中国影响的木结构，虽然名称不同，但是与唐宋的斗拱、铺作、叉手、虹梁等如出一辙。

以木造或仿木造为主：常见的日式住宅以木骨架、雨淋板等木构造为主，高等级的神社、寺院建筑也多以上等木料为结构。但是随着近代材料的多元化，日本式建筑亦逐渐使用钢筋混凝土结构，不过只是将木梁木柱改换为水泥梁柱，外观基本上仍然维持仿木造的结构精神。

日本式建筑的风貌

日据时期引进台湾的日本式建筑，属于日本传统的和风建筑。但随着近代文化的影响、建筑技术的发展，这类建筑在构造及材料上也多有变革，不过外观仍维持传统精神，让人一眼就能认出其特色。日本式建筑在台湾多属于宣扬日本信仰的神社、佛寺建筑，或殖民政府主导兴建的武德殿、日本人使用的家屋，以及强调日本风情的休闲营业场所等。

神社建筑

为日本原始神道宗教的信仰中心，有严谨的社格规制，配置含本殿、拜殿、社务所、手水舍、鸟居、参道等，采用上等木料或钢筋混凝土仿木建造。日据后期刻意地运用宗教政策将神社建造落实至全台湾，也是对台湾人民皇民化的一种手段。

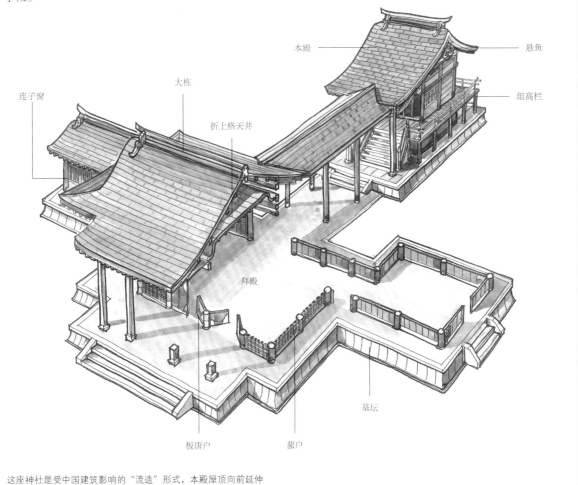

连子窗 大栋 折上格天井 本殿 悬鱼 组高栏 拜殿 基坛 板唐户 蔀户

这座神社是受中国建筑影响的"流造"形式，本殿屋顶向前延伸

日本式建筑

215

佛寺建筑

　　源自唐宋的佛教寺院，木结构传入日本后与当地文化结合，衍生出独立而成熟的各种佛寺样式。建筑不施彩绘、鲜少装饰，以展现纯粹的结构美为主，整体呈现清雅肃穆之感，与台湾的传统寺庙截然不同。除纯木造外，亦常见钢筋混凝土仿木结构。

花莲县吉安乡木造的庆修院

新北市钢筋混凝土仿木造的中和圆通禅寺

武德殿建筑

　　又称演武场，是"大日本武德会"在台湾宣扬武士道精神的建筑，结合武神信仰及推广武术等功能，主要设置在警察、监狱、军队及学校等系统中，武术练习以剑道、柔道与弓道为主。建筑采用庄严的日本官殿形式，近代多为钢筋混凝土仿木造并搭配洋式屋架的设计，周边则配置有木造的和室建筑，作为休憩及联谊之处。

台中刑务所演武场及附属木造建筑

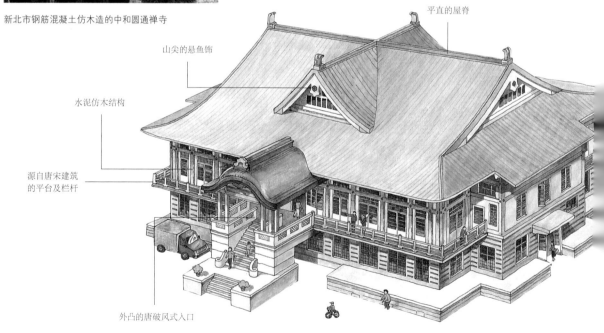

平直的屋脊

山尖的悬鱼饰

水泥仿木结构

源自唐宋建筑的平台及栏杆

外凸的唐破风式入口

原台南武德殿

官舍建筑

为了安顿从日本来台湾的军人、官员、教师等人员，于是按职级规划相应面积、格局的宿舍。其空间配置符合日本人的生活习惯，采用铺设榻榻米的和室，地坪架高以隔绝地面湿气。建筑以木造为主，较高等级的官舍常搭配洋式空间，作为重要的接待场所，形成和洋并置的风格。

料亭及旅社建筑

指高级的日式料理餐厅，以及温泉旅馆或招待所一类的休闲场所，日据时期这里常进出交际应酬的政商名流。除了精致的饮食文化，附带的艺文活动亦相当丰富，其中最知名的就是传统艺伎的助兴表演。建筑形式除展现浓浓的日本味，亦敏锐地将新式材料、装饰手法等融入室内装修中，呈现时尚多元的风味，以吸引顾客。

台北宾馆为和洋并置官舍的极致之作

台南莺料理在 20 世纪 20 年代是知名的交际场所

嘉义林务局的双拼式宿舍

以招待所为主要功能的金瓜石太子宾馆

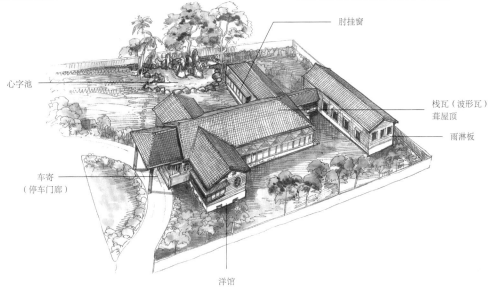

建于 1940 年的台北市长官邸

肘挂窗

心字池

栈瓦（波形瓦）
葺屋顶

雨淋板

车寄
（停车门廊）

洋馆

日本式建筑图解小辞典

屋顶形式

寄栋：具有四面斜坡顶和一条正脊，即中国传统建筑中最高等级的庑殿顶，但在日本为民间常见的屋顶形式。

入母屋：具有四面斜坡顶，以及一条正脊、四条垂脊和四条戗脊，即中国传统建筑中的歇山顶。

切妻：具有两面斜坡顶和一条正脊，屋面向两侧伸出墙面，以保护露出的桁条，即中国传统建筑中的悬山顶。"妻"指建筑的山墙面。

半切妻：将切妻式屋顶的两端斜切一角，使屋顶更多变化，即西洋的切角顶。

向拜：入口处的屋檐向外延伸，与唐破风一样强调入口，也能遮挡雨水。

宝形：有收于一点的四面斜坡，但无正脊，即中国传统建筑中的攒尖顶。

唐破风：于入口处设置向外凸出的卷棚轩，受到中国唐朝建筑的影响，故名"唐破风"。

八注：有八面斜坡的攒尖顶，有如雨伞。

拥有唐破风入口的原台南武德殿

千鸟破风：在屋顶中央设一个三角形的破风顶。

屋顶材料

日本瓦：以土烧制而成的屋瓦，呈黑灰色，又称熏瓦，主要有本瓦葺和栈瓦葺两种。前者与台湾传统的筒瓦、板瓦相似，较常出现于神社、寺院这类正式建筑中；后者形如筒瓦和板瓦的结合，常见于各种日式住宅的屋顶。这些屋瓦又依所在屋顶的位置，而有不同的名称。

①本瓦葺 ②栈瓦葺

本瓦葺　巴瓦　丸瓦　平瓦　唐草瓦

栈瓦葺　熨斗瓦　栈瓦　冠瓦　鬼瓦　隔巴　轩瓦

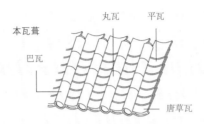
①

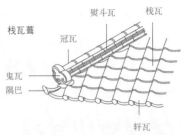
②

水泥瓦：近代水泥材料发展成熟后出现的瓦材，以水泥浆塑成，约在20世纪30代以后才开始大量出现，制作过程较烧制的日本瓦简易。

金属瓦：有铜板、镀锌铁板（日文称"亚铅板"）等，一般用于廊道或雨庇的屋面顶。有些庄严的神社、寺院建筑亦会使用铜板屋顶，铜与空气接触久后会产生锈蚀的铜绿，反而增添特殊效果。

①常见的铜板铺法，称为"一文字葺"
②内衬一根木条，使屋顶呈凹凸状的"瓦棒葺"

①

②

石棉瓦：日据后期开始使用石棉瓦，属仿铜板或桧皮等高级材料的替代品（不过，因为石棉纤维对人体有害，近年已经禁止使用）。

①"一文字葺"的石棉瓦顶

①

土居葺：铺设于屋瓦及屋面板之间，以钉子交叠固定的薄木片，具有防水、隔热的作用，为日本式建筑特有的防水层。

①传统的土居葺工法

①

屋架形式

和小屋：以横的梁、贯与竖直的束（短柱）组合而成的斜坡顶木屋架，不太使用斜向木梁，类似台湾传统建筑中的穿斗式，为日本发展久远的传统式屋架。

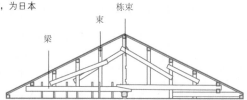

栋束
束
梁

贯　梁　栋束　束

洋小屋：以大型的左右合掌（斜撑梁）与水平的陆梁，组合成三角形屋架，中间以方杖（斜撑材）补强，榫接处以铁件加强固定，为西洋式屋架。

①对束洋小屋组，又称偶柱式桁架
②真束洋小屋组，又称中柱式桁架

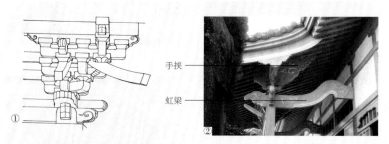

①

真束
合掌
方杖
陆梁

②

梁枋斗拱：指外露于天花板下、檐口，可以看得到之木构件，特别是会出现在神社、寺院及武德殿等正式建筑中，源自中国传统建筑的木栋架。

①台北临济护国禅寺檐下转角精巧的斗拱栋架
②北投普济寺向拜屋顶下的梁枋斗拱

①

②

手挟
虹梁

壁体形式

真壁：为日本传统壁体，填实的壁面较薄，位于木柱间，木柱外露。
大壁：受洋式工法影响，填实的壁面较厚，将木柱包裹，外观看起来如同砖墙。

①木柱外露的真壁
②木柱藏于内的大壁

真壁

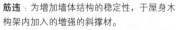

大壁

①

②

筋违：为增加墙体结构的稳定性，于屋身木构架内加入的增强的斜撑材。
小舞下地：内层以竹篾（称"小舞竹"）绑覆成格网状，固定于木骨架上，外部再以土、白灰一层层填实的壁体。
木摺下地：内层以3—4厘米宽的木片（木摺），等距钉在木骨架上，外部再以白灰一层层填实的壁体。

小舞竹　　筋违　　　筋违　　　木摺

小舞下地　　　　木摺下地

壁体装修

漆喰：即粉刷层，壁面施以下、中、上涂，至少三层的白灰粉刷。各涂层的配比不同，不论是竹篾还是木摺，都要将灰泥层挤压入空隙，以使其牢固；或于木摺表面钉上交错排列的苎麻，使粉刷层的包裹力更佳。

①从施工中的木摺壁可以看到灰泥与木摺紧密结合

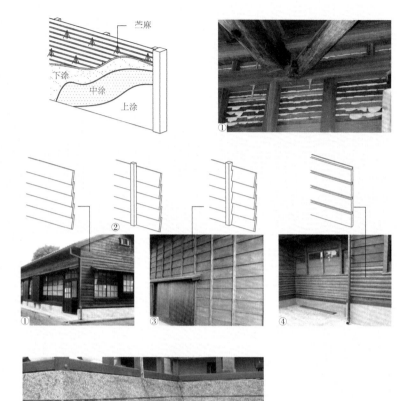

下见板张：即雨淋板，木板以横向排列，略为重叠，覆盖于外墙上保护壁面。常见的有英国（或称南京）、押缘、簓子、德国下见板张等。

①英国下见板张
②押缘下见板张
③簓子下见板张
④德国下见板张。台度以下采用德国下见板张，板材重叠处藏于内

洗石子：将色彩丰富的小石子与水泥等混合，涂刷于外墙面或墙基处，至半干时以清水冲洗至石粒表面外露。

天花板

竿缘天井：以平行等距的木杆固定悬吊的天花板，日式住宅常用。

格天井：木杆交错成格子状，木条的下缘常有线脚收头，装饰性强，神社、寺院建筑较常使用。

通气孔：天花板为木构造，四隅常会设置通气孔，具有空气对流的功能，讲究者还会施以镂花装饰。

通气孔

通气孔上缘凸出于屋架空间内，以助于空气对流

洋风天井：以木摺钉于骨架上，再涂抹粉刷，与木摺下地的做法相似。天井与墙面搭接处的弧形转角收头被称为"蛇腹"。

蛇腹

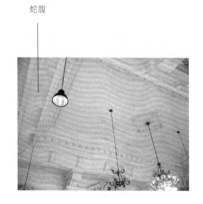

形成篇

早期台湾

台湾史前人类的活动可以上溯至三万年以前的左镇人与长滨文化，属于旧石器时代，他们的住屋多利用天然洞穴。至新石器时代及以后，包括大坌坑、圆山、卑南与十三行文化，据近代考古出土物显示，已经建造干栏式住屋，以及平面用砾石的建筑。

一般人常以为台湾只有四百多年的历史，其实并不正确，史前人类及少数民族在台湾的活动不能单独研究，一定要将其纳入太平洋西岸的南岛文化系统中，我们才能对台湾史前的建筑有较多的了解。

少数民族的建筑通常因地制宜、就地取材，为了防潮及安全，普遍会筑高台基或抬高地面。但在气候因素影响下，也有凹入的地穴或半地穴式住屋。大部分少数民族建筑也反映出宗教信仰与艺术审美需求，例如建筑物的方位、门口位置、柱子安排、卧房与起居空间关系、雕刻与色彩装饰等。

位于台东县长滨乡八仙洞的长滨文化遗址。长滨文化的人以渔猎为生，代表性器物为打制石器

大坌坑文化的代表性器物为表面有绳纹的陶器（上图），以及石斧（左下图）、石锄（右下图）

圆山文化的贝冢及红褐色夹砂陶器。圆山文化的人过着渔猎及农耕生活，有磨制石器、陶罐及贝冢出土

公元前 50000	公元前 5000	公元前 4000	公元前 3000
（旧石器时代晚期） ●公元前 30000 年前后 左镇人于南部活动。 东岸出现长滨文化，以台东县长滨乡八仙洞遗址为代表。	（新石器时代） ●公元前 5000 年前后 西岸普遍出现大坌坑文化，以今新北市八里区的大坌坑遗址为代表。	●公元前 4000 年前后 大坌坑文化的人迁移至台湾岛东部海岸及纵谷中。	●公元前 2500 年前后 中部出现牛骂头文化 ●公元前 2200 年前后 南部出现牛稠子文化

台湾岛面积虽小，但地形变化复杂，崇山峻岭与丘陵盆地各有特色，各族群的建筑不尽相同，像布农人住在高山，墙壁御寒设计考虑周到；排湾人的门楣及柱子多装饰精致的木雕。这些皆是台湾建筑文化中的瑰宝。

清代古图中淡水地区平埔人的干栏式住屋。据学者推论，北部平埔人可能是十三行文化的后裔

台东县卑南遗址发现数量惊人的石板棺及房屋遗址

台东县成功镇麒麟遗址挖掘出土的岩棺。麒麟文化最大的特色是以岩块雕凿的大型器物

十三行文化的陶罐及装饰品

| 公元前 1000 | 公元元年 | 1000 |

阿美人的祖先可能追溯至史前的静浦文化

（金属器时代）
● 公元 100 年前后
北部出现十三行文化，以新北市八里区的十三行遗址为代表。
● 公元 200 年前后
中部出现番仔园文化。
南部出现茑松文化。
● 公元 600 年前后
东部出现静浦文化。

（明代）
● 公元 1600 年前后
台湾史前时期及以少数民族为主要居民的社会结束。

00 年前后
山岩文化及圆山文化。
00 年前后
南文化，以及麒麟文
巨石文化）。
埔文化。
鼻头文化。

荷兰、西班牙占据时期

16 世纪新航路发现之后，人类的文化交流发生了更大的变化。欧洲人东来寻求贸易利益，过去只有利用中亚的丝路，现在通过印度洋与中国南海可以直接到达东亚。其中，海上强权荷兰、西班牙与葡萄牙人很早即知道台湾岛。明末亦有大陆东南沿海汉人渔民及海盗登陆台湾及建庙之记录。

17 世纪初，荷兰与西班牙人侵犯台湾。西班牙人登陆台湾北部，在基隆建造圣萨尔瓦多城（San Salvador，始建于 1626 年），在淡水建造圣多明哥城（San Domingo，始建于 1629 年）。而荷兰人占据了台湾南部，在大员（约在今台南市安平区）建造热兰遮城（Zeelandia，始建于 1624 年）及普罗民遮城（Provintia，又称普罗文蒂亚城，始建于 1653 年）。

西洋人在台湾建城堡的主要的目是保护贸易利益及

澎湖天后宫原名娘妈宫，相传是台湾创建最早的寺庙，唯今殿宇乃改建于日据时期

"沈有容谕退红毛番韦麻郎等"碑，现存于澎湖天后宫后殿，是台湾最古老之石碑

热兰遮城是荷兰长官驻扎地，悬有国旗的内□是军政中枢。长方形的外城中除了公共建□也有繁华的住宅、商业区

热兰遮城仅遗存少数墙垣残迹，矗立于台南□平古堡区内。一般习见之高台、纪念馆均为□据时期所建

1585	1595	1605	1615

● 1592（明万历二十年）
据传澎湖天后宫创建。

● 1602（明万历三十年）
荷兰成立联合东印度公司，经营亚洲贸易。
● 1604（明万历三十二年）
荷兰人侵犯澎湖，沈有容将军"谕退"之。

● 1613（明万历四十一年）
设于日本长崎平户的荷兰商馆建议占据台湾，以为中日贸易的转接站。

● 1617（明万历四十□
沈有容在福建马祖营□
六十九人，有"大□
● 1622（明天启二年
荷兰人再侵澎湖，并□
● 1624（明天启四年
荷兰人转至台南安平□
郑成功生于日本平户□

设立殖民据点，城堡中居住着长官、省长、军队与传教士等。

荷兰人擅长在海边筑堤，他们以红砖和三合土建筑海边的城堡；西班牙人擅长用石块筑城，使用穹隆或半圆拱构造。17世纪的欧洲流行有棱堡结构的城堡，在方形城墙四个角隅凸出棱堡，安置大炮，以利远射，而四边凹入，以利防御，这些特色都体现在台湾的城堡上。

除上述的四座大城堡，荷兰、西班牙殖民者还建造了数十个小城堡，在澎湖风柜也可见到荷兰城堡遗址。与城堡相比，住宅、商店及教堂规模较小，无法保存下来。今天我们仍可参观这几座历史超过三百五十年的西式建筑。

圣多明哥城原为西班牙人所建，后又为荷兰人所据。当时荷兰人被称为红毛，故有红毛城之称。清咸丰年间淡水开港之后，又被英国人当作领事馆

普罗民遮城为荷兰人的商业及行政中心。城堡中央有阶梯状墙面的阁楼，是荷式建筑的特征

17世纪古图中的基隆和平岛，图中高地上的西式堡垒即圣萨尔瓦多城，目前已无迹可寻

普罗民遮城今仅余大门及城墙遗迹。赤崁楼文昌阁台基下的门洞，正是该城大门所在

	1635		1645		1655

天启六年）
占基隆，筑圣萨尔瓦

崇祯二年）
领淡水后，筑圣多明

崇祯五年）
教，于南部萧垄、新建教堂。

● 1642（明崇祯十五年）
荷兰人驱逐西班牙人，进据台湾北部。
漳州移民曾振旸之墓创建，为台湾本岛现存最早之明代墓。

● 1644（明崇祯十七年）
清军入关，明亡。明朝宗室与官员在南方相继成立政权，史称"南明"。

● 1647（明永历元年）
郑芝龙降清后，郑成功愤而起师海上。

● 1648（明永历二年）
荷兰人于台南及麻豆兴建学堂。

● 1652（明永历六年）
郭怀一抗荷事件后，荷兰人于次年倡建普罗民遮城。

● 1661（明永历十五年）
郑成功登陆台南鹿耳门，于普罗文遮城设东都承天府，辖天兴、万年二县。

● 1662（明永历十六年）
郑成功将荷兰人逐出台湾，改热兰遮城为安平镇，以此为府邸。

明郑时期

明末政治不安定，流寇四起，清军入关，明朝只剩南方半壁江山。郑成功入台驱荷，子孙经营二十一年，史称为明郑时期。短短二十余年间，台湾发生了很大的变化：郑氏在参军陈永华建议下，将传统文化引入台湾，主要贡献包括规划东宁府（今台南），建造孔子庙、武庙（关帝庙）及佛寺道观等，奠定了日后汉人垦拓的基础。

明郑时期所建的文武庙与佛寺，今天尚有部分保存下来，虽经后人重修，但仍可窥其旧制，对研究 17 世纪后期的台湾建筑非常重要。明郑为维系明朝之汉人政权，特别强调儒家忠恕之道，孔子庙与武庙是其象征。台南孔庙与祀典武庙之主体建筑

郑成功驱逐荷兰人，收复台湾，被视为民族英雄

台南祀典武庙的前身据传乃宁靖王府的关帝厅

台南孔庙是台湾第一座孔子庙，大成殿之承重×为其特色

宁靖王府的正宅部分入清后改为台南大天后宫

1660	1663	1666	1669

● **1662（明永历十六年）**
郑成功驱荷数月后旋即病逝，享年 39 岁。子郑经即位，由陈永华辅政，陈素有"明郑孔明"之称。

● **1664（明永历十八年）**
郑经弃福建金门、厦门，退守台湾岛，改东都为东宁。
郑经奉迎明宁靖王渡台，建王府。

● **1665（明永历十九年）**
陈永华以先知灼见力陈教育之重要，主事兴建台南孔庙。

● **1666（明永历二十年）**
台湾府城十字街形成。

● **1669（明永历二十×**
台南开基武庙创建，为最早的关帝庙。

仍为明郑创建时的规制。

　　台南孔庙大成殿及祀典武庙大殿，系以山墙为主要构造，在上面伸出双重屋檐，形成重檐歇山的屋顶造型。这种做法源自泉州，为四周无回廊环绕的简洁做法，明郑时期结束之后逐渐少见。

　　明郑时期汉人数量增加，东宁府市街形成，以坊为规划制度也是袭自宋朝或明朝的城市。民居未见实例保存下来，但郑经为其母所建之北园别馆，其庭园残迹仍可见于今台南开元寺中。

今台南开元寺之前身为北园别馆，寺中的七弦竹相传为郑经之母董氏所植

五妃庙与五妃塑像。清廷为表彰五妃气节，重修五妃墓，并于墓前建庙

1675　　　　　　　　　　1678　　　　　　　　1681

（明永历二十七年）
之乱，郑经受吴三桂
共谋"反清复明"

● 1677（明永历三十一年）
郑氏以台南为中心的开拓已颇具规模，汉人始开拓云林一带。

● 1680（明永历三十四年）
郑经反清西征失败，陈永华抑郁病逝。
郑经建北园别馆，作为行馆及母亲安养之所。

● 1681（明永历三十五年）
郑经逝世，其子郑克塽即位。

● 1683（明永历三十七年）
施琅率清军攻台，郑克塽降，宁靖王暨五妃自缢殉国，明郑覆亡。

清代初期

　　清初台湾人口大量增加，官方虽然屡有禁令，但仍挡不住移民潮，台湾中北部出现汉人聚落。汉人与平埔人聚落相邻并存，彼此贸易并通婚。当时汉人以泉州、漳州移民及客家人为主，他们开垦的田园与建立的聚落略有差别，泉州人多居港口一带，漳州人多居内陆平原，客家人多居邻近山丘之平原。

但较大城镇里的人常常混居，泉州庙与客家的三山国王庙并立。

　　康熙年间的汉人民居可能多数仍为简陋建筑。雍正和乾隆时期，社会富庶，望族兴起。台南中州郑宅与麻豆郭举人宅作为少数保存完整的大宅，庭院宽广，出入方便，反映出初期移民农户之特征。

台南三山国王庙由潮州籍官吏率粤东商匠捐建，兼作同乡会馆，是台湾仅存的完整的广东式建筑

台南大天后宫
妈祖像

左营凤山县旧城为台湾第一座土石城池，清道光时又大肆修建

1684　　　　　　　　1697　　　　　　　　1714　　　　　　　　1731

● **1684（清康熙二十三年）**
设台湾府及台湾、诸罗、凤山三县，澎湖置巡检司，并建府学、县学。
妈祖晋封天后，台南大天后宫为全台首称天后宫之妈祖庙。

● **1690（清康熙二十九年）**
台南祀典武庙重修。

● **1704（清康熙四十三年）**
建造诸罗木栅城（今嘉义市）。

台南的台湾府城初筑时为木栅城池，乾隆时始筑土城，如今仅余城门及少数残垣

● **1715（清康熙五十四年）**
台南孔庙重修，称"全台首学"。

● **1721（清康熙六十年）**
朱一贵之乱，促筑凤山县土城。

● **1723（清雍正元年）**
设彰化县、淡水厅。
台湾府筑木栅城。

● **1726（清雍正四年）**
彰化县儒学创建，即今彰化孔庙。

● **1731（清雍正九年）**
移淡水厅治于新竹，政中心北进。

● **1738（清乾隆三年）**
台北艋舺龙山寺创建。

● **1742（清乾隆七年）**
台南三山国王庙创建。

移民村落守护庙的建立是真正定居的象征。许多规模较大的寺庙多肇建于清乾隆年间，当时石材与木材仍运自漳州、泉州一带，甚至连匠师亦聘自大陆，以台北龙山寺、台南三山国王庙与鹿港龙山寺等为典型。

清初建筑仍承续明代的朴拙风格，石雕龙柱呈单龙圆柱形式，柱身较短，造型浑圆。木结构斗拱分布较疏朗，拱身形式简单，少用雕琢复杂的螭虎形拱。这些都是鉴别清初建筑之参考依据。

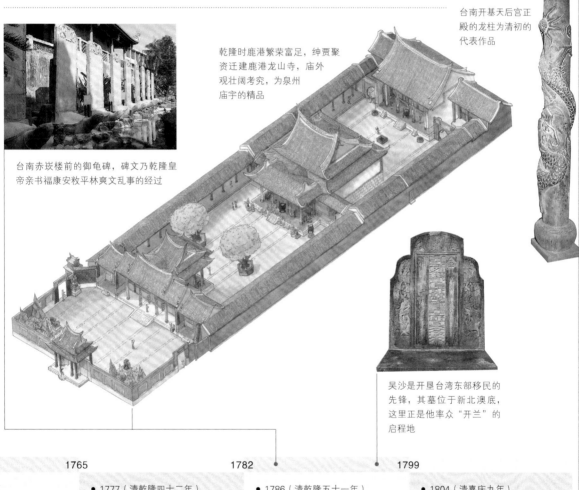

台南开基天后宫正殿的龙柱为清初的代表作品

乾隆时鹿港繁荣富足，绅贾聚资迁建鹿港龙山寺，庙外观壮阔考究，为泉州庙宇的精品

台南赤崁楼前的御龟碑，碑文乃乾隆皇帝亲书福康安敉平林爽文乱事的经过

吴沙是开垦台湾东部移民的先锋，其墓位于新北澳底，这里正是他率众"开兰"的启程地

1765　　　　　　　　　　　1782　　　　　　　　　1799

● 1777（清乾隆四十二年）
台湾知府蒋元枢在台南立接官亭石坊。
● 1778（清乾隆四十三年）
蒋元枢捐建澎湖西屿灯塔，为七级石塔。

● 1786（清乾隆五十一年）
林爽文事件，凤山、淡水均沦陷。鹿港龙山寺迁建于现址。
● 1796（清嘉庆元年）
吴沙入垦噶玛兰（今宜兰县）。

● 1804（清嘉庆九年）
同安人建台北大龙峒保安宫。
● 1808（清嘉庆十三年）
宜兰昭应宫创建。
● 1812（清嘉庆十七年）
邱良功因平乱有功，奏请旌表其母，创建牌坊于福建金门。
● 1815（清嘉庆二十年）
台南重道崇文坊创建。

接官亭坊立于昔日府城西门外的渡头，地方官员在此迎接清廷圣旨或朝臣登岸

231

清代中期

　　清代中期的台湾，聚落发展为城市，开发地区上达中北部，人口渐趋饱和，各地出现望族巨户，大宅院及寺庙如雨后春笋，建筑水平随之提高很多。传统式民宅的形制体现为士大夫、农夫与商人住宅三种类型。士大夫多建四合院，如道光年间的彰化马兴村陈益源大宅"益源古厝"与咸丰初年的新北板桥林本源园邸三落大厝。农夫多建三合院，所谓正身带护龙之布局，前埕可供晒稻谷之用。商人则多建临街的店屋，前落开店，后落当住家，如淡水、艋舺及鹿港的街屋。为了争取空间，街屋常有夹层（半楼），有的高达三层。

　　由于汉人移民日多，因土地及水源利益的争夺引发"分类械斗"（清代台湾汉人社群之间的大规模冲突），城市与聚落多设隘门以兹防御。象征各族群

新北淡水鄞山寺供奉汀州守护神——定光古佛，兼作同乡会馆，建筑仍完整保存着道光时期的风格

台北士林芝山岩隘门由漳州人创建，为漳泉分类械斗的明证

圆形的噶玛兰城

嘉义王得禄墓前的石翁仲。王得禄生前多次平乱有功，其墓规制宏伟

1820　　　　　　1826　　　　　　1832　　　　　　1838

- 1822（清道光二年）汀州人建淡水鄞山寺。
- 1823（清道光三年）新竹郑用锡中进士。
- 1824（清道光四年）鹿港文开书院创建。
- 1825（清道光五年）凤山县旧城改筑为石城。台北芝山岩隘门创建。

- 1826（清道光六年）竹堑城（今新竹市）改为砖石城。
- 1828（清道光八年）吴全入台东建城。
- 1830（清道光十年）噶玛兰城（位于今宜兰县宜兰市）重修。

- 1834（清道光十四年）新竹"金广福"公馆创建，乃闽粤两地人士合资开垦新竹的集团办公处。

- 1838（清道光十八年）曹谨于凤山建曹公圳。郑用锡于新竹北门一帯
- 1841（清道光二十一年）福建金门琼林蔡氏十创建。
十二月，王得禄病逝

守护神的庙宇成为市镇核心，泉州移民祀广泽尊王、保仪大夫，或建龙山寺；漳州移民建开漳圣王庙；客家人或潮州移民建三山国王庙。

望族巨户的豪宅旁常附建庭园，台南吴园、新竹潜园和北郭园，新北板桥林本源庭园，以及台中雾峰林宅莱园，都是清代中期台湾的名园。骚人墨客成立诗社，悠游于庭园中吟咏唱和。

清代中期台湾的建筑材料与施工技术亦达到高峰，雕刻、彩画与交趾陶名匠辈出，这是台湾社会由草莽开垦时期转变为优雅的文化社会之见证。

爽吟阁是昔日潜园中的主景，日据时遭迁移，近年仅存的一楼部分亦已拆除

雾峰林宅是台湾最大的宅第群，为福建陆路提督林文察故居。图为下厝宫保第，面宽十一间，有抱鼓石及门神彩绘。1999年"九二一"大地震时几乎全毁，后历时多年重修

学甲慈济宫存有交趾陶名匠叶王的作品

益源古厝是多护龙大宅，门前有巨大的旗杆座，是典型的开垦致富，进而步入仕途的家族

彰化和美道东书院为地方绅儒所倡建，对地方文风影响甚巨

1850

1856

1862

道光二十六年）
源古厝创建
道光二十八年）
瀛书院创建
道光二十九年）
筑潜园。

● 1851（清咸丰元年）
台中雾峰林宅创建。
● 1853（清咸丰三年）
艋舺发生"顶下郊拼"事件。
林国华建板桥林家三落大厝，其庭园部分建筑可能同时创建。

● 1857（清咸丰七年）
彰化和美道东书院创建。
● 1860（清咸丰十年）
台南学甲慈济宫重建。
● 1861（清咸丰十一年）
泉州派名匠王益顺出生于泉州惠安溪底村。

● 1862（清同治元年）
戴潮春事件，彰化城失陷。
桃园大溪李腾芳举人宅（李腾芳古宅）创建。

清代晚期

进入清同治与光绪年间，台湾的社会发生极大的转变，移民之间的械斗逐渐消失，因为他们必须共同面对来临的国际冲击。1874年的"牡丹社事件"，日军借此犯台，引起清廷与西洋列强之注意，清廷乃开始积极经营台湾。1884年法军犯台后，台湾建省，刘铭传任巡抚，近代化建设逐渐开展。

台北设府，兴建台湾唯一的方形城池，城内诸多衙门建筑规模宏伟，甚至出现大陆江南一带的建筑风格。从基隆山至新竹的铁路铺设完工通车，基隆狮球岭隧道与数座铁桥成为清末台湾土木工程之里程碑。

清代中期崛起的地主豪族，这时或转为对外贸易商，或参与政治，形成传统封建社会之中

虎字碑位于连接台北与宜兰的草岭古道上，是相当特殊的碑碣类古迹

万金天主堂是台湾现存最早的教堂

亿载金城是台湾第一座现代化西式炮台。创建人沈葆桢对清末台湾的开发贡献卓著

淡水牛津学堂培育传教校，是台湾教育的先筑具有传院的趣味

1860	1865	1870	1875

● 1863（清同治二年）
高雄成立海关，基隆开港。
● 1864（清同治三年）
漳派名匠陈应彬出生。

● 1865（清同治四年）
高雄英国领事馆创建。
● 1867（清同治六年）
台湾镇总兵刘明灯巡视噶玛兰，立虎字碑、雄镇蛮烟碑。
● 1869（清同治八年）
西班牙神父郭德刚设计建造屏东万金天主堂。

● 1872（清同治十一年）
基督教传教士马偕抵淡水。
● 1874（清同治十三年）
琉球人漂至恒春，被当地人所杀，史称"牡丹社事件"，日本人借题侵犯台湾。

● 1875（清光绪元年）
基督教传教士巴克礼抵
设台北府，北台地位
创建台南亿载金城炮台
创建欧式的高雄旗后炮
桃园龙潭圣迹亭创建。
南投八通关古道辟建。
● 1879（清光绪五年）
马偕建淡水偕医馆。
屏东佳冬萧宅大约创建
时期。

马偕年轻时抵淡水传教，死后也葬于淡水，其墓位于淡江中学内

坚力量，以板桥林家为典型代表。林本源庭园扩建，其设计兼有江南与岭南园林之特色。另外，台中雾峰林家、彰化永靖余三馆、台南麻豆林宅与屏东佳冬萧宅等，也都是清代晚期住宅。

基督教再度传入台湾，南部的巴克礼、马雅各及北部的马偕作为初期传教士，建立了不少教堂与学校。淡水尚保存马偕的牛津学堂，为台湾第一所高等教育学校。

清代晚期，台湾除了传统式建筑达到高峰，外来的教堂、学校、领事馆、炮台、灯塔等也相继出现，成为台湾近代化的历史见证。

台湾首任巡抚刘铭传

布政使司衙门是清代晚期台湾最大的官衙建筑，日据时遭拆除，仅存的残迹被移至台北植物园内

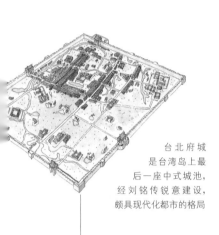

台北府城是台湾岛上最后一座中式城池，经刘铭传锐意建设，颇具现代化都市的格局

狮球岭隧道为刘铭传现代化建设壮举之一，工程艰巨，完全由人工凿造而成

行驶于清代台湾铁路的第一号蒸汽机车"腾云号"

1885   1890   1895

清光绪六年）
南神学院。
清光绪八年）
学堂。
清光绪十年）
工。
发。

● 1885（清光绪十一年）
台湾建省，刘铭传任首位巡抚。
● 1886（清光绪十二年）
建淡水沪尾炮台。
● 1887（清光绪十三年）
于台北府城内巡抚行台及布政使司衙门，翌年修建衙门建筑。
建澎湖西屿西台。
彰化节孝祠创建。
● 1888（清光绪十四年）
板桥林家扩建庭园。
台北急公好义坊建成。
● 1889（清光绪十五年）
彰化永靖余三馆创建。

● 1890（清光绪十六年）
刘铭传去职。
狮球岭隧道完成，基隆至台北铁路通车。
● 1891（清光绪十七年）
修建淡水英国领事馆。
● 1893（清光绪十九年）
台北至新竹铁路通车。

● 1895（清光绪二十一年）
清政府签订《马关条约》，割让台湾给日本。
绅民推举唐景崧为总统，成立"台湾民主国"。

淡水英国领事馆壁面上有象征英国的蔷薇花砖雕

日据前期

日本在明治维新之后，走上帝国主义的道路，向外扩张。中日甲午战争后，日本侵占台湾，取得第一块殖民地。日本对台湾的建设颇为积极，主要是为获取更多利益，从另一个角度来看，也加速了台湾迈向现代化的步伐。

日据前期先从改善交通、卫生与教育三方面着手，并建立殖民统治机构，所以火车站、铁道部、交通部、医院、邮局、学校、博物馆，以及州厅官署、专卖局，还有殖民统治的中枢总督府及官邸，相继建立。当时急需人才，从东京帝国大学毕业的一群优秀建筑家受聘抵台。他们受过西洋建筑的训练，特别擅长设计19世纪欧美流行的后期文艺复兴式样的建筑，即一般所谓的"样式建筑"。他们结合古希腊罗马的建筑形式与近代钢筋混凝土的构

台北府城南城墙拆除后所辟建之道路，即今之爱国西路，远方为小南门

总督官邸即今之台北宾馆，外观华丽，兴建时因耗费巨大而受到日本朝野的批评

桥头糖厂建筑具有殖民地风味

台北公园为日据时期殖民当局重要的展示及集会场所，与博物馆构成优雅的欧式公园风貌

1895	1898	1901	1904

- 1895（清光绪二十一年）
日军进占台北府城，于布政使司衙门举行"始政"仪式。
- 1897（清光绪二十三年）
各地抗日活动兴起，陈秋菊攻台北。
全台湾施行戒严令。
日本人陆续拆除台北府城内清朝重要建筑。

- 1899（清光绪二十五年）
颁布"家屋建筑规则"，规定建筑与道路的关系。
- 1900（清光绪二十六年）
日本人开始拆除台北府城城墙，于原址辟建"三线道路"（由安全岛分隔为三条道路，故名）。

- 1901（清光绪二十七年）
第四任总督儿玉源太郎建总督官邸。
台湾第一座制糖工厂建于今高雄桥头，即桥头糖厂（现为台湾糖业博物馆）。

- 1904（清光绪三十年）
云林斗六大地震。

造，追崇巴洛克城市规划理论，将这些华丽高耸的建筑配置在圆环及十字路口处，突显其统治威权的性格，成为台湾城市的新地标。

现存较早的样式建筑有台北总督官邸与西门市场八角楼，其次是台中州厅、台北公园博物馆、台北州厅、台南州厅、台中火车站、专卖局与原台湾总督府。原台湾总督府落成于1919年，它是一座里程碑式建筑，不但规模庞大，也是台湾最后一座后期文艺复兴式样的建筑，替日据前期画下一个句点。

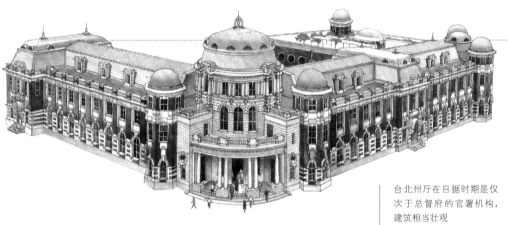

台中公园双亭立于水面之上，为庆祝纵贯线铁路全线通车而建，是台中的地标建筑

下淡水溪铁桥在台湾地区铁路史上扮演了重要角色，直到1987年才功成身退

台北州厅在日据时期是仅次于总督府的官署机构，建筑相当壮观

在过去，总督府象征殖民统治者的威权

1910　　　　1913　　　　1916

（光绪三十三年）
今二二八和平纪念成。
（光绪三十四年）
全线完工，通车典举行。
天宫因地震重修，彬因而声名大噪。
门市场八角楼。
楼，光复后改成

● 1910（清宣统二年）
佛教禅宗之一的曹洞宗由日本传入台湾，并建别院于台北。
● 1911（清宣统三年）
台北、台南进行都市改正（改造），街区风貌改变。
建台湾总督府，原址陈氏及林氏宗祠被迫迁移。
● 1912（民国元年）
建台南地方法院。
台大医院迁址改建。

● 1913（民国二年）
建台中州厅。
孙中山在台湾停留，夜宿台北"梅屋敷"。
● 1914（民国三年）
下淡水溪铁桥竣工，为远东最长的铁路桥梁。
● 1915（民国四年）
建台北州厅。
台北公园内的博物馆竣工。

● 1916（民国五年）
建台南州厅。
建台北济南基督长老教会。
● 1917（民国六年）
台中火车站重建。
● 1919（民国八年）
台湾总督府完工。

日据后期

　　1920 年之后，台湾乃至世界各地皆面临重大变化——各种社会思想蓬勃，民族主义与自由民主之风兴起，艺术表现趋于多元化，建筑设计思潮亦琳琅满目。台湾的政治气氛逐渐松绑，民间结社众多，人民生活水平提升。这时，台湾所培养的建筑工程师投入设计实践，一些较知名的台湾建筑家成立台湾建筑会，发行《台湾建筑会志》，鼓吹造型简洁、构造坚固的现代建筑。

　　当时民间建筑亦受到影响，逐渐从装饰烦琐复杂的巴洛克式风格中走出来。正巧 1935 年台湾中部发生大地震，灾后乡镇街屋重建时，多采用外观较为简洁的钢筋混凝土建筑。教会

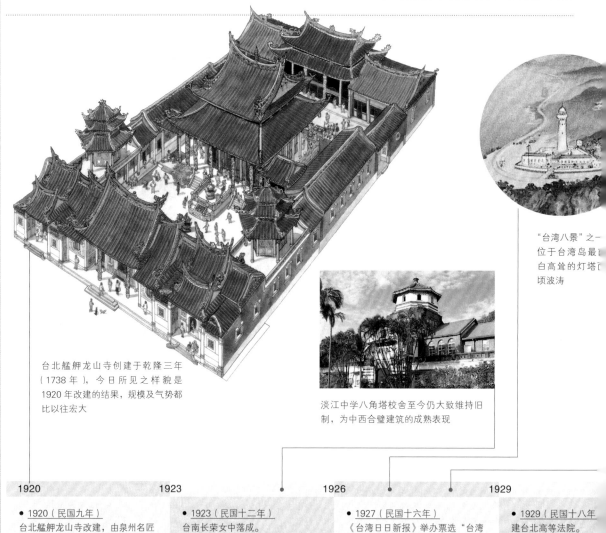

台北艋舺龙山寺创建于乾隆三年（1738 年），今日所见之样貌是 1920 年改建的结果，规模及气势都比以往宏大

淡江中学八角塔校舍至今仍大致维持旧制，为中西合璧建筑的成熟表现

"台湾八景"之一
位于台湾岛最□
白高耸的灯塔□
顷波涛

1920　　　　　　1923　　　　　　1926　　　　　　1929

● 1920（民国九年）
台北艋舺龙山寺改建，由泉州名匠
王益顺设计建造。

● 1923（民国十二年）
台南长荣女中落成。
● 1924（民国十三年）
新竹都城隍庙重建。
● 1925（民国十四年）
台北士绅倡议重建孔庙，聘王益
顺设计建造。
淡江中学八角塔校舍落成。

● 1927（民国十六年）
《台湾日日新报》举办票选"台湾
八景"。
● 1928（民国十七年）
台北帝国大学成立。

● 1929（民国十八年）
建台北高等法院。
● 1930（民国十九年）
订立《史迹名胜天然纪
物保存法》。
● 1931（民国二十年）
建高雄州厅。

建筑也蓬勃展开，台北与台南的基督长老教会学校与教堂，都融合西洋与台湾本土的风格，其中淡水淡江中学校舍为一佳例。

20世纪30年代之后，时局又急骤转变，日本军国主义兴起，艺术家的创造受到干扰，建筑设计流行一种标榜东方味道的形式，例如屋顶为中国式琉璃瓦，屋檐呈曲线，或窗子采用阿拉伯式圆拱，被称为兴亚式建筑。其中以台北司法大厦、高雄火车站与高雄市役所等建筑为代表。其外观共同的特色是采用浅绿色面砖与尖形屋顶，兼有防空功能与东方色彩，中央高塔的屋顶有如冠帽，所以又被称为兴亚帝冠式建筑。

台北公会堂，即今之中山堂，为宽敞的集会展演场所，可供当时频繁的社会文化活动之用

帝国大学（台湾大学的前身）校门优美、厚实淳朴，为台湾高等教育始

高雄火车站是典型的兴亚帝冠式建筑

1935　　　　　　　　　　1938　　　　　　　　　　1941

国二十一年）
百货大楼菊元百

国二十二年）
站。
银行。

● 1935（民国二十四年）
"台湾博览会"于台北举行。
中部大地震。
● 1936（民国二十五年）
建台北公会堂。
藤岛亥治郎至台湾进行建筑调查。

● 1938（民国二十七年）
建高雄市役所。

● 1941（民国三十年）
建高雄火车站。
● 1945（民国三十四年）
日本投降，台湾光复。

239

战后初期

1945年"二战"结束之后，台湾面临政治、社会的动荡，经济发展停滞，建筑数量也受到严重影响，民间企业尚未形成，只有少数在战争期间受损建筑之修复工程——台北的旧总督府曾遭到盟军飞机轰炸，中央塔南侧破坏严重，"二战"后给予修复。1949年后，又修复了一些日本人留下来的建筑，改为办公所用，例如台北州厅、台北市役所、台北第二高等女学校、日本赤十字社台湾支部的厅舍等。

大陆的一些建筑师也跟着来台执业，其中有出身原国立中央大学及中山大学之建筑师，也有少数留学欧美的建筑师。他们受到的是现代主义设计的

1948年首批四十四兵工厂（简称四四厂）员工自青岛抵台，于台北市信义区复工，陆续完成南村、西村及东村眷舍建设，今仅存四四南村

杨梅中学为教育家张芳杰创立，其居住的校长宿舍现为杨梅故事馆，继续担负地方教育的责任

后壁菁寮圣十字架天主堂，为德国建筑师戈特弗里德·玻姆（Gottfried Böhm）获普立兹克建筑奖前少见的海外作品

1946   **1949**   **1952**   **1955**

● **1946（民国三十五年）**
福建金门吕厝土水匠师林清安建造的陈景成洋楼落成。

● **1949**
新竹北埔姜阿新洋楼完工。
● **1950**
朝鲜战争爆发。
台北"士林官邸"落成。
建左营海军"四海一家"。
● **1951**
左营海军中山堂建成。
四四南村完工。

● **1952**
蒋渭水迁葬于六张犁墓园。
台中雾峰"北沟故宫文物典藏山洞"兴建。
● **1953**
跨越浊水溪的西螺大桥通车。
桃园杨梅中学校长宿舍修建。

● **1955**
台南后壁菁寮圣十字架天主堂兴建。
● **1956**
南海学园科学馆兴建。
台湾大学工学馆兴建。
● **1957**
位于南投中兴新村的"台湾省政府"第一期厅舍兴建。

具有现代主义立体派风格的左营海军"四海一家"

训练，因此战后初期，至少至 20 世纪 60 年代，台湾出现了一些颇具水平的现代建筑，例如台湾大学工学馆（1956 年）、台北农村复兴联合委员会大楼（1958 年）、左营海军营区内的"四海一家"等。

另外，还有外籍建筑师的作品，如台南后壁菁寮圣十字架天主堂和台东私立公东高级工业职业学校的教堂，虽然数量极少，但作品内敛，艺术价值极高。在复兴中华文化的精神感召下，现代与传统结合成为具有使命感的设计目标，如台北植物园内的科学馆，外观为仿天坛的圆形屋顶，但内部空间实为有机主义的思考。

1954 年台湾积极推动筹建科学馆计划，卢毓骏设计的南海学园科学馆在当时发挥了振兴台湾科学教育的作用

台北的清真寺为台湾第一座清真寺

因马公居民用水量增多，故自来水厂于 1960 年再增第三水源地，建直径10 米、高 17 米的配水塔一座，可贮水 1000 吨

荣工处修配厂房使用的铝制桁架，为修建石门水库时遗存的组装厂房，反映了当时的机械工业技术

1961　　　　　　　　1964　　　　　　　　1967

- 1961
彰化八卦山大佛竣工。
- 1963
建台湾大学农业陈列馆。

- 1964
石门水库竣工，原临时组装厂房改由荣工处修配厂继续使用。
彰化花坛八卦窑启用。
- 1966
桃园复兴区巴陵桥竣工。
由修泽兰规划设计之台北阳明山中山楼完工。

- 1967
台湾省粮食局稻种仓库兴建。
- 1968
新店二十张景美军事看守所完工。

路的清真寺兴建。
兴联合委员会大

地区遭"八七水

东高级工业职业堂建成。
第三水源地一千创建。
路通车，建太鲁

台湾大学农业陈列馆由建筑师张肇康设计，墙面镶嵌黄色预制琉璃管以遮阳，有"洞洞馆"之称，极具特色

241

走游篇

观察古迹的首要方法，就是带着你的真心亲临现场，走游一趟！

依台湾地区文化资产保存方面的有关规定，古迹分为三个等级。在 1997 年 5 月 14 日以前，公告等级分为第一级、第二级和第三级；1999 年"九二一"大地震之后，为了保护更多有价值的老建筑，于 2000 年增加历史建筑类，并将古迹等级按主管机关略作调整；2005 年增加聚落建筑群类，而且将遗址独立于古迹之外，另章说明；2016 年再增加纪念建筑类。古迹采用"指定"制，受到严格的法令限制及保护；其他类别则采用"登录"制，在使用上给予较宽松的弹性。不过，在价值上古迹并没有高于历史建筑的绝对性。

依据文化资产机构网站的统计资料（截至 2023 年 12 月底，以下各县市数据亦同），台湾地区已指定的古迹有 1039 处，登录的历史建筑有 1729 处，聚落建筑群 23 处，纪念建筑 18 处。

这些古迹依所在区位、地理环境、人文背景不同而各有特色，我们按各县市、类型分别择要列表如下，附上作者的简短评介，有助于读者规划出专属于自己的古迹深度之旅。

基隆市

明郑时就显出战略地位不凡，从中法战争锐意建设到日据时期筑港，基隆拥有全台湾最多的炮台及港务相关的古迹。本市有古迹 16 处、历史建筑 30 处。

名称	类型	等级	位置	评介
灵泉禅寺佛殿	寺庙	历史建筑	基隆市信义区六合路 1 号内	台湾佛教史重要祖庭
许梓桑古厝	宅第	历史建筑	基隆市仁爱区爱四路 2 巷 15 号	闽洋混合风的三合院
清法战争纪念园区	古墓	古迹	基隆市中正区中正路与东海街交叉路口	少数保存良好之中法战争真实见证
二沙湾炮台	炮台	古迹	基隆市中正区中正路旁，民族英雄纪念碑对面山上，位于大沙湾及二沙湾之间	港口要塞炮台，中法战争被毁，后刘铭传重建
大武仑炮台	炮台	古迹	基隆市安乐区大武仑情人湖边	建于日据时期之要塞炮台，设计完善
杠子寮炮台	炮台	古迹	基隆市信义区深澳坑路 7 巷 32 号（后方山区）	日据时期所筑之炮台，石构造炮座及斜坡道反映了当时的炮台设计水准
彭佳屿灯塔	灯塔	古迹	基隆市中正区彭佳屿 8 号	保留"二战"盟军轰炸痕迹的灯塔
基隆市政府大楼	官署	历史建筑	基隆市中正区义一路 1 号	折中主义的近代建筑
海港大楼	官署	历史建筑	基隆市仁爱区港西街 6 号	现代主义兼具圆弧面造型设计之典型案例
七堵火车（前）站	火车站	历史建筑	基隆市七堵区光明路 23 号	台铁数量最多的木造小型车站
刘铭传隧道（狮球岭隧道）	产业设施	古迹	基隆市安乐区崇德路底或莺歌里八德路 81 号（军管区）	刘铭传所建铁路的遗迹，洞口仍可见其题字残迹
暖暖净水场帮浦间	产业设施	历史建筑	基隆市暖暖区水源路 38 号	拥有百年机械设备的自来水厂帮浦室（水泵室）
市长官邸	日式住宅	古迹	基隆市中正区中正路 261 号	和洋并置的日式宿舍

台北市

清末筑城后逐渐成为台湾首善之都，不仅古迹类型多元，而且有很多引领当代建筑风尚的杰作，如官署及名人豪宅等，在台湾建筑史上占有重要一席。本市有古迹 203 处、历史建筑 333 处、聚落建筑群 3 处，数量居全台湾之冠。

名称	类型	等级	位置	评介
台北府城——东门、南门、小南门、北门	城郭	古迹	台北市中正区。东门：中山南路、信义路交叉路口。南门：公园路、爱国西路交叉路口。小南门：延平南路、爱国西路交叉路口。北门：忠孝西路、延平南路、博爱路、中华路交叉路口	东门（景福门）：台北府城有半月形外郭的城门。南门（丽正门）：台北府城的主门，屋顶为重檐歇山顶。小南门（重熙门）：板桥林本源家出资建造的府城门。北门（承恩门）：仅存的完整清末台北府城城门，少见的碉堡式城门
北投普济寺	寺庙	古迹	台北市北投区温泉路 112 号	日式风格的佛寺，木结构精巧，庭园环境优美
东和禅寺钟楼	寺庙	古迹	台北市中正区仁爱路、林森南路口	日式建筑造型的钟楼
清真寺	寺庙	古迹	台北市大安区新生南路二段 62 号	年代虽称不上久远，却是有历史与宗教意义之清真寺
临济护国禅寺	寺庙	古迹	台北市中山区玉门街 9 号	日式木造佛寺，尚存日式钟楼及大雄宝殿
大龙峒保安宫	寺庙	古迹	台北市大同区哈密街 61 号	台北盆地同安人最主要的守护庙，1917 年大修，由两派匠师对场营建之作品
艋舺龙山寺	寺庙	古迹	台北市万华区广州街 211 号	台北最精致华丽的寺庙，泉州名匠王益顺在台之代表作品
士林慈诚宫	寺庙	古迹	台北市士林区大南路 84 号	清同治年间漳泉械斗后，漳州人重建新市街时所建的守护庙
景美集应庙	寺庙	古迹	台北市文山区景美街 37 号	供奉唐朝名将的民间信仰庙，由安溪高姓移民所建
艋舺清水岩祖师庙	寺庙	古迹	台北市万华区康定路 81 号	泉州府安溪县移民在台北盆地之主要守护庙，仍为清同治年间建筑
大稻埕霞海城隍庙	寺庙	古迹	台北市大同区迪化街一段 61 号	清咸丰年间顶下郊拼之后所建庙宇，庙小但香火极盛
陈德星堂	祠堂	古迹	台北市大同区宁夏路 27 号	台北地区的陈氏大宗祠，原在城内，1912 年由陈应彬迁建，有一柱双龙的石柱，为台湾首见
台北孔子庙	孔庙	古迹	台北市大同区大龙街 275 号	日据时期聘泉州匠师以传统技术所建之孔子庙
学海书院	书院	古迹	台北市万华区环河南路二段 93 号	陈维英曾担任山长之书院
蒋介石、宋美龄士林官邸	宅第	古迹	台北市士林区福林路 60 号	蒋介石、宋美龄二人在台居住最久的官邸
大稻埕辜宅	宅第	古迹	台北市大同区归绥街 303 巷 9 号	中西合璧式的洋楼，20 世纪 20 年代富商华宅之代表作
圆山别庄	宅第	古迹	台北市中山区中山北路三段 181-1 号	台湾的欧式半木构造洋楼之精品

基隆市·台北市

245

陈悦记祖宅（老师府）	宅第	古迹	台北市大同区延平北路四段 231 号	公妈厅（祖厝）与公馆厅并存之住宅
内湖郭氏古宅	宅第	古迹	台北市内湖区文德路 241 巷 19 号	运用石材与砖木构造的古宅，具有台北附近古宅之特点
四四南村	宅第	历史建筑	台北市信义区松勤街 50 号（松勤街与庄敬路交会区域内）	眷村建筑保存与再利用之佳例
台北抚台街洋楼	街屋	古迹	台北市中正区延平南路 26 号	1910 年竣工，是台北府城内仅存下来的日本人所建店铺，一楼为优良石构造，二楼为木造
剥皮寮历史建筑群	街屋	历史建筑	台北市万华区，北邻老松小学南校舍、西接康定路、南面广州街、东至昆明街所围成之街廓	现今艋舺清代街屋最集中之老街
急公好义坊	牌坊	古迹	台北市中正区二二八和平纪念公园	为表彰献地建考棚的洪腾云所建之石坊，为四柱三间式，石雕风格浑厚
周氏节孝坊	牌坊	古迹	台北市北投区丰年路一段 36 号门口	以青灰色石材所建的牌坊，为台湾罕见之作
林秀俊墓	古墓	古迹	台北市内湖区旧宗路二段 101 号旁	清初开拓台北之先贤的大墓
蒋渭水墓园	古墓	历史建筑	台北市信义区六张犁崇德街底大安第六公墓	为台湾民权斗士之纪念建筑
前美国驻台北领事馆	领事馆	古迹	台北市中山区中山北路二段 18 号	略带美国南方别庄风味的建筑
济南基督长老教会	教堂	古迹	台北市中正区中山南路 3 号	日据时建筑家井手薰在台湾的早期设计，红砖与石雕工艺精美
台湾博物馆	博物馆	古迹	台北市中正区襄阳路 2 号	台湾仿文艺复兴式建筑的最高典范
南海学园科学馆	博物馆	古迹	台北市中正区南海路 41 号	融合天坛祈年殿圆形外观与现代建筑有机主义之杰作
原总督府	官署	古迹	台北市中正区重庆南路一段 122 号	日据时期台湾最高之建筑，代表当时的行政枢纽
原台北州厅	官署	古迹	台北市中正区忠孝东路一段 2 号	具有数座圆顶的州厅建筑
原专卖局（今台湾烟酒股份有限公司）	官署	古迹	台北市中正区南昌路一段 1、4 号	具有与总督府同样风格高塔的官署建筑
原台北市役所	官署	古迹	台北市中正区忠孝东路一段 1 号	日据后期造型简洁的现代建筑，由台湾人的营造厂建造
台湾布政使司衙门	官署	古迹	台北市中正区南海路台北植物园内西侧	唯一保存下来的清代衙门建筑
原台北信用组合（今合作金库城内支库）	银行	古迹	台北市中正区衡阳路 87 号	立面出现猫头鹰，成为耐人寻味之装饰

劝业银行旧厦	银行	古迹	台北市中正区襄阳路 25 号	用厚重巨大的柱列显示银行建筑的安全感
台湾大学原帝大校舍（旧图书馆、行政大楼、文学院）	学校	古迹	台北市大安区罗斯福路四段 1 号	折中主义的建筑群，外表贴的褐色面砖具有防空作用
台湾师范大学原高等学校校舍（讲堂、行政大楼、文荟厅、普字楼）	学校	古迹	台北市大安区和平东路一段 162 号	模仿哥特趣味的学院建筑，为日据时期进入大学之前就读的学校
建中红楼	学校	古迹	台北市中正区南海路 56 号	台湾年代较早的红砖中学校舍
老松小学	学校	古迹	台北市万华区桂林路 64 号	为老松小学第二代校舍，是保存较完整的 20 世纪 20 年代典型校舍
台大农业陈列馆	学校	历史建筑	台北市大安区罗斯福路四段 1 号	现代主义建筑结合乡土传统陶瓷技术的杰作
台大医院旧馆	医院	古迹	台北市中正区常德街 1 号	台湾医疗史上的重要建筑，建筑造型古典，规模宏大
前日军卫戍医院北投分院	医院	古迹	台北市北投区新民路 60 号	依山坡而建造的疗养所，景色宜人
司法大厦（原台北高等法院）	法院	古迹	台北市中正区重庆南路一段 124 号	20 世纪 30 年代有东方屋顶曲线特色的折中主义建筑，贴"国防色"面砖
原台湾总督府交通局铁道部（厅舍、八角楼男厕、战时指挥中心、工务室、电源室、食堂）	产业设施	古迹	台北市大同区延平北路一段 2 号	厅舍仿英国风格的半木构造的洋式建筑
台北机厂	产业设施	古迹	台北市信义区市民大道 48 号	20 世纪 30 年代台湾跨距最宏伟之工厂建筑，铁桁架的运用到达顶峰
台北酒厂	产业设施	古迹	台北市中正区八德路一段 1 号	有连续大型仓库与特殊设备的大跨距厂房
松山烟厂	产业设施	古迹	台北市信义区光复南路 133 号	规模宏大的制烟工厂，建筑为艺术装饰派风格
台北水道水源地	产业设施	古迹	台北市中正区思源路 1 号	唧筒室（抽水机房）为台湾现存较早的文艺复兴式近代建筑，为精美的机器厂房
西门红楼	产业设施	古迹	台北市万华区成都路 10 号	为台湾现存年代最早的洋楼市场建筑，八角形制为罕见特色
原台湾总督府电话交换局	产业设施	古迹	台北市中正区博爱路 168 号	20 世纪 30 年代流行的现代建筑风格，水平线条构造为造型特色

原樟脑精制工厂	产业设施	历史建筑	台北市中正区八德路一段 1 号	建筑采用折中主义，仍然带一点古典味
台北宾馆（原总督官邸）	日式住宅	古迹	台北市中正区凯达格兰大道 1 号	1901 年落成，十年后大改建，成为台湾最精致的巴洛克建筑
严家淦故居	日式住宅	古迹	台北市中正区重庆南路二段 2、4 号	日据时期为台银副董事长官邸，战后为严家淦居所
北投文物馆	日式住宅	古迹	台北市北投区幽雅路 32 号	原为规模较大的传统日式旅店
中山桥	桥梁	历史建筑	台北市中山区中山北路三段横跨基隆河接中山北路四段（整座桥以原构件重组、异地重建的方式保存）	日据中期最大也最著名的钢筋混凝土拱桥，有东方式桥灯
中正桥（川端桥）	桥梁	历史建筑	衔接台北市中正区重庆南路三段与新北市永和区永和路二段之桥体	日据时期台北"四大名桥"之一，采用钢骨构造
纪州庵	其他	古迹	台北市中正区同安街 115 号及 109 巷 4 弄 6 号	日据时期的高级日式料理店
草山御宾馆（已不使用）	其他	古迹	台北市士林区新园街 1 号	日据时期为接待日本皇太子来台而建之木造别庄
北投温泉浴场	其他	古迹	台北市北投区中山路 2 号	数量甚少的温泉浴场建筑，欧洲半木式构造，二楼为日式会堂

新北市

北起北海岸、南接雪山山脉，多变的地形使其拥有丰富的古迹类型，尤其是在清代晚期即开港的淡水。此外，拥有台湾唯一完整保存的园林，也是新北市具有代表性的珍贵资产。本市有古迹 93 处、历史建筑 78 处。

名称	类型	等级	位置	评介
鄞山寺（汀州会馆）	寺庙	古迹	新北市淡水区邓公路 15 号	台湾罕见的汀州移民所建会馆与守护神庙
广福宫（三山国王庙）	寺庙	古迹	新北市新庄区新庄路 150 号	保存木材原色，尚未油漆的粤东式寺庙
三重先啬宫	寺庙	古迹	新北市三重区五谷王北街 77 号	由两位木匠对场营建之寺庙，供奉农神
中和区"圆通禅寺"	寺庙	古迹	新北市中和区圆通路 367 巷 64 号	融合台湾传统寺院、西式及日式风貌的佛寺
顶泰山岩	寺庙	古迹	新北市泰山区明志村应化街 32 号	名匠陈应彬设计之寺庙，屋顶变化丰富
新店刘氏家庙（启文堂）	祠堂	历史建筑	新北市新店区民生路 86 巷 43 号	优异的洗石子供桌，虽为水泥构造，但仍有丰富的装饰
理学堂大书院	书院	古迹	新北市淡水区真理街 32 号	马偕所建的神学校，为台湾地区高等教育之始
明志书院	书院	历史建筑	新北市泰山区明志路二段 276 号	左山墙上留有珍贵的"兴直堡新建明志书院碑"
深坑黄氏永安居	宅第	古迹	新北市深坑区北深路三段 8 号	山居型的三合院，拥有数十个铳孔，属于北部型民居
芦洲李宅	宅第	古迹	新北市芦洲区中正路 243 巷 19 号	"大厝九包五，三落百二门"的三进大宅

淡水重建街街屋	街屋	古迹	新北市淡水区重建街 14、16 号街屋	具有 20 世纪 30 年代加强砖造的街屋特色
林本源园邸	园林	古迹	新北市板桥区西门街 42 之 65 号及 9 号	清代台湾私家园林之代表
吴沙墓	古墓	古迹	新北市贡寮区仁里段 522 地号	开垦宜兰的先贤吴沙之墓
马偕墓	古墓	古迹	新北市淡水区真理街 26 号	长老教会传教士马偕，其传奇故事的最后一章
沪尾炮台	炮台	古迹	新北市淡水区中正路一段 6 巷 31 号	门额有刘铭传题字的炮台
瑞芳四脚亭炮台	炮台	古迹	新北市瑞芳区瑞亭段 1、66 及 76 地号	日据后期所建基隆港的要塞炮台之一
淡水红毛城	领事馆	古迹	新北市淡水区中正路 28 巷 1 号	包含自 17 世纪至日据时期所建之三种不同类型建筑
原英商嘉士洋行仓库	洋行	古迹	新北市淡水区鼻头街 22 号	由茶仓库转变为油料仓库的古迹
淡水礼拜堂	教堂	古迹	新北市淡水区马偕街 8 号	仿哥特式的砖造教堂，由马偕儿子设计
前清淡水关税务司官邸	官署	古迹	新北市淡水区真理街 15 号	具有拱廊的殖民样式建筑
新店二十张景美军事看守所	官署	历史建筑	新北市新店区复兴路 131 号	白色恐怖与戒严时期之监狱
菁桐车站	火车站	古迹	新北市平溪区菁桐街 52 号	木砖混合造的小型火车站
沪尾小学校礼堂	学校	古迹	新北市淡水区建设 1 巷 7 号	砖砌山墙为西洋式
沪尾偕医馆	医院	古迹	新北市淡水区马偕街 6 号	台湾目前留存的最早之西医诊所
新庄乐生疗养院	医院	历史建筑	新北市新庄区中正路 794 号	早期对麻风病患者采取隔离治疗的历史见证
沪尾水道	产业设施	古迹	新北市淡水区水源街二段 346 巷 5 号	创建于 19 世纪末，台湾第一座现代化的自来水厂
金瓜石矿业圳道及圳桥	产业设施	古迹	新北市瑞芳区金瓜石段 15-5、20-8 地号	过水桥、新旧路桥三桥高低并列的景观实属罕见
粗坑发电厂	产业设施	历史建筑	新北市新店区永兴路 45 号	台湾目前仍在运转的最古老之水力发电厂
台阳矿业公司平溪招待所	日式住宅	古迹	新北市平溪区菁桐村菁桐街 167 号	木造日式建筑，屋顶组合颇自由，反映出空间高低之安排；内部地板略抬高。为日据中期北部矿业招待所
金瓜石太子宾馆	日式住宅	古迹	新北市瑞芳区金瓜石金光路 6 号	为迎接日本皇太子裕仁巡视矿业而预备的高等宾馆
淡水街长多田荣吉故居	日式住宅	古迹	新北市淡水区马偕街 19 号	日本在台商人兼地方官员所建的日式住宅，可眺望淡水河
三芝三板桥	桥梁	古迹	新北市三芝区土地公埔段三板桥小段 92-1、北新庄子段店子小段 1 地号	采用最古老的构造方法，以石板并列成桥

名称	类型	等级	位置	评介
三峡拱桥	桥梁	古迹	新北市三峡区礁溪段 264-8 地号	钢筋混凝土构造的拱形吊桥，共有三孔，为台湾孤例
坪林尾桥	桥梁	古迹	新北市坪林区北势溪上游河床坪林茶业博物馆左前侧	采用钢桁架在桥面之下支撑的特殊力学设计
碧潭吊桥	桥梁	古迹	新北市新店区新店捷运站旁碧潭风景区内	设计与施工均出自台湾本地营建匠师的巨大吊桥
雄镇蛮烟碑	碑碣	古迹	新北市贡寮区远望坑段草岭小段 103 地号	草岭古道上先人筚路蓝缕、开垦艰辛的历史见证

桃园市

早年居民以客家族群居多，故留存一些堪称客家匠师代表作的古迹。另外，大溪老街的历史建筑佳例众多，更是台湾北部观察街屋的首选地点。本市有古迹 29 处、历史建筑 101 处。

名称	类型	等级	位置	评介
大溪斋明寺	寺庙	古迹	桃园市大溪区员林里斋明街 153 号	朴素而优美的寺庙，设计出自名匠师叶金万之手。
桃园景福宫	寺庙	古迹	桃园市桃园区中和里中正路 208 号	前殿与正殿木雕风格不同的对场营造建筑
寿山岩观音寺	寺庙	古迹	桃园市龟山区万寿路二段 6 巷 111 号	陈应彬设计的庙宇代表作，螭虎"看架斗拱"（补间铺作）优美
龙潭圣迹亭	寺庙	古迹	桃园市龙潭区凌云村竹窝子段 20 号	台湾现存规模最大的石造惜字炉
芦竹五福宫	寺庙	古迹	桃园市芦竹区五福里五福路 1 号	近代名匠师廖石成所建庙宇，木结构技巧高超
新屋范姜祖堂	祠堂	古迹	桃园市新屋区新生里中正路 110 巷 9 号	台湾地区罕见的双姓范姜氏之祖堂，建筑风格有客家人之朴素淡雅的特色
李腾芳古宅（李举人古厝）	宅第	古迹	桃园市大溪区月眉里月眉路 34 号	三合院与四合院结合之古宅，护室使用减柱法
杨梅道东堂玉明屋	宅第	古迹	桃园市杨梅区杨新路三段 1 巷 36 号	客家族群一堂多横屋式三合院的代表作
大溪兰室	街屋	历史建筑	桃园市大溪区中山路 11、13 号	大溪老街上，以维护街屋历史价值为目的之经营典范
黄继烔公墓园	古墓	历史建筑	桃园市龟山区文明路	墓园规模完整，并保留着嘉庆年间之墓碑
白沙岬灯塔	灯塔	古迹	桃园市观音区新坡下 16 号	日据初期由日本人所设计建造的灯塔
基国派教堂	教堂	历史建筑	桃园市复兴区基国派段 413 号	由牧师带领台湾少数民族信徒，合力兴建的石造小教堂
大溪公会堂	官署	历史建筑	桃园市大溪区普济路 21-3 号	地方民众集会中心

台湾电力公司杨梅仓库（1栋通风仓库）	产业设施	历史建筑	桃园市杨梅区中山北路一段 423 号	运用美国援助时期盛行的美国进口铝桁架构筑而成
大溪警察局宿舍群	日式住宅	历史建筑	桃园市大溪区普济路 5、7、17、19、21、23、23-1、25、27、52 号、普济路 13 巷 1、2、3、5、6、7、9、11、13、15、17 号	涵盖不同时期兴建的不同等级的官舍
大平桥	桥梁	历史建筑	桃园市龙潭区大平村 14 邻打铁坑溪	有着船首状桥墩的红砖拱桥，并保留有记录修建始末的桥碑
复兴巴陵桥暨巴陵一、二号隧道	桥梁	历史建筑	桃园市复兴区巴陵桥及其两端隧道（北端近台七线 45k+900 处，南端近台七线 46k+200 处）	由唐荣台北机械厂制造的钢构吊桥
大溪武德殿	其他	历史建筑	桃园市大溪区普济路 33 号	屋面使用原有的平板石棉瓦，目前已罕见

新竹市

清代为淡水厅治所在地，故囊括多类汉文化传统的古迹。加上留存的日据时期火车站、官署、军工厂、水道设施等，新竹市整体展现出在台湾历史上的重要性。本市有古迹 42 处、历史建筑 31 处。

名称	类型	等级	位置	评介
竹堑城迎曦门	城郭	古迹	新竹市东区东门街中正路口	淡水厅城仅存的城门，有重檐歇山式屋顶
新竹神社残迹及其附属建筑	寺庙	古迹	新竹市北区崧岭路 122 号	客雅山的日本神社，仍有少数建筑残迹
新竹都城隍庙	寺庙	古迹	新竹市北区中山里中山路 75 号	台湾唯一的都城隍庙，由近代泉州名匠王益顺修建，雕琢精美
新竹郑氏家庙	祠堂	古迹	新竹市北区北门里北门街 175 号	庙前有族人中举的旗杆座数个
新竹市孔庙	孔庙	历史建筑	新竹市东区公园路 289 号	以拆卸的部分石材及木梁，从城内迁建至东门外的孔庙
进士第（郑用锡宅第）	宅第	古迹	新竹市北区北门里北门街 163 号	"开台进士"郑用锡的宅第，其特色为门面多石雕
周益记	街屋	古迹	新竹市北区北门街 57、59、61 号	面宽五间、室内宽三间的店屋，有北门街上最豪华的立面
杨氏节孝坊	牌坊	古迹	新竹市北区石坊里石坊街 4 号旁	用泉州白石雕的石坊，位于古街之中
郑用锡墓	古墓	古迹	新竹市东区光镇里客雅段 447 之 36 地号	石翁仲、石马、石羊、石文笔俱全的清代大墓
新竹州厅	官署	古迹	新竹市北区大同里中正路 120 号	以精美的红砖与洗石子技法建造的洋式建筑
新竹州市役所	官署	古迹	新竹市中央路 116 号	折中主义风格的市役所
新竹火车站	火车站	古迹	新竹市东区中华路二段 445 号	纵贯线铁路仅存的与台中火车站同时代之历史建筑
新竹信用组合	银行	古迹	新竹市大同路 130 号	20 世纪 30 年代风格的近代建筑

新竹高中剑道馆（前新竹武道场）	学校	古迹	新竹市学府路 36 号	砖造建筑，内部大跨距木屋架为其特色
新竹小学百龄楼	学校	古迹	新竹市东区兴学街 106 号	历经多次迁校后，保留的最古老的校舍
原日本海军第六燃料厂新竹支厂	产业设施	历史建筑	新竹市东区建美路 24 巷 6 号周边	台湾北部仅存的"二战"时期大型军事工业厂房遗迹
新竹水道	产业设施	古迹	新竹市东区博爱街 1 号	象征新竹市现代化发展的自来水设施
新竹中学辛志平校长故居	日式住宅	古迹	新竹市东门街 32 号	日式宿舍，前后庄园。辛校长教育英才甚多
新竹少年刑务所职务官舍群	日式住宅	历史建筑	新竹市北区广州街及延平路一段处，共 18 栋	涵盖不同阶段、多种等级的官舍，以及公共浴室
新竹州图书馆	其他	古迹	新竹市文化街 8 号	具有 20 世纪 30 年代流行的建筑风格
康乐段防空碉堡	其他	古迹	新竹市北区康乐段 396 地号（新竹市东大路三段 335 巷 42 号旁）	"二战"末期日军为抵御美军轰炸的防空设施

新竹县

为台湾北部的客家大县，保存着许多客家伙房、传统寺庙及祠堂等古迹，亦有罕见的日军为镇压台湾少数民族而筑的"隘勇"监督所。本县有古迹 31 处、历史建筑 43 处。

名称	类型	等级	位置	评介
北埔慈天宫	寺庙	古迹	新竹县北埔乡北埔村 1 号	开拓新竹东南山区的金广福组织建造之守护寺庙，供奉观音菩萨
新埔褒忠亭	寺庙	古迹	新竹县新埔镇下寮里义民路三段 360 号	台湾北部客家最宏伟的褒忠庙，为其信仰中心，庙后有墓
关西太和宫	寺庙	古迹	新竹县关西镇大同路 30 号	徐清在 20 世纪 30 年代设计之寺庙，其"看架斗拱"（补间铺作）充满力学之美，庙中亦有惠安峰前蒋氏石匠及陶匠苏阳水的作品
竹北采田福地	祠堂	古迹	新竹县竹北市中正西路 219 巷 38 号	平埔人汉化之见证
新埔刘家祠	祠堂	古迹	新竹县新埔镇新生里和平街 230 号	北部客家地区典型的家祠，砖工及木作优异
关西豫章堂罗屋书房	书院	历史建筑	新竹县关西镇南山里 7 邻 46 号	做工精细的私人学堂，三合院形制保留完整
金广福公馆	宅第	古迹	新竹县北埔乡北埔村 5 邻中正路 1 号及 6 号	古迹外观平实，但具有闽粤移民合作开垦之意义
北埔姜阿新洋楼	宅第	古迹	新竹县北埔乡北埔街 10 号	典型的新竹山区客家宅第
新埔上枋寮刘宅	宅第	古迹	新竹县新埔镇上寮里义民路二段 460 巷 42 号	规模宏大且保存良好之客家古宅，前水后山，形势优美
尖石 Tapung 古堡（李崠隘勇监督所）	炮台	古迹	新竹县尖石乡玉峰村 7 邻马美部落	清代隘勇线少数尚存之遗迹

名称	类型	等级	位置	评介
老湖口天主堂	教堂	历史建筑	新竹县湖口乡湖口老街 108 号	顺着山坡地形而建的教堂，由耶稣会神父所建
关西分驻所	官署	古迹	新竹县关西镇东兴里大同路 23 号	乡镇地区少见的非木造警察分驻所，立面具洋风装饰
竹东车站	火车站	历史建筑	新竹县竹东镇东林路 196 号	配合山区资源开发以利工业发展而建的内湾支线铁路之见证
新湖口公学校讲堂	学校	古迹	新竹县湖口乡爱势村民族街 222 号	具大跨距木屋架、砖墙承重的小学礼堂
关西台湾红茶公司	产业设施	历史建筑	新竹县关西镇中山路 73 号	关西罗家于 20 世纪 30 年代创立，至今仍不遗余力从文创角度经营，展示文物之丰富
植松材木竹东出张所	产业设施	历史建筑	新竹县竹东镇东林路 131 号	是日据时期许多重要建筑的木材提供商，植松的历史见证
萧如松故居建筑群	日式住宅	历史建筑	新竹县竹东镇荣乐街 68 巷 1 号 –26 号	以本地画家故居为核心，保留的五栋日式宿舍
关西东安古桥	桥梁	古迹	新竹县关西镇东安里中山东路牛栏河畔	1933 年修建的五孔石砌拱桥

苗栗县

作为北部客家族群的集中地，除了特有的伙房及祠庙之外，就数旧山线铁路的桥梁、隧道和车站，以及与油矿产业相关的设施最具特色，为台湾罕见的文化资产。本县有古迹18 处、历史建筑 60 处。

名称	类型	等级	位置	评介
中港慈裕宫	寺庙	古迹	苗栗县竹南镇中美里民生路 7 号	左右雕刻不同的对场营造寺庙，风格各异其趣
苗栗文昌祠	寺庙	古迹	苗栗市绿苗里中正路 756 号	有照壁的文昌祠
四湖刘恩宽大伙房	祠堂	历史建筑	苗栗县西湖乡四湖村 6 邻老屋 11 号	经历多次增修补建，仍维持苗栗客家大伙房的建筑特色
山脚蔡氏济阳堂	宅第	古迹	苗栗县苑里镇山脚里 355 号	具有精良构造及装饰的四合院宅第
赖氏节孝坊	牌坊	古迹	苗栗县苗栗市大同里福星山苗栗段 767–17 地号	四柱三间石坊，雕工精湛，曾经迁移过
郑崇和墓	古墓	古迹	苗栗县后龙镇龙坑里 16 邻辖区	石虎、石羊、石马与文武石人皆备的大墓
旧铜锣分驻所	官署	历史建筑	苗栗县铜锣乡复兴路 56 号	外观具有洋风，内部配置有和室
胜兴火车站	火车站	古迹	苗栗县三义乡胜兴村 9 号	小巧而精美的木造火车站，昔日台铁纵贯线的最高点
寻常小学校礼堂	学校	历史建筑	苗栗县竹南镇中正路 92 号	门窗开口部具有多层内缩的特殊设计
出磺坑旧重机具维修库	产业设施	历史建筑	苗栗县公馆乡开矿村 3 邻 36 号	采油工程机具的维修库房，为出磺坑油矿产业重要设施之一
原大湖蚕业改良场建筑群	产业设施	历史建筑	苗栗县大湖乡民族路 42 号	为特殊产业量身设计的木造建筑群

苑里镇山脚小学日据后期宿舍群	日式住宅	历史建筑	苗栗县苑里镇旧社里 47 号	双拼型日式宿舍的优秀案例
鱼藤坪断桥	桥梁	古迹	苗栗县三义乡鱼藤坪段 40–1 地号	山线铁路桥梁工程之杰作，毁于 1935 年中部大地震
台铁旧山线—大安溪铁桥	桥梁	古迹	位于台铁旧山线，紧邻苗栗三义第七号隧道南口至台中市后里区间	20 世纪初兴建的铁路桁架桥，构造保存良好

台中市

自古为农业重镇，也造就了许多大地主，他们留下精致的宅第及祠堂，而考棚及雾峰林家戏台，则拥有台湾本岛罕见的福州式木构，均是台中的瑰宝。本市有古迹 58 处、历史建筑 120 处、聚落建筑群 1 处。

名称	类型	等级	位置	评介
台湾省城大北门	城郭	历史建筑	台中市北区台中公园内	虽非清代城门原貌，但仍为台湾省城的历史见证
台中乐成宫	寺庙	古迹	台中市东区旱溪街 48 号	名匠陈应彬所建之妈祖庙
梧栖真武宫	寺庙	古迹	台中市梧栖区西建路 104 号	供奉玄天上帝之庙宇，庙内保存多项古文物
万和宫	寺庙	古迹	台中市南屯区万和路一段 51 号	漳州风格的妈祖庙
张廖家庙	祠堂	古迹	台中市西屯区西安街 205 巷 1 号	彩画精美，外墙为黑色，台湾罕见
台中林氏宗祠	祠堂	古迹	台中市南区国光路 55 号	名匠陈应彬高峰时期所建，木雕水准很高
张家祖庙	祠堂	古迹	台中市西区安和路 111 号	台中望族张氏族人所建之祖庙
磺溪书院	书院	古迹	台中市大肚区磺溪村文昌路 60 号	砖雕最丰富的古建筑
雾峰林宅	宅第	古迹	台中市雾峰区民生路（顶厝 42 号，下厝 28 号，颐圃 38 号，莱园 91 号）	四合院带多护室之古宅，建筑风格属台湾中部型。顶厝及下厝大都毁于"九二一"大地震，重建之花厅戏台亦倒塌
大甲梁宅瑞莲堂	宅第	古迹	台中市大甲区大智街 80 号	装饰艺术价值高，且为罕见的民间对场营造之传统合院
后里张天机宅	宅第	古迹	台中市后里区墩南村南村路 332 号	展现地方望族对洋式建筑风尚的敏锐度
社口林宅	宅第	古迹	台中市神冈区社口村文化路 76 号	四合院带多护室之古宅，建筑风格属台湾中部型
神冈吕家顶瓦厝	宅第	古迹	台中市神冈区中兴路 30 巷 32 号	诏安客家移民的代表作
清水黄家瀞园	宅第	古迹	台中市清水区三美路 57 号	泥塑、洗石子装修发挥极致的四合院建筑
筱云山庄	宅第	古迹	台中市神冈区三角里大丰路四段 211 号	一座包含了四合院、书斋、庭园与近代住宅的优美宅邸
摘星山庄	宅第	古迹	台中市潭子区潭富路二段 88 号	台湾中部在清末所建两落多护龙大宅第，雕饰冠于全台湾，尤其是砖雕、交趾陶与木雕的艺术价值极高

林氏贞孝坊	牌坊	古迹	台中市大甲区庄美里顺天路 119 号（与光明路交叉口）	四柱三间的石坊
吴鸾旂墓园	古墓	古迹	台中市太平区茶寮段 227 地号	以洗石子技巧表现西洋式柱头的罕见近代家族墓园
柳原教会	教堂	历史建筑	台中市中区兴中街 119 号	外籍牧师依据英国教会所建的红砖教堂
路思义教堂及钟楼	教堂	古迹	台中市西屯区台湾大道四段 1727 号	由知名建筑师贝聿铭与陈其宽设计，不论是外观还是结构材料，都是创新的杰作
台中州厅	官署	古迹	台中市西区民权路 99 号	森山松之助设计代表作"三大州厅"之一
台湾府儒考棚	官署	古迹	台中市西区民生路 39 巷内	为台湾仅存的福州式木构架建筑
内埔庄役场	官署	古迹	台中市后里区公安路 84 号	为 20 世纪 30 年代所建庄役场（地方行政机关），平面对称，构造坚固
台中市役所	官署	历史建筑	台中市西区民权路 97 号	古典风格的外观，有圆顶，为台湾最壮观华丽的市役所建筑
台中火车站	火车站	古迹	台中市中区台湾大道一段 1 号	纵贯线最华丽的文艺复兴式样火车站
纵贯铁路（海线）日南车站	火车站	古迹	台中市大甲区中山路二段 140 巷 8 号	T 形屋顶的木造车站，三面围绕披檐以增加候车空间，外观造型小巧
纵贯铁路旧山线——泰安车站	火车站	古迹	台中市后里区泰安里福星路 50 号	20 世纪 30 年代现代主义设计思想下的小型铁路车站
彰化银行旧总行	银行	古迹	台中市中区自由路二段 38 号	具有日据时期银行建筑高大庄严柱式的典型特色
清水公学校	学校	古迹	台中市清水区光华路 125 号	保留日据时期原貌的一层楼校舍
公卖局第五酒厂（台中酒厂旧厂）	产业设施	历史建筑	台中市南区复兴路三段 362 号	以文化创意园区模式经营管理的优良案例
月眉糖厂"制糖工场"	产业设施	历史建筑	台中市后里区甲后路 864 号	见证台湾制糖发展的观光糖厂
台中支局叶烟草再干燥场建筑群	产业设施	历史建筑	台中市大里区中兴路二段 704 号	全台湾少数保存完整的烟叶干燥工厂
台中刑务所典狱官舍	日式住宅	古迹	台中市西区自由路一段 87 号	为台湾日据时期监狱典狱官舍的代表，为独栋的高等形式
中山绿桥（旧称：新盛桥）	桥梁	历史建筑	台中市中区中山路与绿川上	造型精致小巧的城市桥梁
旧山线铁道—大甲溪铁桥	桥梁	历史建筑	台中市丰原区	1908 年台湾西部铁路全线通车的代表性铁路桥
中山公园湖心亭	其他	古迹	台中市北区公园路 37-1 号	台铁纵贯线通车之纪念建筑，属于和洋混合式建筑
北沟故宫文物典藏山洞	其他	历史建筑	台中市雾峰区吉峰里	20 世纪 50 年代故宫文物在台中期间的重要库房

彰化县

彰化平原富含沃土，开发极早，故古迹以汉文化传统类型为主，尤其是寺庙。鹿港则因清早期就设为商业港，拥有丰富且精良的各类古迹。本县有古迹 60 处、历史建筑 108 处、聚落建筑群 2 处。

名称	类型	等级	位置	评介
鹿港隘门	城郭	古迹	鹿港镇洛津里后车巷 47 号前	台湾仅存的市街隘门，额题"门迎后车"
鹿港龙山寺	寺庙	古迹	彰化县鹿港镇金门街 81 号	台湾清代佛寺中建筑艺术水准最高之作品，戏台内有八角藻井
元清观	寺庙	古迹	彰化县彰化市光华里民生路 207 号	台湾罕见的以"观"为名的道教建筑
圣王庙	寺庙	古迹	彰化县彰化市富贵里中华路 239 巷 19 号	漳州风格建筑，供奉开漳圣王
定光佛庙（汀州会馆）	寺庙	古迹	彰化县彰化市长乐里光复路 140 号	少数移民福建汀州人所建寺庙，供奉宋代定光古佛
南瑶宫	寺庙	古迹	彰化县彰化市南瑶里南瑶路 43 号	建筑风格与鹿港天后宫相似，后殿混合洋式风格，台湾罕见
鹿港天后宫	寺庙	古迹	彰化县鹿港镇中山路 430 号	由惠安溪底名匠王益顺重修之著名妈祖庙，前殿与正殿为对场营造
大村赖景禄公祠	祠堂	古迹	彰化县大村乡南势村南势巷 1 号	福建赖姓移民的见证，由当地匠师设计兴造
节孝祠	祠堂	古迹	彰化县彰化市卦山里公园路 1 段 51 号	为使正殿视界宽阔，采用了移柱法
彰化孔子庙	孔庙	古迹	彰化县彰化市孔门路 30 号	建筑细节为台湾孔庙之冠
道东书院	书院	古迹	彰化县和美镇和西里和卿路 101 号	格局完整的清代书院
兴贤书院	书院	古迹	彰化县员林镇三民路 1 号	正殿内之彩画出自名匠师之手笔，用色典雅
马兴陈宅（益源大厝）	宅第	古迹	彰化县秀水乡马兴村益源巷 4 号	平面宏大的古宅，前有旗杆座，为中举之象征
永靖余三馆	宅第	古迹	彰化县永靖乡港西村中山路一段 451 巷 2 号	正堂带轩亭，并有优美之门楼的光绪年间民宅
鹿港元昌行	街屋	历史建筑	彰化县鹿港镇中山路 188 号	鹿港重要商业街的代表性长条形街屋，有两层楼井
员林曹家开台祖茔	古墓	历史建筑	彰化县员林镇大峰巷与中州科技大学之间，原第一公墓	以卵石叠砌墓手的坟茔，规模极大
埔心罗厝天主堂原教堂（文物馆）	教堂	历史建筑	彰化县埔心乡罗厝村罗永路 109 号	台湾中部开发最早的天主教堂之一，已历经三代重建
原彰化警察署	官署	古迹	彰化县彰化市民生路 234 号	20 世纪 30 年代典型的、位于街角的城市型警察厅舍
溪湖糖厂五分车站	火车站	历史建筑	彰化县溪湖镇彰水路二段 762 号	具有宽窄两种尺寸轨道的糖厂火车站
二林公学校礼堂	学校	历史建筑	彰化县二林镇东和里斗苑路 5 段 22 号	外部有扶壁及雨淋板的木造建筑

原嘉义廖氏诊所	医院	历史建筑	彰化县花坛乡湾雅村三芬路 360 号	台湾第一位女性妇产科医师使用的诊所，为木造建筑
彰化扇形车库	产业设施	古迹	彰化县彰化市彰美路一段 1 号	台湾仅存较完整的蒸汽机车维修车库
福兴乡农会碾米厂暨谷仓	产业设施	历史建筑	彰化县福兴乡桥头村复兴路 27 号	为防潮而设计有整排的太子楼
二林公学校职员宿舍群	日式住宅	历史建筑	彰化县二林镇东和里斗苑路五段 22 号	拥有校长、主任及教师各种等级的日式宿舍
西螺大桥（北段）	桥梁	历史建筑	彰化县溪州乡水尾村	战后初期由美国协助修建的公路铁桥，但桥墩在"二战"前已完成
彰化市武德殿	其他	古迹	彰化县彰化市公园路一段 45 号	日本社殿式建筑的典型，以钢筋混凝土仿木构建造

南投县

这里不邻海，又拥有最多的少数民族，但仍深受汉文化的影响，仅书院型古迹就有 3 处。战后台湾省政府设于此，相关建筑亦有多处被列为文化资产。本县有古迹 18 处、历史建筑 46 处。

名称	类型	等级	位置	评介
楠仔脚蔓社学堂遗迹	少数民族聚落	古迹	南投县信义乡望美村部落	刘铭传治台时期"番学堂"之遗迹
月眉厝龙德庙	寺庙	古迹	南投县草屯镇碧山路 1158 号	曾经遭水灾淹没，现已提高地基重修
竹山社寮敬圣亭	寺庙	古迹	南投县竹山镇社寮里集山路一段 1738 号	全部为石雕之惜字炉，为敬学之见证
竹山连兴宫	寺庙	古迹	南投县竹山镇竹山里下横街 28 号	台湾中部漳派风格的寺庙
南投县陈姓宗亲会西水祠	祠堂	历史建筑	南投县名间乡新街村客庄巷 1 号	祠堂"九二一"大地震后受损，已修复完成
祭祀公业张琯溪公宗祠	祠堂	历史建筑	南投县南投市平和里南阳路 196 巷 20 号	日据中期的四合院祠堂代表
明新书院	书院	古迹	南投县集集镇永昌里东昌巷 4 号	与小学校区结合，书院内气氛宁静，供奉文昌帝君
登瀛书院	书院	古迹	南投县草屯镇新庄里史馆路文昌巷 30 号	建筑格局完整，环境清幽，正堂屋顶为硬山与歇山之混合式，颇特殊
蓝田书院	书院	古迹	南投县南投市崇文里文昌街 140 号	近代由书院逐渐转变为庙宇，供奉文昌帝君与孔子
草屯燉伦堂	宅第	古迹	南投县草屯镇茄荖里 13 邻芬草路 335 号	一座漳州风格的建筑，其悬山顶与木屋架为漳州常见形式
国姓乡南港村—林屋伙房	宅第	历史建筑	南投县国姓乡南港村 16 邻南港路 40-1 号	保存多处伙房的客家聚落，此座三合院为代表
赖家古厝	宅第	历史建筑	南投县水里乡永兴村林朋巷 141、142、143 号	正身及护龙均设檐廊的三合院

林凤池举人墓	古墓	古迹	南投县鹿谷乡初乡村中村巷 23 号	墓形制简朴，前方仍有旗杆座——清代当地文士林凤池引入冻顶乌龙茶，并助平乱有功
南投税务出张所	官署	历史建筑	南投县南投市康寿里中山街 260 号	具有 20 世纪 30 年代风格的官署建筑
台湾省政府	官署	古迹	南投县南投市中兴新村省府路 1 号	1949 年后，以新镇精神规划，成为省政治核心
集集火车站	火车站	历史建筑	南投县集集镇民生路 75 号	集集线铁路的代表车站，采木造形式
台湾银行中兴新村分行	银行	历史建筑	南投县南投市中兴新村光华路 11 号	省政府成立后，中兴新村及周边重要的金融机构
中兴大学实验林管理处埔里联络站（原北海道帝国大学农学部附属台湾演习林办公室）	学校	历史建筑	南投县埔里镇隆生路 86 号	和洋混合风的木造小型办公室
新庄小学礼堂	学校	历史建筑	南投县草屯镇芬草路 219 号	"九二一"大地震后幸存的小学礼堂
台中烟叶场竹山辅导站（原专卖局台中支局竹山叶烟草收纳场）	产业设施	历史建筑	南投县竹山镇竹山里祖师街 32 号	台湾中部已少见的烟叶买卖场所，为向烟农收购烟叶的场所
农业委员会茶业改良场鱼池分场	产业设施	历史建筑	南投县鱼池乡水社村中山路 270 巷 13 号	仍具有生产制造功能的日据时期茶厂
添兴窑及其附属设施	产业设施	历史建筑	南投县集集镇田寮里枫林巷 10 号	"九二一"大地震中受损严重，但已修复重生的老蛇窑
竹山隆恩圳隧渠	产业设施	古迹	南投县竹山镇富州里（吊桥头集集拦河堰南端）	清代灌溉水圳的少数遗迹
新庄小学日据宿舍	日式住宅	历史建筑	南投县草屯镇新庄里新庄三路 32 号	日据时期典型的小学教职员宿舍
国姓乡北港溪石桥（糯米桥）	桥梁	古迹	南投县国姓乡北港村第 10 邻	日据时期所建之多孔石拱桥
八通关古道	其他	古迹	至花莲县玉里镇	清光绪元年所开辟的横越中央山脉之古道，地面多铺石板，可见岁月痕迹
武德殿	其他	历史建筑	南投县南投市彰南路 2 段 65 号	已变更为县史馆的日据时期武德殿

云林县

为重要的糖乡，虎尾及北港糖厂即是糖业发展的见证。另外，北港朝天宫为全台湾妈祖信仰代表，麦寮拱范宫乃泉漳名匠之作，均为极具价值的古迹。本县有古迹 28 处、历史建筑 87 处、聚落建筑群 1 处。

名称	类型	等级	位置	评介
北港朝天宫	寺庙	古迹	云林县北港镇中山路 178 号	一座历史丰富、建筑技巧高超、雕刻精美且香火鼎盛的妈祖庙
麦寮拱范宫	寺庙	古迹	云林县麦寮乡麦丰村中正路 3 号	多位名匠师前后对场营造，具有高度的艺术价值
大埤三山国王庙	寺庙	古迹	云林县大埤乡大德村新街 20 号	石雕精美的客家庙宇
西螺廖家祠堂	祠堂	古迹	云林县西螺镇福兴里 15 邻福兴路 222 号	格局完整且优美之祠堂
西螺振文书院	书院	古迹	云林县西螺镇广福里兴农西路 6 号	有三开间轩亭的书院
古坑东和陈宅	宅第	历史建筑	云林县古坑乡东和村文化路 115–1 号	诏安客家人在古坑发展的见证
北港集雅轩	街屋	古迹	云林县北港镇博爱路 62 号	后由北管子弟戏团"集雅轩"使用的古市街屋
口湖下寮万善同归冢	古墓	古迹	云林县口湖乡下仑村下寮仔北边	将海啸罹难者骨灰集合同葬的小型冢
口湖文生天主堂	教堂	历史建筑	云林县口湖乡湖东村文明路 125 之 3 号	由任职神父创建的朴实教堂
虎尾郡役所	官署	历史建筑	云林县虎尾镇公安里林森路一段 498 号	全台湾少见的半木造官署建筑
原二仑派出所	官署	古迹	云林县二仑乡仑西村中山路 102 号	日据中期和洋混合风的木造办公室
虎尾糖厂虎尾驿	火车站	历史建筑	云林县虎尾镇中山路 10 号	供客运及小火车使用的小型木造车站
原北港农校校舍	学校	历史建筑	云林县北港镇新街里 19 邻太平路 80 号	战后初期兴建的一层楼校舍
林内浊水发电所	产业设施	古迹	云林县林内乡乌涂村乌涂 100 号	为建造乌山头水库工程而兴建的发电设施
北港自来水厂历史建筑群	产业设施	历史建筑	云林县北港镇民生路 1 号	由北港朝天宫资助兴建的自来水设施
西螺戏院	产业设施	历史建筑	云林县西螺镇观音街 2 号	立面具有夸张华丽的巨大山头
虎尾糖厂第一公差宿舍	日式住宅	古迹	云林县虎尾镇民主九路 1 号	糖厂招待视察高官的招待所
虎尾糖厂厂长宿舍	日式住宅	古迹	云林县虎尾镇民主九路 7 号	属和洋并置的日式独栋住宅
虎尾糖厂铁桥	桥梁	古迹	云林县虎尾镇 1082-1、1082-2 地号	由英国公司设计、日本营造公司施工的一座铁桥

嘉义市

开发极早，于清初即已筑城，至日据时期又凭借阿里山林业及森林铁路的起点而繁华兴盛，不仅反映在丰富的古迹类型上，建筑材料亦以木材居多。本市有古迹 17 处、历史建筑 32 处、聚落建筑群 1 处。

名称	类型	等级	位置	评介
嘉义城隍庙	寺庙	古迹	嘉义市东区民族里吴凤北路 168 号	名匠师王锦木修建之城隍庙，木雕精美
嘉义仁武宫	寺庙	古迹	嘉义市东区北荣街 54 号	木雕及石雕精致的古庙
原嘉义神社附属馆所	寺庙	古迹	嘉义市公园街 42 号	典型日本木造建筑，木工精致
嘉义苏周连宗祠	祠堂	古迹	嘉义市东区垂杨路 326 号	由民宅改建的祠堂，木结构具有泉州派特色
王祖母许太夫人墓	古墓	古迹	嘉义市东区卢厝里羌母寮 41 号	与清代水师提督王得禄有关之古墓
嘉义西门长老教会礼拜堂	教堂	古迹	嘉义市西区导民里 15 邻垂杨路 309 号	外墙为雨淋板构造的木造教堂
烟酒公卖局嘉义分局	官署	古迹	嘉义市西区中山路 659 号	20 世纪 30 年代现代主义影响下的建筑
嘉义旧监狱	官署	古迹	嘉义市东区太平里 4 邻维新路 140 号（旧监狱）、142 号（旧看守所）	台湾仅存的日据时期放射状平面监狱
阿里山铁路北门驿	火车站	古迹	嘉义市东区共和路 482 号	木造之小型铁路车站
嘉义火车站	火车站	古迹	嘉义市西区中山路 528 号	20 世纪 30 年代折中主义建筑，外表贴褐色国防色面砖
水源地沉淀井暨滤过井	产业设施	历史建筑	嘉义市东区民权东路 46 号	慢滤技术的自来水设施，机房雨庇有精致的铁件
原嘉义制材所（竹材工艺品加工厂）	产业设施	历史建筑	嘉义市东区泰安里 6 邻林森西路 4 号	以阿里山桧木建造的木材工厂
原嘉义农林学校校长官舍	日式住宅	古迹	嘉义市东区内安里 8 邻忠孝路 188 号	反映当时嘉义林业盛况的木造官舍
嘉义市共和路与北门街林管处宿舍	日式住宅	历史建筑	嘉义市东区共和路 191 巷（1–12 号）、199 巷（1–11 号）、201 巷（2–5 号）、243 巷（2、4–7 号）、356 巷（2–8 号）、378 巷（1–12、14–17 号），共和路（354、372、382、384 号），北门街（1–4、6、19、19–1、21 号），林森东路（36、38 号），共 69 户	除日式宿舍外，亦含有战后初期的眷舍，已规划为桧意森活村
道爷圳糯米桥	桥梁	古迹	嘉义市东区宣信街与立仁路口芳草桥下方	清代的石砌单拱桥
八奖溪义渡	碑碣	古迹	嘉义市东区短竹里弥陀路 1 号（弥陀寺前）	台湾仅存之少数义渡碑之一
嘉义营林俱乐部	其他	古迹	嘉义市东区共和路 370 号	木造洋楼，风格特殊

嘉义县

东侧山脉森林资源丰富，日本人的大力开采使得这里拥有许多与林业相关的产业设施。这里亦有台湾少见的清代官宦大墓，被列为古迹。本县有古迹 24 处、历史建筑 26 处。

名称	类型	等级	位置	评介
笨港水仙宫	寺庙	古迹	嘉义县新港乡南港村 3 邻旧南港 58 号	保留有乾隆年间的一对石柱，内墙浮塑工艺水准极高，是清代笨港（此地旧城）港口变迁见证之水神庙
大士爷庙	寺庙	古迹	嘉义县民雄乡中乐村中乐路 81 号	纪念漳泉械斗的庙宇
六兴宫	寺庙	古迹	嘉义县新港乡溪北村 9 邻溪北路 65 号	名匠陈应彬之杰作，正殿有八角形藻井
半天岩紫云寺	寺庙	古迹	嘉义县番路乡民和村 2 邻岩仔 6 号	大木风格优异的山区古寺，前殿大量的吊筒为其特色
朴子配天宫	寺庙	古迹	嘉义县朴子市开元路 118 号	名匠陈应彬的对场作妈祖庙
新港大兴宫	寺庙	古迹	嘉义县新港乡大兴村 12 邻中正路 73 号	前殿突出轩亭作为拜亭的典型例子
新港奉天宫	寺庙	古迹	嘉义县新港乡大兴 3 邻新民路 53 号	名匠吴海桐与洪坤福的代表作，木雕及交趾陶皆属上乘之作
后寮罗氏宗祠	祠堂	历史建筑	嘉义县水上乡南和村后寮 9 邻 2 之 1 号旁（罗氏祠堂附近协天宫地址）	北港匠师所建的祠堂建筑
义竹翁清江宅	宅第	古迹	嘉义县义竹乡六桂村六桂段 261 号	第一进为两层红砖造楼房的合院
番路郑家古厝	宅第	历史建筑	嘉义县番路乡触口村 10 邻埔尾 16 号	立面以木板壁为构造的传统宅第
王得禄墓	古墓	古迹	嘉义县六脚乡双涵村东北边农地上	墓前的石像生完整，且雕刻风格雄浑的清代官员大墓
原台湾总督府气象台阿里山观象所	官署	古迹	嘉义县阿里山乡中正村东阿里山 73-1 号	外观为石砌台基与雨淋板的二层楼建筑
东石郡役所	官署	古迹	嘉义县朴子市平和里光复路 33 号	日据时期地方郡警合一的厅舍代表
竹崎车站	火车站	古迹	嘉义县竹崎乡竹崎村旧车站 11 号	阿里山森林铁路沿线的木造小火车站代表
朴子小学旧礼堂	学校	历史建筑	嘉义县朴子市山通路 11 号	采用平英式砌法的红砖造建筑
日新医院	医院	古迹	嘉义县朴子市向荣路 25 号	为朴子第一代西医师所建，配置结合医院及住家
朴子水道配水塔	产业设施	古迹	嘉义县朴子市文明路 28 号	顶端以小塔楼装饰的水塔
奋起湖车库	产业设施	古迹	嘉义县竹崎乡中和村奋起湖车站旁	阿里山森林铁路的维修中继站
阿里山贵宾馆	日式住宅	古迹	嘉义县阿里山乡阿里山森林游乐区内	日据时期，为日本皇族、高官巡视所建的招待所
民雄放送所日式宿舍区	日式住宅	历史建筑	嘉义县民雄乡民权路 50、52、54、56、58、60、62、66、68、70、72 号，共 11 栋	日据时期建造的日式宿舍群，有四种等级
树灵塔	碑碣	古迹	嘉义县阿里山乡阿里山森林游乐区内	因大量伐木而建造的安奉树灵之纪念塔

台南市

从 17 世纪初至清中期一直是台湾的政经中心，这里的古迹不仅年代久远，而且艺术价值高者很多，不愧为人文荟萃的古都。本市有古迹 140 处、历史建筑 87 处、聚落建筑群 1 处。

名称	类型	等级	位置	评介
台湾城残迹（安平古堡残迹）	城郭	古迹	台南市安平区国胜路 82 号	台湾现存最古的建筑之一
兑悦门	城郭	古迹	台南市中西区忠信里文贤路与信义街 122 巷交叉口	台湾府城保存下来的外郭防卫遗物
热兰遮城城垣暨城内建筑遗构	城郭	古迹	台南市安平区古堡段 678、679、756、769、771、821、777-1、981、982、984、858、860、849、754、752、748、865 等地号内	隐身于民宅之间的荷兰人所建之古城墙，较薄的红砖以红毛土结合
原台湾府城东门段城垣残迹	城郭	古迹	台南市东区东门路一段 156 巷 23 号南侧，光华街 225 号对面	台湾府城夯土造之城垣，分层工法明显易见
台湾府城大东门	城郭	古迹	台南市东区东门路一段 320 号前	城门洞为清代原物，城楼系近年所建
台湾府城大南门	城郭	古迹	台南市中西区南门路 34 巷 32-1 号后面	全台湾仍保存瓮城的城门
台湾府城城垣南门段残迹	城郭	古迹	台南市中西区郡王里大埔街 97 号后（台南女中校内）	可见夯土构造的台湾府古城墙
北极殿	寺庙	古迹	台南市中西区民权路二段 89 号	创建于明末供奉玄天上帝的大庙
大天后宫（宁靖王府邸）	寺庙	古迹	台南市中西区永福路二段 227 巷 18 号	由宁靖王府改建的妈祖庙，规模宏大
五妃庙	寺庙	古迹	台南市中西区五妃街 201 号	墓与庙结合之古迹
台南三山国王庙	寺庙	古迹	台南市北区西门路三段 100 号	典型的潮州风格寺庙，古时兼用作会馆
台湾府城隍庙	寺庙	古迹	台南市中西区青年路 133 号	创建于明末的城隍庙
祀典武庙	寺庙	古迹	台南市中西区永福路二段 229 号	从三川殿、拜亭、正殿至后殿之山墙连为一体，造型壮丽
南鲲身代天府	寺庙	古迹	台南市北门区鲲江里蚵寮 976 号	名匠王益顺所设计，殿内幽暗为典型王爷庙的特色
开元寺	寺庙	古迹	台南市北区北园街 89 号	由郑经的北园别馆改建的佛寺
开基天后宫	寺庙	古迹	台南市北区自强街 12 号	台南最早建造的妈祖庙
台湾吴氏大宗祠	祠堂	古迹	台南市中西区观亭街 52 号	"开山抚番"总兵吴光亮所倡建的宗祠
陈德聚堂	祠堂	古迹	台南市中西区永福路二段 152 巷 20 号	由明郑参军陈永华故居改建的家庙
台南孔子庙	孔庙	古迹	台南市中西区永庆里南门路 2 号	建于明郑时期，为台湾最古老之孔子庙，格局完整
后壁黄家古厝	宅第	古迹	台南市后壁区后壁里 40 号	面宽七开间的红砖造四合院，略带西式建筑之细部

盐水八角楼	宅第	古迹	台南市盐水区中境里中山路 4 巷 1 号	盐水叶家大厝仅存的楼阁建筑，栏杆呈八角形
安平卢经堂厝	宅第	古迹	台南市安平区安平路 802 号	安平仅存少数的传统古宅，尚有精美门楼
台南石鼎美古宅	宅第	古迹	台南市中西区西门路二段 225 巷 4 号	台南闹区中保存之古宅
安平市仔街何旺厝	街屋	古迹	台南市安平区延平街 86 号	安平"台湾第一街"的店屋，有 20 世纪 20 年代洗石子牌楼装饰
重道崇文坊	牌坊	古迹	台南市北区公园路 356 号（台南公园燕潭畔内）	典型的四柱三间石牌坊，表扬文士林朝英之贡献
接官亭	牌坊	古迹	台南市中西区民权路三段 143 巷 7 号前	清代迎送官员之码头石坊
施琼芳墓	古墓	古迹	台南市南区南山公墓内	台南著名文士之墓，左右伸手做书卷形
藩府二郑公子墓	古墓	古迹	台南市南区桶盘浅段墓园内（俗称旗杆）	郑成功两个儿子之古墓
四草炮台（镇海城）	炮台	古迹	台南市安南区显草街一段 381 号	有圆形炮孔的炮台
二鲲身炮台（亿载金城）	炮台	古迹	台南市安平区光州路 3 号	沈葆桢聘法国工程师所建的洋式炮台
安平小炮台	炮台	古迹	台南市安平区西门里安平小段 1006–7 地号	姚莹在鸦片战争期间所建之炮台
原德商东兴洋行	洋行	古迹	台南市安平区西门里安北路 183 巷 19 号	砖砌拱廊，台基有隔潮层为其特色
台湾开拓史料蜡像馆（原英商德记洋行）	洋行	古迹	台南市安平区安北路 194 号	拱廊式样的洋楼
原台南神学校校舍暨礼拜堂	教堂	古迹	台南市东区东门路一段 117 号	1950 年建的具有古典风格的校舍，精致的施工代表战后初期的技术高峰
赤崁楼	官署	古迹	台南市中西区赤崁里民族路二段 212 号（包括蓬壶书院）	荷兰侵占时期的建筑，但楼阁为清末所建
原台南州厅	官署	古迹	台南市中西区中正路 1 号	森山松之助设计的三大州厅之一，现为台湾文学馆与文化资产保存研究中心
原台南测候所	官署	古迹	台南市中西区公园路 21 号	上层圆塔与下层伞状屋面，因功能而造型特殊
原台南警察署	官署	古迹	台南市中西区南门路 37 号	高低错落的造型，为折中主义建筑
台南火车站	火车站	古迹	台南市北区北门路二段 4 号	20 世纪 30 年代折中主义的建筑，有圆拱长窗采光，内部附设旅馆
保安车站	火车站	古迹	台南市仁德区保安村文贤路一段 529 巷 10 号	木造小车站，入口有凸出的唐破风式屋顶

台南土地银行（原日本劝业银行台南支店）	银行	古迹	台南市中西区中正路 28 号	有巨大廊柱的银行建筑
台南二中活动中心（原台南中学校讲堂）	学校	古迹	台南市北区北门路二段 125 号	日据时期典型的大跨距学校讲堂
台南女中（原台南高等女学校）	学校	古迹	台南市中西区大埔街 97 号	造型优雅的近代建筑，入口上方有半圆山头装饰
忠义小学礼堂（原台南武德殿）	学校	古迹	台南市中区忠义路二段 2 号	钢筋混凝土造的日式建筑，在日据中期颇多，作为剑道、柔道馆
原台南高等工业学校校舍	学校	古迹	台南市东区大学路 1 号（成大成功校区内）	建于 20 世纪 30 年代初期之建筑，反映折中主义特色，入口居中，平面左右对称，墙面贴红色面砖
原日军台南卫戍病院	医院	古迹	台南市东区小东路成功大学力行校区内	砖造拱廊式医院，具有日据时期军部建筑之特色
台南地方法院	法院	古迹	台南市中区府前路一段 307 号	南台湾保存最好的文艺复兴式建筑
原台南水道	产业设施	古迹	台南市山上区山上里 16 号	南台湾保存完整的自来水道系统
西市场	产业设施	古迹	台南市中西区西门路、中正路、正兴街与国华街街廊	日据初期台湾大型市场建筑
原台南州青果同业组合香蕉仓库	产业设施	古迹	台南市中西区西门路、中正路、正兴街与国华街街廊内	具有大跨距木梁桁架的仓库
台湾糖业试验所	产业设施	古迹	台南市东区生产路 54 号	20 世纪 30 年代产业建筑的代表作，回廊贯穿全局
原林百货店	产业设施	古迹	台南市中西区忠义路二段 63 号	近代洋风建筑
原台南安顺盐场运盐码头暨附属设施	产业设施	古迹	台南市安南区四草野生动物保护区安顺盐场内	木造办公室，入口凸出门厅，略带和洋混合风格的小洋房
麻豆总爷糖厂	产业设施	古迹	台南市麻豆区南势里总爷 5 号	台湾规模较完整的糖厂，配置合理且功能完整
原台南刑务所官舍	日式住宅	古迹	台南市中西区和意街 16、20 号	日式木造宿舍，典型的中级官员住宅
原台南县知事官邸	日式住宅	古迹	台南市东区卫民街 1 号	红砖建造的洋楼式官邸
原台南厅长官邸	日式住宅	古迹	台南市东区育乐街 197 巷 2 号	红砖造的洋楼，外墙红白相间为其特色
二层行溪旧铁路桥	桥梁	古迹	台南市仁德区跨高雄市湖内区二仁溪（旧称二层行溪）上	日据时期双轨化工程中修建的铁路桥
嘉南大圳曾文溪渡槽桥	桥梁	古迹	台南市官田区省道台 1 线曾文溪桥旁	道路与嘉南大圳水路以上下层结合的桥梁

鹿陶洋江家聚落	聚落	聚落建筑群	台南市楠西区鹿陶洋 354 地号	保留最多传统砖木造建筑的单姓聚落
原日军步兵第二联队营舍	其他	古迹	台南市东区大学路 1 号（成大光复校区内）	日据时期采用西洋古典式样之军营建筑代表，中央入口有巨大的古希腊山头与六根白色圆柱，造型优雅
原台南武德殿	其他	古迹	台南市中西区忠义路二段 2 号	台湾规模最宏大的武德殿，钢筋混凝土仿木构
原台南刑务所要道馆	其他	古迹	台南市中区永福路一段 233 巷 21、23、25、27、29、31 号，和意街 48、50 号	木造的大跨距日式宅第，内部作为武道馆
原台南放送局	其他	古迹	台南市中西区南门路 38 号	混合折中主义与现代主义特色的建筑，平面不对称
原台南爱国妇人会馆	其他	古迹	台南市中西区府前路一段 195 号	和洋混合风格之近代建筑
原安平港导流堤南堤	其他	古迹	台南市安平区旧安平港海边	见证安平港历史与地形变迁之运河堤防

高雄市

从清末开港至日据时期大规模的筑港工程，以及作为日本的"南进"基地，加上近山地区有客家族群、内山有少数民族，故古迹多元，既是港都，又拥有军事特色。本市有古迹 51 处、历史建筑 67 处、聚落建筑群 1 处。

名称	类型	等级	位置	评介
茂林区得乐的卡（玛雅）部落遗址	少数民族聚落	历史建筑	高雄市茂林区万山地区	拥有数量庞大的石板屋遗迹
凤山县旧城	城郭	古迹	高雄市左营区兴隆段 158-1 号等	台湾最早的城池之一，北门外墙有门神浮雕，全台湾罕见
凤山县城残迹	城郭	古迹	高雄市凤山区三民路 44 巷内（东便门）；凤山区中山路 5 巷内（训风炮台）；凤山区曹公路曹公庙后方（平成炮台）；凤山区复兴街与立志街口（澄澜炮台）	炮台与城墙结合之古迹
弥浓东门楼	城郭	古迹	高雄市美浓区（东门里）东门段 417-1、417-2、745、746 等地号	原为六堆客家村庄栅门，近代以水泥改建并增高
凤山龙山寺	寺庙	古迹	高雄市凤山区和德里中山路 7 号	保存清乾隆初年所建原貌，寺名得自泉州安海龙山寺
旗后天后宫	寺庙	古迹	高雄市旗津区庙前路 93 号	汉人抵达打狗最早的历史证物
弥浓庄敬字亭	寺庙	古迹	高雄市美浓区中山路与永安路口	砖砌六角形之惜字炉
旗山天后宫	寺庙	古迹	高雄市旗山区湄洲里永福街 23 巷 16 号	木结构优异的传统庙宇，龙柱富古拙之美
龙肚庄里社真官伯公	寺庙	古迹	高雄市美浓区龙肚里	台湾南部典型的客家土地公庙，为墓冢式
凤山旧城孔子庙崇圣祠	孔庙	古迹	高雄市左营区莲潭路 47 号（旧城小学内）	仅存孔庙的后殿，其余皆化为学校操场

凤仪书院	书院	古迹	高雄市凤山区凤岗里凤明街 62 号	规模宏大的书院，建筑仍为清代原物，修复可行性很高
李氏古宅	宅第	古迹	高雄市鼓山区内惟路 379 巷 11 号	与陈中和旧宅并列为日据时期高雄两大洋楼住宅
杨家古厝	宅第	古迹	高雄市楠梓区右昌街 223 巷 41 号	南部型合院官宅，正身做出屐起，屋檐较低
高雄市大仁路原盐埕町二丁目连栋街屋	街屋	古迹	高雄市盐埕区大仁路 181、183、185、187、189、191 号	盐埕区少见的三层楼转角街屋，立面具有特色
旗山亭仔脚（石拱券）	街屋	历史建筑	高雄市旗山区复新街 21、23、25、27、29、26、28、30、32 号，中山路 3 号	见证旗山市街发展历史，石拱券构造精良且作扶壁柱，为全台湾罕见
陈中和墓	古墓	古迹	高雄市苓雅区福安路 326 号	规模宏大的闽南式墓园，石雕工匠是厦门蒋氏，雕工精细
甲仙镇海军墓	古墓	古迹	高雄市甲仙区五里路 58 号前方果园	清末开辟越山道路殉职的清军之墓园
明宁靖王墓	古墓	古迹	高雄市湖内区湖内里东方路上（邻近东方设计学院）	明末宁靖王之衣冠冢
雄镇北门	炮台	古迹	高雄市鼓山区莲海路	与旗后炮台共扼打狗港口的小炮台
旗后炮台	炮台	古迹	高雄市旗津区旗后山顶	中西合璧式炮台，门额旁的双喜字样装饰为全台湾仅见
旗后灯塔	灯塔	古迹	高雄市旗津区旗下巷 34 号	高雄港口的灯塔，为日据时期改建
打狗英国领事馆官邸	领事馆	古迹	高雄市鼓山区莲海路 18 号侧（高雄港口哨船顶山丘上）	台湾现存年代最古的红砖造洋楼
高雄州水产试验场（英国领事馆）	领事馆	古迹	高雄市鼓山区哨船街 7 号	光绪年间所建的阳台殖民地样式馆舍
玫瑰圣母堂	教堂	历史建筑	高雄市盐埕区五福三路 151 号	外国神父所建当年最大的哥特式教堂，内部有木造拱肋
原高雄市役所（高雄市立历史博物馆）	官署	古迹	高雄市盐埕区中正四路 272 号	兴亚帝冠建筑的代表作之一
高雄火车站	火车站	历史建筑	高雄市三民区	兴亚帝冠建筑的代表作之一，因铁路地下化而平移 82 米
旗山车站（原旗山驿）	火车站	历史建筑	高雄市旗山区大德里中山路 1 号	造型小巧精美的地方小火车站
旧三和银行	银行	历史建筑	高雄市鼓山区临海三路 7 号	为日据时期柱梁结构、外贴面砖的典型之作
旗山小学	学校	古迹	高雄市旗山区湄洲里华中街 10 邻 44 号	20 世纪 20 年代所建，具有折中主义建筑风格之公学校，大礼堂仍保持原貌

打狗水道净水池	产业设施	古迹	高雄市鼓山区鼓山一路 53 巷 31-1 号	净水池的分水井机房，外观为圆形
原日本海军凤山无线电信所	产业设施	古迹	高雄市凤山区胜利路	日军"南进"政策的军事设施之一
台湾炼瓦会社打狗工场（中都唐荣砖窑厂）	产业设施	古迹	高雄市三民区中华横路 220 号	台湾仅存的日据时期机器砖窑厂办公室
竹仔门电厂	产业设施	古迹	高雄市美浓区狮山里竹门 20 号	为台湾最早的水力发电厂之一
桥仔头糖厂	产业设施	古迹	高雄市桥头区糖厂路 24 号	台湾最早的西式糖厂，目前仍保存 20 世纪初年所建洋楼数座
日本第六海军燃料厂丁种官舍（中油宏南旧丁种双并宿舍）	日式住宅	古迹	高雄市楠梓区宏毅一路 5 巷 2 号及 4 号	日据末期的日式宿舍，现为中油宏南宿舍
原台湾总督府交通局高雄筑港出张所平和町官舍群	日式住宅	历史建筑	高雄市旗津区庙前路 42 巷 32、34、36、38、40 号	高雄筑港事业的历史见证
美浓水桥	桥梁	古迹	高雄市美浓区永安路旁	兼作行人通行之陆桥的过水桥
武德殿	其他	古迹	高雄市鼓山区登山街 36 号	红砖与钢桁架构造，日据时期的柔道与剑道馆
左营海军中山堂	其他	历史建筑	高雄市左营区实践路 71 号	20 世纪 50 年代具有现代主义风格的军事建筑

屏东县

为南部客家族群的集中地，故拥有为数不少的传统客家宅第、寺庙及栅门等，同时也拥有罕见的配置完整的鲁凯人好茶聚落。本县有古迹 25 处、历史建筑 68 处、聚落建筑群 5 处。

名称	类型	等级	位置	评介
鲁凯人好茶旧社	少数民族聚落	古迹	屏东县雾台乡好茶段	石板屋组成的聚落
Tjuvecekadan（老七佳部落）石板屋聚落	少数民族聚落	聚落建筑群	屏东县春日乡七佳段 437、456 地号	拥有约 50 栋完整的排湾人传统石板屋
恒春古城	城郭	古迹	屏东县恒春镇城南里、城北里、城西里	全台湾城墙与城门保存最多的一座清代古城池
阿猴城门（朝阳门）	城郭	古迹	屏东市公园段三小段 17-2 地号	清道光年间所筑阿猴城池之遗物，现只剩东门朝阳门门洞一座
建功庄东栅门	城郭	古迹	屏东县新埤乡建功段 212 号、456-5 地号	客家聚落为求自保而建之土城，城门采用简单的形式，谓之栅门或隘门

茄冬西隘门	城郭	古迹	屏东县佳冬乡六根村冬根路上	隘门是台湾民间城镇自筑的小城门，昔日闽、客村庄常见隘门，以资防御
新北势庄东栅门	城郭	古迹	屏东县内埔乡振丰村怀忠路 1 号	客家聚落筑土城，常辟四门，现新北势庄只剩东栅门
六堆天后宫	寺庙	古迹	屏东县内埔乡内田村广济路 164 号	屏东六堆客家地区最重要之妈祖庙，庙小但建工精湛
佳冬杨氏宗祠	祠堂	古迹	屏东县佳冬乡六根村冬根路 19–30 号	祠堂前水池中有太极形双岛，具有生生不息之象征
宗圣公祠	祠堂	古迹	屏东县屏东市胜丰里谦仁巷 23 号	名匠叶金万设计之祠堂，彩画出自粤东名师，中西合璧
屏东书院	书院	古迹	屏东县屏东市太平里胜利路 38 号	格局完整的书院，前门左右伸出墙体，具有加固作用
佳冬萧宅	宅第	古迹	屏东县佳冬乡佳冬村沟渚路 1 号	五进大宅，前为厅、后为房之格局
鹅銮鼻灯塔	灯塔	历史建筑	屏东县恒春镇鹅銮里灯塔路 90 号	罕见的堡垒型灯塔，外设壕沟防御
万金天主堂（万金圣母圣殿）	教堂	古迹	屏东县万峦乡万金村万兴路 24 号	现存年代最古老的天主教教堂，由菲律宾籍神父所建，建筑呈中西合璧式样
旧潮州邮局	官署	历史建筑	屏东县潮州镇建基路 58 号	原为潮州庄役场（地方行政机关），属于华丽的样式建筑风格
大鹏湾原日军水上飞机维修厂	产业设施	古迹	屏东县东港镇大鹏里大潭路 169 号	大鹏营区的军事设施之一
屏东烟叶厂及其附属设施	产业设施	历史建筑	屏东县屏东市民生路 57–5 号	南部烟叶后续处理、加工的官建工厂
屏东县长官邸	日式住宅	历史建筑	屏东县屏东市文明里林森路 147 号	和洋并置的独栋官邸
下淡水溪铁桥（高屏溪旧铁桥）	桥梁	古迹	高雄市大树区竹寮路起至屏东县屏东市堤防路（跨高屏溪）	台湾最长的桁架铁桥
中山公园水池桥梁	桥梁	历史建筑	屏东县屏东市中华路与公园路交接口处（中山公园内）	为神社之遗构，桥柱头有宝珠装饰
五沟水	聚落	聚落建筑群	屏东县万峦乡五沟村整个行政区域，地籍地号为屏东县万峦乡五沟水段	保存有客家伙房及祠堂的传统聚落
石头营圣迹亭	其他	古迹	屏东县枋寮乡玉泉村大向营段 947–1 地号	清末"开山抚番"，在少数民族聚落设义学，圣迹亭为义学或村庄口之敬字亭

台东县

独特的兰屿雅美人部落是此地珍贵的文化资产，而 20 世纪 50 年代外籍传教士奉派至东海岸留下的多栋教堂，亦为台东增添另一番风采。本县有历史建筑 50 处。

名称	类型	等级	位置	评介
兰屿雅美人野银部落传统建筑	少数民族聚落	历史建筑	台东县兰屿乡东清村野银部落	雅美人依山傍海的深穴式传统住屋
台东天后宫	寺庙	历史建筑	台东县台东市中华路一段 222 号	保留有创建时的古碑，以及光绪皇帝御赐匾额一方
绿岛灯塔	灯塔	历史建筑	台东县绿岛乡中寮村灯塔路 1 号	日据时期因美国邮轮船难而捐建的灯塔
宜湾长老教会	教堂	历史建筑	台东县成功镇宜湾路 10 邻 17 号	由信徒自行设计的基督教堂
私立公东高级工业职业学校教堂	教堂	历史建筑	台东县台东市中兴路一段 560 号	采用粗犷主义的风格设计，为战后台湾现代建筑之里程碑
台东县议会旧址	官署	历史建筑	台东县台东市更生路 416 号	遮阳板的特殊设计，使立面充满层次变化
兰屿气象站（红头屿测候所、兰屿测候所）	官署	历史建筑	台东县兰屿乡红头村 1 邻 2 号	"二战"期间曾遭盟军飞机轰炸的气象站
关山旧火车站	火车站	历史建筑	台东县关山镇新福里中山路 2 号	荷兰乡村风格的建筑，有二折式斜顶
台东市长官舍建筑群	日式住宅	历史建筑	台东县台东市中山路 164、166、172、174、182、184 号	质量优秀的日式木造建筑
市长公馆	日式住宅	历史建筑	台东县台东市中山路 164–190 号	现为台东市政资料馆，区内共有六栋日式宿舍
嘉宾旅社	产业设施	历史建筑	台东县关山镇中山路 2 号	关山火车站前的旅社，为当年南来北往的旅人提供暂歇之所
瑞源水车碾米厂及附属设施	产业设施	历史建筑	台东县鹿野乡瑞隆村兴民路 15 号	符合产业特性，量身打造的碾米设施
东兴水力发电厂（大南水力发电厂）	产业设施	历史建筑	台东县卑南乡东兴村发电厂路 17 号	台湾东部地区最早兴建的水力发电厂
台湾糖业公司台东糖厂	产业设施	历史建筑	台东县台东市中兴路二段 191 号	曾以美援附设凤梨工厂的制糖厂
万安砖窑厂	产业设施	历史建筑	台东县池上乡万安村 1 邻 1–1 号	供应花东纵谷建筑用红砖的窑厂
天龙吊桥	桥梁	历史建筑	台东县海端乡雾鹿村 1–1 号（天龙饭店）后方	留有日本工事人员纪念碑的吊桥
中华会馆	其他	历史建筑	台东县台东市中正路 143 号	日据时期由台东地区华侨所设立
利吉流笼遗迹	其他	历史建筑	台东县卑南乡利吉村利吉大桥东侧河床	利吉大桥兴建前，居民赖以联络两岸的设施

花莲县

台湾最早的日本移民村设于此，故县内相关的日式住宅、寺院、墓园、纪念碑碣及产业设施等古迹为数不少，乃其特色。本县有古迹 20 处、历史建筑 65 处、聚落建筑群 2 处。

名称	类型	等级	位置	评介
吉安庆修院	寺庙	古迹	花莲县吉安乡中兴路 345–1 号	日据时期日本移民村所建之佛寺，纯木造，采用攒尖式屋顶
新城神社旧址	寺庙	古迹	花莲县新城乡新城村博爱路 64 号	改由天主教会使用的神社旧址
富里乡东里村邱家古厝	宅第	古迹	花莲县富里乡东里村 7 邻道化路 30 号	东部地区较少见的汉文化传统建筑
太鲁阁牌楼	牌坊	历史建筑	花莲县秀林乡台 8 线东侧入口处 189k	为纪念东西横贯公路开辟而立的中式牌楼
寿丰丰里村日本移民墓园	古墓	历史建筑	花莲县寿丰乡丰里村中山路 280 号后侧	持有不同信仰的日本人在异乡过世后，同归一处的墓园
花莲港山林事业所	官署	古迹	花莲县花莲市菁华街北滨段 88 号之土地	日据中期折中主义办公室
松园别馆	官署	历史建筑	花莲县花莲市松园街 26 号	老松环绕的兵事部办公处所
玉里信用组合旧址	银行	历史建筑	花莲县玉里镇中华路 179 号	花莲玉里地区首创的金融机构
旧花莲港厅丰田小学校剑道馆（丰里小学礼堂）	学校	历史建筑	花莲县寿丰乡丰里村中山路 301 号	为日本移民子弟就读的小学，采加强砖造结构
旧花莲铁路医院	医院	历史建筑	花莲县花莲市广东街 326 号	全台湾少见的保存良好的铁道医院
花莲糖厂招待所	日式住宅	古迹	花莲县光复乡大进村大进街 19 号	曾接待众多达官显要的花东地区招待所
花莲糖厂厂长宿舍	日式住宅	古迹	花莲县光复乡大进村糖厂街 6 巷 5 号	附有日式庭园的独栋高等官舍
美仑溪畔日式宿舍	日式住宅	历史建筑	花莲县花莲市中正路 618 巷及 622 巷（14 间），花莲市民勤段 1426、1426–4 地号	环境良好的花莲港厅军官宿舍
花莲糖厂制糖工场	产业设施	古迹	花莲县光复乡大进村糖厂街 18 号	制糖机具仍保存良好的糖厂
林田圳虹吸式圳道	产业设施	历史建筑	花莲县凤林镇北林段 172、1247、1298 地号	展现水利工程智慧的特殊构造
花莲旧酒厂	产业设施	历史建筑	花莲县花莲市中华路与中正路交叉口	内有木造、半木造、加强砖造及钢筋混凝土造等各种建筑，展现厂区的发展及变迁
中部东西横贯公路慈云桥	桥梁	历史建筑	花莲县秀林乡台 8 线 149k+550	为美援时期的桁架桥
吉安吉野记念碑	碑碣	古迹	花莲县吉野乡庆丰村中山路 473 号	日据时期日本人移民村的历史见证
吉安横断道路开凿纪念碑	碑碣	古迹	花莲县吉安乡初音段 1070 地号	日据初期开辟东部山区道路之纪念碑
林田山（MORISAKA）林业聚落	聚落	聚落建筑群	花莲县凤林镇	台湾现存最完整的伐木村

宜兰县

三面环山的兰阳平原有丰富的产业，如林业、酒厂及铁道，也因面向太平洋而成为海岸线军事布局的重点，留下了机场设施、营舍等古迹。本县有古迹 41 处、历史建筑 89 处、聚落建筑群 1 处。

名称	类型	等级	位置	评介
头城庆元宫	寺庙	古迹	宜兰县头城镇和平街 105 号	前殿保留有嘉庆、道光及光绪年间的原始构造
昭应宫	寺庙	古迹	宜兰县宜兰市新民里中山路 160 号	为道光年间调转坐向后之庙宇，其石雕与木雕水准为全台湾罕见
壮围乡游氏家庙追远堂	祠堂	古迹	宜兰县壮围乡壮六路 39 号	见证游姓家族渡海拓荒的历史
员山周振东举人宅	宅第	古迹	宜兰县员山乡东村蜊碑口五十溪旁	宜兰地区清代文风鼎盛，举人宅第较多，员山周举人宅为保存完整之合院实例，木作颇为考究
卢缵祥故宅	宅第	古迹	宜兰县头城镇城东里和平街 139 号	和洋混合风格的住宅，室内木作雅致
头城镇十三行街屋	街屋	古迹	宜兰县头城镇和平街 140、142 号	保存良好的宜兰风格街屋
开兰进士杨士芳旗杆座	牌坊	古迹	宜兰县宜兰市进士路 46 号	宜兰要人杨士芳遗存的相关构造物
头城镇林曹祖宗之墓	古墓	古迹	宜兰县头城镇青云路三段 700 巷 32 号旁	外形像纪念塔的日洋混合风墓碑
苏澳镇金字山清兵古墓群	古墓	历史建筑	宜兰县苏澳镇金字山日月宫忠灵塔附近及前方相思林内	形式简单，象征兵勇客死他乡的悲歌
罗东圣母医院耶稣圣心堂	教堂	古迹	宜兰县罗东镇中正南路 160 号	意大利神父设计的中西合璧教堂
罗东镇北成圣母升天堂	教堂	古迹	宜兰县罗东镇北成路一段 21 号	意大利神父设计的仿哥特式教堂
旧罗东郡役所	官署	古迹	宜兰县罗东镇公正路 159 号、159-1 号，以及罗东镇兴东路 32 号	呈现现代建筑风格的旧厅舍
宜兰测候所宜兰飞行场出张所	官署	历史建筑	宜兰县宜兰市建军里建军路 25 号	有加强砖造的三层楼风力塔
旧宜兰监狱门厅	官署	历史建筑	宜兰县宜兰市神农路二段 117 号	台湾留存的第一拨现代监狱中的木造建筑
太平山林铁旧天送埠站	火车站	历史建筑	宜兰县三星乡天福村（天送埠市街北侧）	太平山林场铁路少数保存的木造车站
第一商业银行宜兰分行	银行	古迹	宜兰县宜兰市中山路三段 77 号	正面的立体样式装饰极具特色
兰阳女中校门暨传达室	学校	古迹	宜兰县宜兰市女中路 2 号	具有装饰艺术风格的门柱
五结乡利生医院	医院	古迹	宜兰县五结乡利泽路 66、68 号	为初期现代主义的二层楼建筑

罗东林区管理处贮木池区	产业设施	历史建筑	宜兰县罗东镇中正北路 118 号贮木池区	太平山林业发展的见证
二结农会谷仓	产业设施	古迹	宜兰县五结乡三兴村 22 邻复兴中路 22 号	典型的日据中期的农会谷仓，屋顶跨距很大
宜兰砖窑	产业设施	古迹	宜兰县宜兰市北津里津梅路 74 巷 8 号	"目仔窑"的形式，属于汉人传统的砖窑
旧宜兰烟酒卖捌所	产业设施	古迹	宜兰县宜兰市新民里康乐街 38 号	宜兰较具有规模的产业建筑
中兴纸厂四结厂区	产业设施	历史建筑	宜兰县五结乡中兴路三段 8 号	为现存最完整的日据时期造纸厂
宜兰酒厂历史建筑群	产业设施	历史建筑	宜兰县宜兰市旧城西路 3 号	保有日据至战后不同时期的酒厂设施
宜兰设治纪念馆	日式住宅	历史建筑	宜兰县宜兰市旧城南路力行 3 巷 3 号	原为宜兰行政首长官邸，属独栋的高等官日式宿舍
旧农校校长宿舍	日式住宅	历史建筑	宜兰县宜兰市旧城南路县府 2 巷	由宜兰厅署宿舍改为农校校长宿舍的日式住宅
大埔永安石板桥	桥梁	古迹	宜兰县五结乡协和村协和中路成安宫后	光绪年间兴筑之石板桥，为台湾保存的少数桥梁类型古迹之一
旧大里桥	桥梁	古迹	宜兰县头城镇大里里（大里社区活动中心对面）	日据后期所建钢筋混凝土公路桥，桥面为双向车道，跨距较大，为台湾现存少数之日据时期公路桥
宜兰浊水溪治水工事竣工纪念碑	碑碣	古迹	宜兰县宜兰市南津里兰阳大桥西侧兰阳溪北岸堤防上	为纪念兰阳溪治水工程设立
宜兰市建军里飞机掩体群	其他	历史建筑	宜兰县宜兰市建军路 46 号（金六结营区附近）	因应太平洋战事而修建的军事设施

澎湖县

汉人于此开发的时间极早，所以古迹以传统建筑为多数。又因位居台湾海峡，战略地位重要，故拥有全台湾数量最多的城郭及炮台类古迹。本县有古迹 27 处、历史建筑 56 处、聚落建筑群 2 处。

名称	类型	等级	位置	评介
马公风柜尾荷兰城堡	城郭	古迹	澎湖县马公市风柜西段 2 地号	荷兰人在明末所建正方形带棱堡式城堡，今已颓圮
妈宫古城	城郭	古迹	澎湖县马公市（顺承门：复兴里金龙路；大西门：澎湖防卫指挥部内）	中法战争之后所建城池，为台湾地区最后所建城池
澎湖天后宫	寺庙	古迹	澎湖县马公市中央里正义街 1 号	文献上所载台湾地区年代最早之妈祖庙，创于明代
文澳城隍庙	寺庙	古迹	澎湖县马公市西文里 3 邻 25 号	历史悠久之城隍庙，木作反映潮州风格
施公祠及万军井	寺庙	古迹	澎湖县马公市中央里中央街 1 巷（施公祠 10 号，万军井 11 号旁）	与施琅攻台历史有关之古迹
马公观音亭	寺庙	古迹	澎湖县马公市中兴里 14 邻介寿路 7 号	有钟鼓楼之观音庙

妈宫城隍庙	寺庙	古迹	澎湖县马公市重庆里光明路 8 邻 20 号	正殿前的拜殿为重檐歇山式，极为华丽，但殿内幽暗，为城隍庙之特色
小赤林氏宗祠	祠堂	历史建筑	澎湖县白沙乡小赤村 12 号	该村最具代表性的林氏家族之宗祠
西屿乡黄氏宗祠	祠堂	历史建筑	澎湖县西屿乡池西村小池角	为当地少有的格局完整之祠堂
马公文石书院魁星楼	书院	历史建筑	澎湖县马公市西文里 104 之 7 号	全台湾罕见附属于书院的魁星阁
澎湖二崁陈宅	宅第	古迹	澎湖县西屿乡二崁村 6 号	三进之古宅，系澎湖匠人所建，具有地方特色
蔡廷兰进士第	宅第	古迹	澎湖县马公市兴仁里双头挂 29 号	四合院古宅第，近年毁损严重
干益堂中药行	街屋	古迹	澎湖县马公市中央街 42 号	古街中洋风牌楼店面，二楼有突出的阳台
西屿西台	炮台	古迹	澎湖县西屿乡外垵村 278 地号	刘铭传所建炮台之一，现状保存良好
西屿东台	炮台	古迹	澎湖县西屿乡内垵三段 4、6、8、9、10 地号	刘铭传所修建的扼守马公港炮台之一
马公金龟头炮台	炮台	古迹	澎湖县马公市马公段 2664、2664-3、2664-4、2664-5 地号	中法战争后所建炮台，拱形城门与澎湖其他炮台相同
湖西拱北炮台	炮台	古迹	澎湖县湖西乡城北段 1387、1388、1389 地号	刘铭传在中法战争后所建炮台之一，日军再加以改建
西屿灯塔	灯塔	古迹	澎湖县西屿乡外垵村 35 邻 195 号	历史悠久，现物为清末向英国购置之西洋式灯塔
高雄关税局马公支关	官署	古迹	澎湖县马公市临海路 31 号	有拱廊及角楼的近代建筑
澎湖厅舍	官署	历史建筑	澎湖县马公市中兴里治平路 32 号	为兴亚帝冠风格的厅舍建筑
第一宾馆	日式住宅	古迹	澎湖县马公市马公段 1929-6、1938 地号	二次大战期间日军所建和洋混合风的接待所
澎湖厅厅长官舍	日式住宅	历史建筑	澎湖县马公市中兴里治平路 30 号	具有洋风外观的高等官舍，室内则是和洋并置，现规划为澎湖开拓馆
四眼井	产业设施	古迹	澎湖县马公市中央里中央街 40 号厝前	一口大井盖石板，再辟小圆孔以利取水
马公市第三水源地一千吨配水塔	产业设施	历史建筑	澎湖县马公市中正堂后方介寿路和民族路交叉口处	具有现代建筑 RC 梁柱结构美感的水塔
湖西朝日贝扣工厂	产业设施	历史建筑	澎湖县湖西乡西溪村 101 号	以贝壳为原料加工成纽扣的工厂，为全台湾罕见的产业类型
湖西果叶灰窑	产业设施	历史建筑	澎湖县湖西乡果叶村	澎湖特有的产业类型，因水泥盛行而走入历史
澎湖跨海大桥	桥梁	历史建筑	澎湖县白沙乡通梁村与西屿乡横礁村之间	完竣之初，曾是东南亚地区最长的跨海桥梁

抗战胜利纪念碑	碑碣	古迹	澎湖县湖西乡林投段 1611-49 地号	建于日据初期，为目前台湾地区所存最早之"日军登陆纪念碑"，1945 年后碑文改为"抗战胜利纪念碑"
自由塔	碑碣	历史建筑	澎湖县马公市马公段 227 地号上之定着基地	1954 年设立的纪念塔
台厦郊会馆	其他	古迹	澎湖县马公市中山路 6 巷 9 号	中西合璧式会馆，形式较罕见
西屿内埯塔公塔婆	其他	古迹	澎湖县西屿乡内埯段 1845 地号	以黑石堆成三角圆锥形大小二塔，具有镇邪意义
锁港南北石塔	其他	古迹	澎湖县马公市南塔：锁港段 97-10 地号，北塔：海堤段 957 地号	以石材所堆成之巨型阶梯圆锥形塔，具有镇邪作用
望安花宅	聚落	聚落建筑群	澎湖县望安乡中社村	聚落中尚保留一百多栋清代的传统建筑

福建金门县

拥有大量的宅第及祠堂型古迹，部分墓坊是罕见的原汁原味的明代构造，凭借战略地位而拥有许多军事设施，均为其特色。本县有古迹 94 处、历史建筑 147 处、聚落建筑群 1 处。

名称	类型	等级	位置	评介
慈德宫	寺庙	古迹	福建金门县金沙镇浦头 99 号	原为金门明代进士黄伟故宅，内祀黄伟神位。交趾陶壁饰极为精美
魁星楼（奎阁）	寺庙	古迹	福建金门县金城镇东门李珠浦东路 43 号	振兴文运之楼阁建筑，内有六角形藻井，工艺颇精
海印寺、石门关	寺庙	古迹	福建金门县金湖镇太武山顶峰（梅园）后方	太武山的古刹，寺前石门楣上有明代卢若腾字迹
琼林蔡氏祠堂	祠堂	古迹	福建金门县金湖镇琼林村琼林街 13 号	琼林有数座蔡氏祠堂，每座皆不同，为典型的金门聚落
东溪郑氏家庙	祠堂	古迹	福建金门县金沙镇大洋村东溪 14 号	两殿式家庙，木雕与石雕俱精。新竹郑家即源自金门
金门朱子祠	书院	古迹	福建金门县金城镇珠埔北路 35 号	浯江书院中设立朱子祠，读书人祭拜之
水头黄氏酉堂别业	宅第	古迹	福建金门县金城镇金水村前水头 55 号	金门唯一有园林之胜的古宅第，前水后山环境优美
西山前李宅	宅第	古迹	福建金门县金沙镇三山村西山前 17、18 号	金门梳式布局村落之典型，各屋排列整齐
浦边周宅	宅第	古迹	福建金门县金沙浦边 95 号	金门大六路（五开间）之清代官宅代表
将军第	宅第	古迹	福建金门县金城镇珠浦北路 24 号	清卢成金将军官邸，为金门地区典型的三落大宅
陈景成洋楼	宅第	历史建筑	福建金门县金沙镇何斗村 1 邻斗门 2 号	在菲律宾致富的金门华侨出资兴建的洋楼
陈景兰洋楼（陈坑大洋楼）	宅第	历史建筑	福建金门县金湖镇正义村成功街 1 号	平面方正严谨，正立面拱廊与柱列比例为金门最优美之作

模范街（一度于战地政务时期称为自强街）	街屋	历史建筑	福建金门县金城镇东门里模范街1–41号	民初吸收西洋连续拱廊文化之商店街，由王益顺长子王廷元所造
金门城北门外明遗古街	街屋	历史建筑	福建金门县金城镇金门城北门外	为金门所保有可考证之明代街道
邱良功母节孝坊	牌坊	古迹	福建金门县金城镇东门里莒光路一段观音亭边	闽台地区保存极完整的石坊，以青石与白石组成，雕琢精美
陈祯恩荣坊	牌坊	古迹	福建金门县金沙镇东珩段707号	闽台地区罕见的明代石坊，为曾在福州长乐任官的陈祯的墓坊
琼林一门三节坊	牌坊	古迹	福建金门县金湖镇琼林村外	旌表婆媳三人守节的石坊
陈健墓	古墓	古迹	福建金门县金沙镇东珩村外南郊	明代官员大墓，石雕风格雄浑
陈祯墓	古墓	古迹	福建金门县金沙镇埔山村黄龙山上	明代古墓，望柱、石马、石羊等石像生皆备
黄伟墓	古墓	古迹	福建金门县金沙镇后浦头乌鸦落田	墓冢分为上下两层的罕见明代古墓
黄汴墓	古墓	古迹	福建金门县金沙镇英坑石鼓山脚	墓冢形制特别，是金门明代古墓中的代表之一
文应举墓	古墓	古迹	福建金门县金城镇古城里小古岗北郊	形制古朴的清代墓，墓碑两翼题刻对联较罕见
邱良功墓园	古墓	古迹	福建金门县金湖镇太武山小径村旁	金门最大的古墓，邱良功官至浙江提督
蔡攀龙墓	古墓	古迹	福建金门县金湖镇太武山武扬道旁	墓碑形制简朴，前有六角形望柱竖立左右
陈显墓	古墓	古迹	福建金门县金湖镇渔村段330、342地号	形制古朴之明墓，位于巨石前，环境特殊，民间有"螃蟹穴"之俗称
乌丘屿灯塔	灯塔	古迹	福建金门县乌丘乡大坵村	曾于"二战"末及国共内战中连番受损的灯塔
基督教会堂	教堂	历史建筑	福建金门县金城镇珠浦北路30号	格局简单朴实的小教堂
清金门镇总兵署	官署	古迹	福建金门县金城镇浯江街53号	前后有四进的清代总兵署，格局宏伟
睿友学校	学校	古迹	福建金门县金沙镇三山村碧山1号	民间兴学所建早期学校，正面巨大山墙及双旗图案为其特色
金东电影院	产业设施	历史建筑	福建金门县金沙镇光前里阳翟1号	对峙时期之电影院
观德桥	桥梁	古迹	福建金门县金沙镇高坑重划区636–1地号	花岗石条所建的古桥，为古代交通要津
虚江啸卧碣群	碑碣	古迹	福建金门县金城镇古城村金门城南磐山南端	金门摩崖石刻之胜景
汉影云根碣	碑碣	古迹	福建金门县金城镇古城村献台山上	明末鲁王避难至金门时所留之巨大石刻，石虽已裂倒，仍可见三字
文台宝塔	其他	古迹	福建金门县金城镇古城村金门城南磐山南端	具有航海标志与风水文运意义的石塔
得月楼	其他	历史建筑	福建金门县金城镇水头44号旁	金门少见的碉楼，为避难之用，厚墙辟小孔以利射击

| 金城城区地下坑道 | 其他 | 历史建筑 | 从福建金门高中、金门县国民党党部（金门育乐中心）、金门县政府、土地银行、北岳庙至金城车站（公车站） | 20世纪70年代金门聚落内为防御所挖掘之坑道 |
| 金湖镇琼林聚落 | 聚落 | 聚落建筑群 | 福建金门县金湖镇琼林里 | 早在明代金门方志中即已存在之古聚落，房屋群为梳式布局 |

福建连江县（马祖）

具特有的福州式古迹及传统聚落，数量虽少，却有两处珍贵的古迹，即清末洋务运动时期建造之东莒灯塔及东涌灯塔。本县有古迹4处、历史建筑5处、聚落建筑群3处。

名称	类型	等级	位置	评介
金板境天后宫	寺庙	历史建筑	福建连江县南竿乡连江县仁爱村59-2号	典型的福州式寺庙建筑
东涌灯塔	灯塔	古迹	福建连江县东引乡乐华村142地号	建于清末的灯塔，塔身及附属建筑设计优异，与地形密切配合
东莒灯塔	灯塔	古迹	福建连江县莒光乡福正村	一座巨大的清代同治年间所建石构造灯塔
大埔石刻	碑碣	古迹	福建连江县莒光乡大坪村	明代驱倭寇的历史见证，以41字说明抗倭史实，刻于明崇祯年间
芹壁聚落	聚落	聚落建筑群	福建连江县北竿乡芹壁村	依山傍海，石造民居高低错落，为保存良好之古聚落
大埔聚落	聚落	聚落建筑群	福建连江县莒光乡大埔村	多石造民居，内部为典型木构的闽东聚落

以上总计599处：含古迹433处，历史建筑158处，聚落建筑群8处（截至2023年12月底）。

台湾古迹八问

一定要年代久远才有资格称为"古迹"吗？

一般人习惯称老房子为"古迹"。1982 年 5 月 18 日，台湾地区公布的文化资产保存的有关规定，将"古迹"列为专有名词，指的是古建筑物、遗址及其他文化遗迹。这个"古"字确实代表着年代长久之意，故令许多质疑台湾历史不长的人提出，古迹是否有资格称为"古"。这也引起了学者间的论战，有的认为"古迹"一词易造成误导，使有价值的建筑碍于年限，失去受到保护的机会；有的以为这是大家约定俗成的用语，不宜轻易变更。随着观念的改变及文化资产渐受重视，"古迹"一词仍然沿用，定义调整为：指人类为生活需要所营建之具有历史、文化、艺术价值之建造物及附属设施。但古迹仍应具备时间沉淀的要素，譬如说 101 大楼、台湾高铁或雪山隧道等不会被列为古迹，因它们尚未历经长期的时间考验。它们必须躲过地震、战争威胁，又在未来的都市更新中幸存下来，有一天才有可能成为古迹。

台湾的古迹如何产出？

文化资产主管部门会针对具备古迹价值者定期普查，此外，个人或团体可以具名详填古迹提报表送交，而所有人都可以直接向主管部门申请指定古迹。但不论通过何种途径，初步断定具有保存价值者，都需再经一定程序审查才能定案。主管部门会在六个月内邀集具备专业能力的委员们，现场勘查及召开审议会。这段时间为了保护该标的物，主管部门可以依据相关规定将其径列为"暂定古迹"。一旦审议通过，则对外公告某处被指定为古迹或登录为历史建筑。至此，一处新的古迹或历史建筑正式诞生。若因特殊原因古迹失去保存的意义，同样也会提送审议，经由专家学者完成废止的程序。

古迹与现代人的生活有什么关联？

每个人都是从过往生活中渐渐成长的。随着时代快速转变，小时候陪伴我们成长的环境不断变化，只能在记忆中存留，但它会成为心底深处的生存力量。同样，家族长辈的过往经验不仅影响着他们，也传承给了我们。又如，我们习以为常的文字语言或习俗，发展历史虽久远，但至今仍在使用。就是这种古今并不矛盾也非对立的关系，使古迹不仅与现代人的生活发生联结，也对现代社会产生无形的安定力量。以社会角度来看，古迹是活历史，能帮助人民更加了解自己所处的区域，因而产生认同感，并以良好积极的作为反馈社会。从运用面观之，古迹产生的时代因没有过多的电气设备可供依赖，所以展现出古人与环境共存的智慧，正是今日谈绿色能源及环保的典范。加上工艺方面的价值，古迹实是现代人创造未来的灵感泉源。

四问 与保存、修复古迹相关的行业有哪些？从事者需要什么条件？

　　相关行业简单来说包含以下四类。调查研究类：由具备专业知识者对古迹进行现场调查及历史考证等，建构基本资料，作为评估古迹价值与如何延长其寿命的根据。修复设计类：比一般建筑师具备更丰富的建筑历史知识，提出维持古迹构造意义的修复方式，并以精细的修缮图呈现出来。施工修缮类：由有经验的营造厂搭配各工种匠师，在古迹现场进行实质的修复工程，此为古迹价值存废的关键。经营管理类：赋予整修后的古迹一个新生命，重新得到正确使用，甚至可以对外开放，让民众可以亲近它。不论哪一类的从事者，除应培养相关职业技能外，对历史的兴趣也不能少，因为对古迹的热爱更有助于展现创意。

调查研究者登高进行屋架的测量及调查　　　　　　老匠师以传统工具及技法修缮屋顶

五问 台湾古迹修复的现况如何？

　　古迹保存并非只重外观，其材料、构造及工法也具有重要价值，所以修缮时复原形貌与工法同等重要。但有许多构件受限于材料本身条件，如腐朽的梁柱或风化的砖瓦，如果不更新，很容易让古迹成为废墟。1999年的"九二一"大地震使许多老屋受损，甚或应声倒地。为了因应气候变迁、地震频仍的大环境，台湾目前规定允许采用新科技及工法来延长古迹的寿命。这种做法在世界各地皆然，如雅典巴特农神庙修复时在石材之间加入了铁件。不过，修缮后的古迹，不论是解说文字还是各种论述，应与现况相符，以免引发真伪之争。我们若有机会参观台湾古迹的修复现场，会发现主事的工匠年龄多在60岁以上，他们在危险环境中登高爬低，是古迹保存的幕后功臣。不过，各工种使用传统工具的比例降低，诸般现象在在透露出古迹修缮技术已出现严重断层。

六问 对于古迹再利用应该掌握哪些原则？

古迹再利用近年来在台湾是个极"夯"（热门）的课题，各地方机构为避免修缮后的古迹沦为"蚊子馆"（闲置的公共设施），提供了多种优惠方案，鼓励民间进驻，开展有效的经营管理。不论何种再利用模式，都应尽可能维系其与原功能的连接，否则只是让古迹变成失去灵魂的标本，非常可惜。除了日常的基本清理，在解决通风、采光、隔热等问题时，最好能依循创建时设计塑造的物理环境，以及原有的维护频率与方法。也就是说，不要过度仰赖现代设备，而随便封住开口、拆除某些构造、堵住水沟等。这才是对古迹最有利的管理维护方式。对于足以说明古迹价值及特殊性的部位，一定要保留且不可以新装修遮蔽，如此才能加深接触者的认识，从而珍惜古迹。

七问 为什么新闻中常有古迹被烧毁或拆除的消息？
我们可以为它们做些什么？

古迹指定的过程，主管部门虽然会通知所有人及使用管理者，但这些当事人往往并非提报人，他们被动地得知自己所拥有或使用的建筑可能变成古迹。因为担心个人权益受损，所以某些人会采取较激烈的手段先行破坏之。也有些古迹以木造为主，若管理维护不佳、使用不当，很容易发生祝融事件。我们若发现类似事件，应尽快通知当地的文化部门，以挽救古迹的生命。不过，根本之道在于加强与古迹所有人的沟通，倡导保护，让他们能以拥有古迹为荣。同时，相关机构应主动协助他们解决保存上的专业难题，一般民众也应给予当事人最大的尊重。

八问 目前台湾古迹界面临的重要困难有哪些？

文化资产保存的有关规定虽推行四十余年，但台湾社会的整体氛围仍停留在经济重于文化发展，且两者互相冲突的观念上。同时，长期以来教育层面着力又不够。于是，一旦面临古迹存废问题时，即使有些有识之士出面大声疾呼，也常常不敌有利益冲突的某些人及对古迹无感的普罗大众。相关行业因专业性强、市场过小、收益有限、社会责任高等因素，培养人才不易，甚至流失者众，以致断层。目前台湾的古迹及历史建筑数量虽然不少，但真正名副其实受到关注及保护者比例过低，特别是私有古迹的权益问题，至今是个难解题。未来我们应以开放的态度借重各方人才，共同为古迹继续做出努力。

279

后记一

　　古建筑的记录与评介书写有悠久的历史，中国宋代李诚的《营造法式》以说明建筑细节构造之功能、尺寸与做法为主，是设计者或匠师的指导手册。而西洋最为人熟知的是 20 世纪初英国人弗莱彻（Banister Fletcher）的《比较法的建筑史》（*A History of Architecture on the Comparative Method*）。对欧洲古建筑的评介，以"影响因素""建筑特征""个案实例""比较分析""参考资料"等五项为纲。这种方法也影响了近百年的古建筑论述。为喜爱古迹的读者提供一本入门的书，一直是我们多年来的愿望。

　　古迹是立体的三度空间人工造物，如果只用文字描述，总有无法完整表达之憾。因此，我们特别重视图片的运用，甚至以图为主，以文辅助说明。文字说明可能抵不过一幅精确的剖面透视图。这本《古迹入门》书籍的构想大概在 1998 年首先由远流出版公司台湾馆提出。长期以来，台湾馆以制作出版与台湾文化相关书籍为职志，编辑与我和俞怡萍讨论后，将读者群定位为中学生与一般社会人士。内容选择最具代表性的古迹，并且配合许多精美的透视图、细部照片、历史照片等，从构想、撰写、绘图、摄影、编排设计到印刷，经过无数次讨论，耗费了年余工夫才得以完成。其中彩色透视图大多出自黄昆谋先生之手，他是一位极为杰出的博物绘图师。

　　自从 1999 年初版发行以来，本书深受读者喜爱，大部分的人都善用这本书作为古迹入门之金钥。十多年来我们也得到许多回响与建议。远流台湾馆的黄静宜、张诗薇两位女士是从初版起就陆续参与内容方向规划的资深编辑，利用 2018 年这次的修订机会，她们建议应将近年增加的古迹类型，包括产业设施、日式住宅及桥梁等列入，充实本书之内容，我亦增绘三幅主图。而各类古迹基本资料之搜集与简要文字说明则仍由俞怡萍负责，她活用过去累积数十年的古建筑研究经验，结合曾参与过的古迹工程整修实务，为此次修订内容增色不少。

2018 年 4 月

后记二

台湾地区文化资产保存规定中有一条提及：建造物修建完竣逾五十年者，应进行文化资产价值评估。如今我也到了该评估的年纪，好像更能体会古迹的处境与心情。

我一直坚信，参与《古迹入门》是上帝赐的一份礼物。1997 年因着好友丁荣生的引荐，远流出版公司黄静宜主编找上了我。不论如何掐指算来，当年这样一本传递古迹基础知识的书籍，怎样也轮不到由我参与撰文。但基于对古迹的热诚，加上一股冲劲，就慨然应允，颇有舍我其谁的壮志呢！没想到过程甚为辛苦，不过受惠最大的却是自己。编辑团队以本身广博的台湾知识作为基础，加上严谨专业的工作态度，让我跟着节奏，一步步认真整理多年来获得的古迹知识，厘清观念并建立架构。这些训练也为我接续的古迹调查研究工作加分不少！

本书两次出版都有特殊的时间意义。第一次出版是 1999 年"九二一"大地震之后，当时许多古迹受损或塌毁，提醒我们关爱古迹要即时。二十年来，台湾古迹历经了保存观念的转变，不仅数量大增，类型也丰富了起来，于是想要增加内容的想法一直盘旋，却被诸事所扰而迟迟没有动作。没想到原书的大功臣——主图绘者黄昆谋逝世十周年，促成我们积极成就此事的决心。这也令我想起当年团队一起走访古迹，不像工作却如一群好友出游的往事。某次从台湾中部返回途经龙潭，我邀请大伙来家里尝尝母亲腌制的家乡菜呛蟹。喜欢海鲜的谋仔赞不绝口，令我觉得与他仿佛多了同乡情谊！记上此事，也算是对他的感谢及纪念。

这次增订版的撰写正逢父亲卧病，犹记得进入这个行业时，他担心台湾古迹那么少，女儿大概只能工作三年就要失业了。后来他很欣慰地说：没想到你做了三十年！虽然在陪伴照护之余撰稿有些辛苦，但长期以来家人对我走古迹这条窄路总是支持，我感激不已。愿以此书献给爱我及我爱的每一位家人！

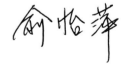

2018 年 4 月

延伸阅读

刘益昌著：《台湾的史前文化与遗址》，台湾省文献委员会、台湾史迹源流研究会，1996 年

臧振华著：《台湾考古》，1995 年

吕理政著：《远古台湾的故事——认识台湾的史前文化》，南天书局，1997 年

千千岩助太郎著：《台湾高砂族之住家》，南天书局，1988 年

[日] 铃木质著：《台湾原住民风俗》，原民文化出版社，1999 年

[日] 藤岛亥治郎著《台湾的建筑》，台原出版社，1993 年

台湾馆编著：《台湾深度旅游手册（1-11）》，远流出版公司，1990—2000 年

林会承著：《传统建筑手册——形式与作法篇》，艺术家出版社，1995 年

林衡道著：《台湾古迹概览》，幼狮文化事业公司，1977 年

林衡道著：《台湾史迹源流》，1999 年

汉宝德著：《古迹的维护》，1984 年

何培夫著：《台湾古迹与文物》，1997 年

王启宗著：《台湾的书院》，1999 年

李乾朗著：《传统建筑入门》，1984 年

李乾朗著：《台湾建筑史》，雄狮图书公司，1979 年

李乾朗著：《学习乡土艺术百科——台湾传统建筑》，东华书局，1996 年

李乾朗著：《台湾近代建筑》，雄狮图书公司，1980 年

李乾朗著：《台湾近代建筑之风格》，室内杂志，1992 年

李乾朗著：《台湾建筑百年》，室内杂志，1995 年

李乾朗著：《台湾建筑阅览》，玉山社，1996 年

李乾朗著：《台湾古建筑图解事典》，远流出版公司，2003 年

《台闽地区古迹名册》，1997 年

《台闽地区古迹巡礼》，1985 年

中原大学建筑学系编著：《日式木造宿舍——修复·再利用·解说手册》，2007 年

黄俊铭主持：《台湾总督府专卖局厅舍调查研究》，台湾博物馆，2010 年

柏森建筑师事务所主持：《华山创意文化园区调查研究》，2004 年

名词索引

图片来源

* 数字为所在页码

【绘图】

- 20、26、34、50、56、64、68、86、96、100、104、112、116、122、128、132、138、142、146、152、156 跨 页 彩 图；24、194、200、205 左三、205 左四、205 右上、205 右二、205 右下、213 下右二 / 黄昆谋绘

- 160、170、182 跨 页 彩 图；178、181、185 上、186、215、217、218、220（除左下外）、241 / 李乾朗绘

- 29、30 左、31 上、31 右、33 上、89、97 / 陈奕良、黄昆谋绘

- 全书地图、平面图（除特别注记外）、平面配置图、28、198−199 中（底图为李乾朗提供）、224 右下 / 陈春惠绘

- 36 下三图、70、71、72、73、74、75、207 上 / 高鹏翔绘

- 31 左、120、121、124 下、207 中 / 俞怡萍、黄昆谋绘

- 36 上四图、196 下、197 上、208 下 / 俞怡萍、高鹏翔绘

- 30 右、33 下、124 上、205 左上、205 左二、205 左下、205 三右、205 右四、206 下、213（除右右二外）、237 上 / 徐伟斌绘

- 38 中、42、46 右、47 下、82 下、143 上、196 上、198、199、209 上、206 上、207 下、231、232 上、235 左 / 王智平绘

- 46 左下、149、197 下、208 上、216、229 下 / 江彬如绘

- 108、148、226 上、227、228 下、234 / 刘镇豪绘

- 114 上、172、173、185 下、219、220 左下、221 / 俞怡萍绘

- 191、192、193 / 赖慧玲绘

- 209 下 / 林瑛瑛绘

- 82 上、224 上、238 左 / 彭大维绘

【绘图参考】

- 23 右、24、191、192、193 参考《山地建筑文化之展示》，"中研院"民族所

- 37、196 上、231 参考《鹿港龙山寺之研究》，汉宝德主持

- 53 参考《金门县古迹琼林蔡氏祠堂修复研究计划》，汉宝德主持

- 72 平面图参考《彰化县永靖乡余三馆之研究》，赵工杜主持

- 88、89 参考《板桥林本源园林研究与修复》，台大土木所都计室

- 97 参考《金门县第一级古迹邱良功之母节孝坊之调查研究》，阎亚宁主持

- 101 平面图参考《第一级古迹王得禄墓修护工程施工记录报告书》，李政隆建筑师事务所

- 106 右上、234 参考《二鲲身炮台（亿载金城）之调查研究与修复计划》，杨仁江主持

- 108 参考《第三级古迹仙洞炮台修复计划》，周宗贤、陈信樟主持，基隆市政府

- 114 上参考《澎湖渔翁岛灯塔之研究与修复计划》，阎亚宁主持

- 136 下参考《雅砌》月刊 1990 年 3 月号

- 148、216 参考《台南市日据时期历史建筑》，傅朝卿著

- 149 参考《台南高等工业学校鸟瞰图》绘成

- 190 参考《台湾历史地图（增订版）》，台湾历史博物馆&远流出版公司

- 197 下参考《台南三山国王庙之调查研究与修复计划》，杨仁江主持，台南市政府

- 208 上参考《台南市古迹东兴洋行修复规划报告》，郭苍龙著，台南市政府

- 207 上参考《台湾省立博物馆之研究与修复计划》，汉光建筑师事务所

- 224 原图为刘益昌提供

- 227 参考《赤崁楼研究与修复计划》，孙全文主持，台南市政府

- 228 下参考《第一级古迹大天后宫（宁靖王府邸）之研究》，赵工杜主持

- 229 下参考《台南市第二级古迹开元寺调查研究与修复计划》，黄秋月主持，台南市政府

- 230 下，原图引自《府城今昔》乾隆十二年（1747）台湾县图

【今景照片】

- 全书摄影（除特别注记外）/ 郭娟秋摄

- 20、22 上、22 下、23 上、25、39 左、49 下、52 上、81 右下、89 中、93 下、102 最 下、110 右上、115 左、135 中、145 上、145 右下、148 右下、154 右、155 右、163 上、165 右下、167 右下、174 右、179 右下、180 右上、184 右上、185 右、186 右上、186 左上、195 下、197 上、197 右、203 右二、216 右上、217 右下、220 上、220 右下、221（第二排中图、第四排中图）、224 左、224 右、225 左一、225 左二、234 中 / 李乾朗摄

- 32 上、94 上和左下、114、162、163 中和下、165（除右下外）、166（除右下外）、167 上、167 右下、168 上、169 左上、169 右中、174 左、174 中、175、176、177、178、179（除右下外）、180（除右上外）、181、184 左、184 中下、184 右下、185（除右外）、187 上、203 中二、214、216 左下、216 右、217 左上、219、220（除左上、右下外）、221（除第二排中图、第四排中图外）、236 下、240（除左上外）、241、280 / 俞怡萍摄

- 37、38、43 中、48 右下、52 中、55、71 下、78、79、81 左、81 中下、82 下、95 左下、99 左下、118、202 左三、202 中三、202 右下、203 中下、210 右二、233 左下、233 中 / 赖君胜摄

- 40 右下、41、75 右上二、233 右上 / 康锘锡摄

- 44 右下、80 左上、81 右中、81 左下、82 上、83、119 左上、120 上、130 中、132、154 左、210 左上、210 中下、211 右三、212 右下、227 上、234 中下、235 下 / 王智平摄

- 44 右下 / 徐伟斌摄

- 76 左上、84 左上、115 右、212 左下、212 右三、224 中、225 右下、231 右二、234 左上 / 庄展鹏摄

- 102 倒数第二排、201 中下、232 / 周怡伶摄

- 166 右下 / 蔡明芬摄

- 169 右上、184 中上、186 右下、217 右上 / 赖欣钏摄

- 240 左上 / 潘依凌摄

【老照片、明信片及古图】

- 32 下、127、137 下、151 右下、225 右上、235 右上、239 左上 / 台湾图书馆提供

- 49 上、134 右上、187 / 李乾朗提供

- 25 下、63、66 上（以上《日本地理大系 11 台湾篇》1930 年）；95 上《台湾怀旧》；95 下《台湾写真帖》1908 年；121 下《台湾写真帖第 11 集》1915 年；131 下《博物馆绘叶书第一集》；141 下《台湾的风光》；155 下《台湾写真帖第 4、9、10 集》1914 年；159《台湾写真帖第 8 集》1915 年；227《日本地理风俗大系》；229 上《台湾史料集成》1931 年；22 中、23 左、80 下、85、131 下、209 中、225 下、226 上、236、237 右（以上明信片）/ 意图工作室提供

- 56 / 原图引自《重修台郡各建筑图说》，台湾图书馆提供

- 143、233 左上、237 左、237 下、238 右 / 庄永明提供

- 164 / 专卖局档案

- 168 下 / 台湾酒专卖史（下卷）

- 169 下 / 专卖通信

【致谢】本书的完成，特别感谢（分别依首字拼音排序）：陈杏秋、戴瑞春、丁荣生、刘益昌、刘镇豪、苏文魁、吴淑英、郑雅玲；淡水淡江中学、济南基督长老教会、台湾博物馆、原"民政司史迹维护科"、彰化永靖余三馆、中山基督长老教会，以及各级县市政府民政局

285

本书由远流出版公司授权，限在中国大陆地区出版发行

北京版权保护中心图书合同登记号：01-2024-0957

地图审图号:GS京（2023）2492号

图书在版编目（CIP）数据

　　古迹入门：图解台湾经典古建筑 / 李乾朗，俞怡萍
著；黄崑谋等绘 . -- 增订版 . -- 北京：北京日报出版
社，2024.7
　　ISBN 978-7-5477-4733-9

　　Ⅰ . ①古… Ⅱ . ①李… ②俞… ③黄… Ⅲ . ①古建筑
—建筑艺术—中国 Ⅳ . ① TU-092.2

　　中国版本图书馆 CIP 数据核字（2023）第 235965 号

责任编辑：姜程程
特约编辑：贾宁宁
封面设计：林　林
内文制作：陈基胜

出版发行：北京日报出版社
地　　址：北京市东城区东单三条 8-16 号东方广场东配楼四层
邮　　编：100005
电　　话：发行部：（010）65255876
　　　　　总编室：（010）65252135
印　　刷：天津裕同印刷有限公司
经　　销：各地新华书店
版　　次：2024 年 7 月第 1 版
　　　　　2024 年 7 月第 1 次印刷
开　　本：800 毫米 ×1092 毫米　1/16
印　　张：18
字　　数：450 千字
定　　价：148.00 元

版权所有，侵权必究，未经许可，不得转载

如发现印装质量问题，影响阅读，请与印刷厂联系调换：010-84488980